EINSTEINS ERBE

JULIAN SCHWINGER

EINSTEINS ERBE

Die Einheit von Raum und Zeit

WELTBILD

Genehmigte Lizenzausgabe für
Verlagsgruppe Weltbild GmbH, Steinerne Furt, 86167 Augsburg

Originaltitel: *Einstein's Legacy*
Aus dem Amerikanischen übersetzt von Claus Kiefer
Amerikanische Erstausgabe bei Scientific American Books, Inc., New York

Lektorat: Katharina Neuser-von Oettingen, Anja Groth (Ass.)
Produktion: Karin Kern
Umschlaggestaltung: coverdesign uhlig gmbh, Augsburg
Umschlagmotiv: Bildarchiv Preußischer Kulturbesitz, Berlin
Gesamtherstellung: Offizin Andersen Nexö Leipzig GmbH,
Spenglerallee 26–30, 04442 Zwenkau

Printed in Germany

ISBN 3-8289-3424-2

2005 2004 2003
Die letzte Jahreszahl gibt
die aktuelle Lizenzausgabe an.

Dieses Buch ist George Abell gewidmet, der die Wissenschaft liebte und Pseudowissenschaft haßte.

Inhalt

Vorwort

Irgendwo bin ich einmal auf einen Satz gestoßen, der Einstein zugerechnet wird und betont, daß Wissenschaft in der breiten Öffentlichkeit so einfach wie möglich dargestellt werden müsse, *aber nicht mehr als das*. In diesem Sinne habe ich dieses Buch über die Relativitätstheorie geschrieben. Glauben Sie jedoch nicht, daß ich mich eines Tages hingesetzt und zu schreiben begonnen hätte. Die Geschichte ist ewas länger.

Vor einigen Jahren bekam ich Besuch von fünf mir damals noch unbekannten Personen: George Abell, Professor für Astronomie an der Universität von Kalifornien in Los Angeles, zwei Mitgliedern der Fernuniversität von Großbritannien und zwei Produzenten der BBC. Ich erfuhr, daß sich die beiden Universitäten geeinigt hatten, zusammen mehrere Wissenschaftsserien für das Fernsehen zu finanzieren. Die erste Serie trug den bescheidenen Titel *Understanding Space and Time*, und meine Besucher wollten mich als Autor und Moderator für sechs Folgen dieser Serie zum Thema Relativitätstheorie gewinnen. Ihr Vorschlag stieß auf offene Ohren. Ich hatte mich bereits vorher damit beschäftigt, wie man sich einige Vorhersagen der Allgemeinen Relativitätstheorie auf einfache Weise klarmachen kann, und glaubte daher, einiges beisteuern zu können. (Allerdings hatte ich hier noch weit mehr zu lernen.) Und als mir George Abell eröffnete, daß er sich mit seiner Serie – die in der besten Sendezeit ausgestrahlt werden sollte – nicht nur an Studenten beider Universitäten, sondern an ein breites Publikum wenden wolle, konnte ich nicht mehr nein sagen.

Nach einiger Zeit waren die Drehbücher geschrieben (wobei ein BBC-Produzent zu einem Manuskript, das ich ihm mit Begeisterung vorgelesen hatte, anmerkte, er habe kein Wort verstanden); und nachdem alle Aufnahmen an verschiedenen Drehorten oder in einem Londoner Studio gemacht waren, lagen schließlich sendefertige Filme für die gesamte Serie vor. George und ich veranstalteten zu dieser Zeit einen weiterführenden Kurs an der Universität von Kalifornien und führten den etwa 700 Kursteilnehmern (als zuverlässigen Testsehern) auch diese Filme vor. Inzwischen hatten Verhandlungen mit der lokalen Fernsehstation im Hinblick auf Bildungsprogramme begonnen. George schlug vor, die Drehbücher in erweiterter Form als Begleitbuch zu den Fernsehsendungen zusammenzufassen, die seiner Meinung nach in kürzester Zeit einen großen interessierten Personenkreis erreichen würden.

Wir machten uns an die Arbeit, aber jeder auf eine andere Weise: George schrieb im wesentlichen eine seiner allgemeinverständlichen Arbeiten über Astronomie um. Ich hatte mir selbst eine Frist gesetzt, weil ich mit Beginn eines bevorstehenden Forschungsurlaubs abreisen wollte. Als ich aber George nacheinander meine fertiggestellten Kapitel vorlegte, wurde er zusehends unglücklicher. Es schien, als wollte jeder von uns ein anderes Publikum ansprechen. Während George versuchte, möglichst viele Menschen zu erreichen, dachte ich eher an einen engeren Zuschauerkreis, der bereit ist, ein wenig mitzuarbeiten, um einen tieferen Einblick zu bekommen. Daher war George sehr erleichtert, als von seiten des *Scientific American* der Vorschlag kam, meine sechs Kapitel als eigenes Buch herauszubringen. Er ging (mit Recht) davon aus, daß ich ihm nun meine Kapitel für das Begleitbuch zur Fernsehserie überlassen würde, so daß er sie nach seinen Vorstellungen hin überarbeiten konnte. Aber es kam nicht mehr dazu, weil George völlig überraschend starb. Die Sendungen erschienen im Fernsehen auch nicht – wie erwartet – zur günstigen Sendezeit. Statt dessen produzierte die lokale Fernsehstation ihre eigene Serie mit dem Titel *Cosmos*. Soviel ich weiß, wurde *Understanding Space and Time* nur einmal ausgestrahlt – und das auch nur zu einer äußerst ungünstigen frühen Sendezeit.

Das Heraustrennen von sechs Kapiteln aus einem größeren Werk führte für meinen Lektor und mich unvermeidlich zu Schwierigkeiten. Ein übriges taten meine festen Vorstellungen vom Tenor des Buches. Schließlich konnten sich die streitenden Parteien aber doch noch einigen; das Ergebnis liegt vor Ihnen.

Wie sah nun mein allgemeines Konzept für dieses Buch aus? Ich hatte genug populärwissenschaftliche Arbeiten gelesen, um einen Eindruck davon zu gewinnen, wie übermäßige Vereinfachung zu einer unzusammenhängenden Darstellung führen kann. Größtenteils wurde kaum ein Versuch unternommen, die Einzelaussagen zu einem umfassenden Bild zusammenzufügen. Dieses Manko ist wohl nicht zu vermeiden, wenn man sich in der Umgangssprache ausdrückt und nicht die präzise definierten Symbole benutzt, die die natürliche Sprache der Wissenschaft darstellen. Galileo Galilei hat das „Lesen im Buch der Natur“ mit folgenden Worten charakterisiert: »Aber wir können erst darin lesen, wenn wir die Sprache gelernt und uns mit den Buchstaben vertraut gemacht haben, in der es geschrieben ist. Es ist in mathematischer Sprache geschrieben.« Mathematik ist für viele ein Schrecken, aber das muß sie nicht sein, wenn man sie im Zusammenhang mit der Naturwissenschaft sieht. Dann bekommen Symbole, die zunächst nur als Abkürzung umständlicher Sätze eingeführt wurden, eine physikalische Bedeutung und gewinnen dadurch eine Anschaulichkeit und Stärke, die über die öden xs und ys gymnasialer Algebra hinausgeht. Man denke nur an die Brisanz der Formel $E = mc^2$! Dieser Hinweis verdeutlicht, daß sich die Spezielle Relativitätstheorie immer schon im Gewand von Formeln zeigt. Nur durch den Gebrauch von Symbolen ist es möglich, die Einheit und Aussagekraft der Begriffe wirklich zu verstehen. Ich würde meine Pflicht versäumen, wenn ich dies dem Leser vorenthalten wollte.

Die Situation ändert sich jedoch, wenn wir zur Allgemeinen Relativitätstheorie und zur Formulierung der Einsteinschen Feldgleichungen für die Gravitation kommen. Hier erschien es mir ratsamer, auf eine verbale Beschreibung zurückzugreifen, um dem Leser – soweit möglich – eine Vorstellung von der Argumentation zu vermitteln, die zu dieser einzigartigen Leistung führte. Die entsprechenden Abschnitte in Kapitel 5 sind mit der Warnung „gefährlich“ versehen. Die Gefahr, auf die ich hier anspiele, besteht nicht darin, daß der Leser vom eigentlichen Thema abkommen könnte – diese Abschnitte können überflogen oder überschlagen werden, ohne daß der Erzählerfluß dadurch unterbrochen wird; die „Gefahr“ sehe ich vielmehr darin, daß ihn diese wenigen Ausführungen bereits so in ihren Bann ziehen, daß er gar nicht anders kann, als sich tiefer in dieses Gebiet zu stürzen.

Als Kontrapunkt zur abstrakten Formelsprache enthalten diese Seiten Anmerkungen zu den Hauptpersonen des Geschehens und ihrem konkreten Leben. Sie sind nicht als Beitrag zur Wissenschaftsgeschichte zu verstehen (meine Quellen sind durchweg Sekundär-, wenn nicht Tertiärliteratur); vielmehr soll nur daran erinnert werden, daß die Wissenschaft von Menschen gemacht wird, die Stärken und Schwächen aller Menschen teilen – wenn auch nicht immer im gleichen Maß.

Zu meiner eigenen Überraschung habe ich festgestellt, daß man über persönliche Anekdoten gegensätzlicher Meinung sein kann. Beispielsweise stieß ich in einem Buch über Einstein (Dukas, H.; Hoffman, B. (Hrsg.) *Albert Einstein: The Human Side*. Princeton (University Press) 1979. S. 62) auf die folgende Geschichte:

Albert Einstein fuhr 1921 mit Chaim Weizmann – dem späteren ersten Präsidenten Israels, der damals noch als Chemiker tätig war – in die Vereinigten Staaten. Weizmann berichtete dann folgendes über diese Atlantikreise:

»Einstein erklärte mir jeden Tag seine Theorie, und bei meiner Ankunft war ich völlig davon überzeugt, daß er sie verstand.«

Ich fand Weizmanns Bemerkung amüsant, aber ein Lektor urteilte, das sei „kontraproduktiv" und führe zu nichts. Die Anekdote erscheint nicht im Text.

Das Büchermachen ist größtenteils Teamarbeit. Hier gilt mein Dank den Mitarbeitern der „Scientific American Library", die alle ihre Fähigkeiten einbrachten, um schließlich dieses Buch vorlegen zu können. Ich werde nicht vergessen, daß *Einsteins Erbe* direkt aus der Fernsehserie *Understanding Space and Time* hervorgegangen ist. Der leitende BBC-Produzent Andrew Crilly war sehr entgegenkommend und zeigte viel Geduld – bis hin zu seinen (erfolglosen) Versuchen, mir die Schlagtechnik für Squash beizubringen und das vom Tennis gewohnte feste Handgelenk auszutreiben. Ein besonderer Dank gilt Milton Anastos, Stephen Brush und Robert Vessot, die mir wissenschaftliche und wissenschaftshistorische Quellen beschafften. Die Beiträge meiner Frau lassen sich mit Worten kaum angemessen würdigen. Sie hat mich nicht nur mit viel Liebe und Zuneigung unterstützt, sondern auch mein unmögliches Gekritzel in ein lesbares Schreibmaschinenmanuskript verwandelt und die Rolle eines Herausgebers im eigenen Haus übernommen.

Julian Schwinger
Los Angeles, September 1985

James Clerk Maxwell (1831 – 1879).

Kapitel 1

Ein Widerspruch kommt ans Licht

Dramatis Personae

Isaac Newton, dessen Name untrennbar mit seinen drei Bewegungsgesetzen und seiner Theorie der universellen Gravitation verknüpft ist, schrieb einmal: Wenn er ein wenig weiter geblickt habe als andere, so nur deshalb, weil er auf den Schultern von Riesen gestanden habe. Auch Albert Einstein stand auf den Schultern von Riesen – denen von Isaac Newton und James Clerk Maxwell.

Alle drei waren Mitglieder der Royal Society of London for Improving Natural Knowledge (Königliche Gesellschaft von London zur Förderung der Naturwissenschaften auf experimenteller Grundlage). Die Royal Society, die älteste wissenschaftliche Gesellschaft in Großbritannien, begann 1645 mit zwanglosen wöchentlichen Zusammenkünften »verschiedener verdienstvoller Persönlichkeiten, die an Naturphilosophie und anderen Bereichen menschlichen Wissens interessiert waren, insbesondere an dem, was man die Neue oder Experimentelle Philosophie nannte«.[1] Einige der ersten Zusammenkünfte fanden in der Bull Head Tavern, einer Kneipe in Cheapside, statt. Im Jahre 1660 wurde die Gesellschaft offiziell von Charles II. anerkannt und in die Royal Charter von 1662 einbezogen. Nach mehreren Ortswechseln tagt sie heute in Carlton House Terrace unweit von Trafalgar Square.

Anfang 1672 sandte Newton eine Beschreibung seines neuen Spiegelteleskops an die Royal Society; diese Arbeit wurde bei der Zusammenkunft, in der Newton zum Mitglied der Gesellschaft gewählt werden sollte, verlesen. Auf die Mitteilung seiner Wahl antwortete Newton mit dem Vorschlag, die »Erklärung einer philosophischen Entdeckung (vorzulegen), die mich zu der Konstruktion des genannten Teleskops veranlaßte ..., die meinem Urteil nach die ungewöhnlichste, wenn nicht die bedeutendste Entdeckung ist, die bisher durch Erforschung des Naturgeschehens gemacht wurde«.[2] Newton hatte mit einem Glasprisma weißes Licht in seine Farbkomponenten zerlegt• – eine der Entdeckungen, die ihn im darauffolgenden Jahr zu seiner Korpuskulartheorie des Lichtes führten.

Sir Isaac Newton (1642 – 1727). Das Portrait malte Sir Godfrey Kneller (1646 – 1723) im Jahre 1702.

»Licht ist nicht homogen, sondern besteht aus verschiedenen Strahlen, von denen sich einige stärker brechen lassen als andere.« (Newton). Diese reizvolle Illustration zu Newtons Beobachtung (aus Voltaires *Eléments de la Philosophie de Newton* von 1738) zeigt einen Sonnenstrahl, der durch ein kleines Loch im Fensterladen fällt, ein Prisma durchquert und dann auf einen Schirm trifft, auf dem sich das gesamte Farbspektrum zeigt.

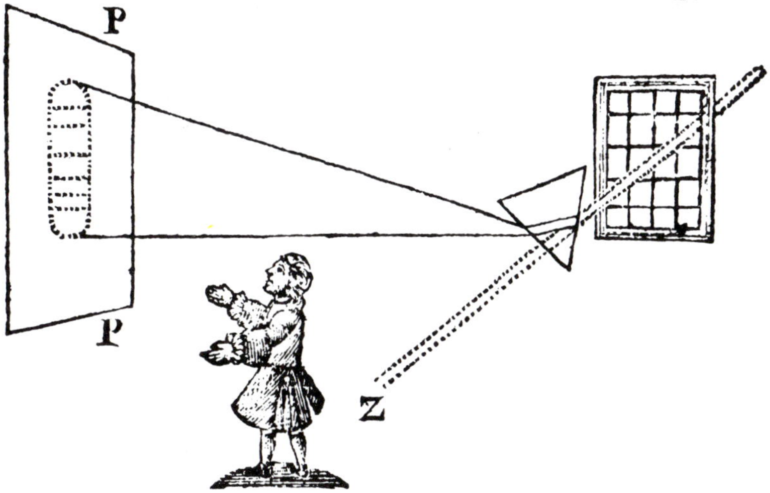

• Aber Leonardo da Vinci (1452 – 1519) war ihm zuvorgekommen: »Wenn man ein Wasserglas auf die Fensterbank stellt, so daß die Sonnenstrahlen von der anderen Seite darauf fallen, sieht man Farben in dem Spiel der Sonnenstrahlen, die das Glas durchdrungen haben und auf den Boden gefallen sind.«[3]

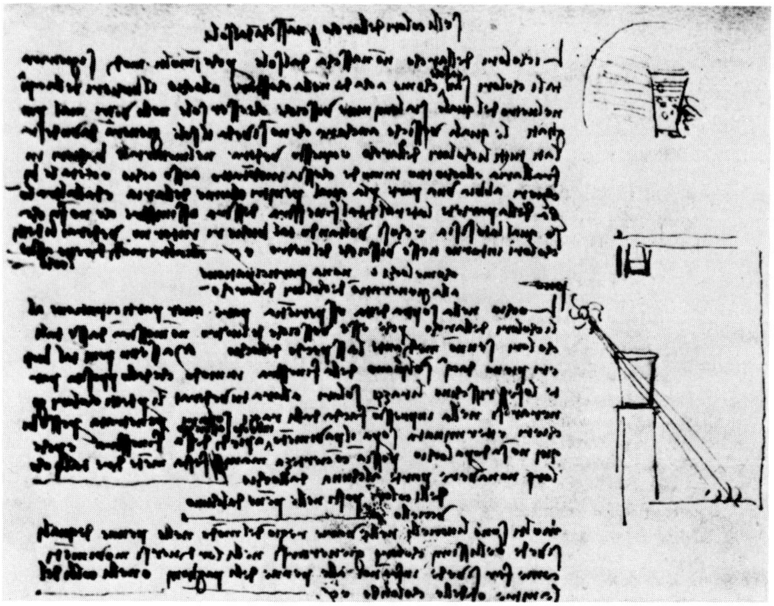

Leonardo da Vincis Zeichnung zu seinem Versuch zur Farbzerlegung des Sonnenlichtes. In diesem Experiment, das dem von Newton um mehr als hundert Jahre vorausging, erzeugte ein mit Wasser gefülltes Glas die gleiche Wirkung wie Newtons Prisma. Neben der Zeichnung sieht man die Versuchsbeschreibung in Leonardos charakteristischer Spiegelschrift.

Den bisher vielleicht bedeutendsten Beitrag zur Wissenschaft leistete die Royal Society bei der Veröffentlichung von Newtons Hauptwerk, in dem er seine Entdeckungen meisterhaft erklärte: in den *Mathematischen Prinzipien der Naturphilosophie* – den *Principia*. Das Buch wurde 1686 vom damaligen Präsidenten der Royal Society, Samuel Pepys, zur Veröffentlichung zugelassen; Pepys war Amateurwissenschaftler und -musiker, Schatzmeister der Königlichen Fischerei, Mitglied des Parlamentes und Sekretär im Marineministerium; er ist heute durch sein *Tagebuch* bekannt, in dem er seine Zeit und auch sein Intimleben freimütig schilderte.

So wie Isaac Newton die wissenschaftliche Szene des 17. Jahrhunderts beherrschte, dominiert Albert Einstein die des 20. Jahrhunderts. Er wurde 1921 auswärtiges Mitglied der Royal Society, im selben Jahr, in dem ihm der Nobelpreis zuerkannt wurde. Einstein war damals bereits durch seine Relativitätstheorie weltberühmt, aber in der offiziellen Begründung zur Preisverleihung ist die Relativitätstheorie nicht ausdrücklich erwähnt. Den Nobelpreis erhielt er »für seine Beiträge zur Theoretischen Physik und besonders für seine Entdeckung des Gesetzes vom lichtelektrischen Effekt«.

Damit wird auf Einsteins Rolle bei der Wiedereinführung der Teilchennatur des Lichtes angespielt, die Newton mehr als zwei Jahrhunderte zuvor eingeführt hatte. Dagegen stand die Wellentheorie, die Christian Huygens (1629–1695) im Jahre 1690 aufgestellt hatte. Newton war es jedoch mit seiner Autorität gelungen, die Teilchentheorie im Vordergrund zu halten (trotz einiger Zweifler wie Benjamin Franklin), bis im 19. Jahrhundert die Wellentheorie allgemeine Zustimmung fand (siehe Exkurs 1.1).

Einsteins Entdeckung war freilich keine Rückkehr zu Newton; die Wahrheit, die sich schließlich herauskristallisiert hat, ist viel subtiler als die beiden konkurrierenden Theorien und geht über sie weit hinaus. Dieser Teil von Einsteins Erbe betrifft die Gesetze der Atomphysik und wird gelegentlich in den folgenden Kapiteln Erwähnung finden. Aber er geht über den Rahmen dieses Buches hinaus, das Einstein und die Relativitätstheorie in den Mittelpunkt stellt. Einstein kennt fast jeder. Und Newton hat seine Bewunderer:

Natur und Naturgesetze lagen
in dunkler Nacht.
Da sprach Gott: Laß Newton sein!
Und alles ward ans Licht gebracht.

Alexander Pope (1688–1744)

Exkurs 1.1

Theorien über das Licht

Newtons Teilchentheorie hatte im 18. Jahrhundert den Vorteil, eine einfache Erklärung für die geradlinige Lichtausbreitung in einem homogenen Medium zu liefern. Die Theorie konnte auch die Lichtreflexion an einer Oberfläche und die Lichtbrechung beim Durchqueren der Grenze zwischen zwei optisch verschiedenen (transparenten) Medien – zum Beispiel Luft und Wasser – erklären. Nach der Newtonschen Mechanik sollte die Lichtgeschwindigkeit beim Übergang in ein optisch dichteres Medium (in unserem Beispiel Wasser) *zu*nehmen.

Auch Huygens' Wellentheorie war in der Lage, diese Erscheinungen zu erklären, verlangte aber eine *Ab*nahme der Lichtgeschwindigkeit im optisch dichteren Medium. Bevor die Geschwindigkeiten in einem Experimentum crucis direkt gemessen wurden, entschied bereits eine andere fundamentale Beobachtung zwischen den konkurrierenden Theorien.

Nach der Teilchentheorie muß jeder Körper, der in einem Lichtweg aufgestellt ist, einen scharfen Schatten hervorrufen. Doch kannte man bereits zu Newtons Zeit das Phänomen der *Beugung* – die Tatsache, daß Schatten nicht völlig scharf sind. Zu Beginn des 19. Jahrhunderts führte Thomas Young (1773–1829) mit dem Begriff der *Interferenz* eine Wellenvorstellung vom Licht ein, um die auffallenden Beugungserscheinungen, die man als *Beugungsfiguren* bezeichnet, erklären zu können. Von der Existenz dieser Erscheinung kann man sich leicht selbst überzeugen.

Man nehme zwei Karten mit scharfen Kanten und halte diese in Augennähe gegen eine starke Lichtquelle, so daß das Licht nur durch einen schmalen Spalt zwischen den Kanten dringen kann. Verringert man den Abstand zwischen den Kanten, so erscheint in dem Spalt schließlich eine Folge dunkler und heller Streifen, die parallel zu den Kanten verlaufen.

Young erklärte diese Linien damit, daß Wellen durch den Spalt laufen und *gebeugt* werden. Mit Beugung ist dabei die Ablenkung von der geradlinigen Ausbreitungsrichtung gemeint. (Die gleiche Erscheinung gibt es bei Schallwellen: Außer Sichtweite heißt nicht außer Hörweite.)

Jeder Punkt des Beugungsbildes entsteht durch viele Wellen, die von verschiedenen Teilen des Spaltes ausgehen. Diese Wellen durchlaufen bis zum Auge des Beobachters unterschiedliche Entfernungen – was dann zur Folge hat, daß sie sich abwechselnd verstärken oder auslöschen. Auf diese Weise entstehen durch Interferenz die dunklen und hellen Lichtstreifen, die man als *Interferenzbanden* bezeichnet.

Nachdem sich bereits viele experimentelle Belege für die Wellentheorie ergeben hatten, wunderte es 1850 niemanden mehr, als Jean Foucault (1819–1868) experimentell zeigen konnte, daß die Lichtgeschwindigkeit im Wasser tatsächlich kleiner – und nicht größer – wird.

Wie konnte Einstein nach all dem die bereits verworfene Vorstellung vom Licht wiederbeleben? Indem er die Gesetze der Mechanik änderte, und zwar gerade an denjenigen Stellen, wo sie Anwendung auf das Licht finden.

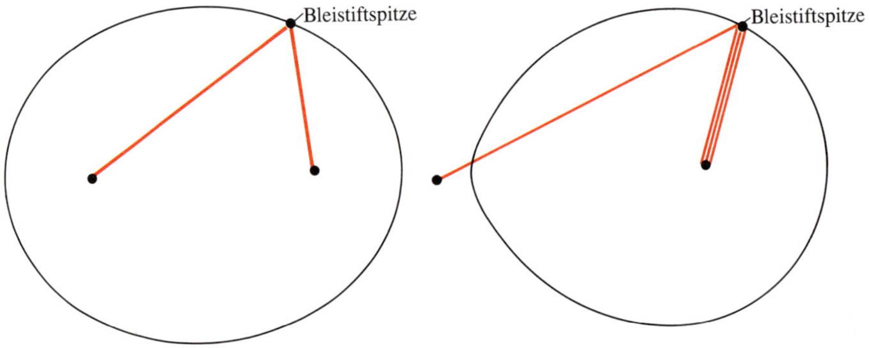

Das Zeichnen von Kartesischen Blättern: Man stecke zwei Nadeln in einen flachen Karton, der von einem Blatt Papier bedeckt ist, und verbinde diese Nadeln dann sehr locker durch eine lange Schnur. Um eine Ellipse zu zeichnen (links), muß die Schnur mit einem Bleistift straff gespannt sein, während er auf einem geschlossenen Weg um die Nadeln geführt wird. Die Nadeln markieren die Brennpunkte der Ellipse. Die Summe der Abstände zu den Brennpunkten ist für alle Punkte der Ellipse konstant – entsprechend der festen Länge der gespannten Schnur. Bei dem Kartesischen Blatt (rechts) wird die Schnur von einem Brennpunkt zum Bleistift geführt, dann wieder zurück zur Nadel und wieder zum Bleistift und schließlich direkt zum zweiten Brennpunkt geführt. Hier ist die feste Länge der Schnur gleich der Summe des Abstandes von irgendeinem Punkt der Kurve zu einem Brennpunkt (der sich *außerhalb* der Kurve befindet) und des dreifachen Abstandes zum anderen Brennpunkt (innerhalb der Kurve). Man kann verschiedene Kartesische Blätter zeichnen, indem man die Schnur mehrfach um Bleistift und Nadeln wickelt – wobei sich die Zahl der Wicklungen in bezug auf jeden Brennpunkt unabhängig festlegen läßt.

Anders als Einstein und Newton ist James Clerk Maxwell (1831–1879), dessen wissenschaftliche Leistungen noch viel stärkere Auswirkungen für unser tägliches Leben hatten, vergleichsweise unbekannt. Wer war dieser Mann, und was hat er geschaffen? Er war der letzte Stammhalter der Clerks, einer wohlhabenden schottischen Familie mit beträchtlichem Landbesitz. Der Name Maxwell war nur hinzugefügt worden, um die durch Einheirat erworbenen Ländereien behalten zu können.

Als einzig überlebendes Kind seiner Eltern wurde Maxwell in jenem Sommer in Edinburgh geboren, als Michael Faraday eine epochemachende Entdeckung machte – und diese Entdeckung sollte für Maxwell später die Grundlage seiner größten wissenschaftlichen Leistung werden. Das Kind entwickelte bald eine unersättliche Neugier und ein beachtliches Gedächtnis und war ganz *anders* als seine Altersgenossen. Diese Eigenschaften führten zusammen mit seiner Schüchternheit und einem Sprachfehler zu seiner Außenseiterrolle in der Schule, wo er für seine Klassenkameraden eine beliebte Zielscheibe des Spotts und der Hänseleien abgab. Sein entschlossener Widerstand gegen solcherlei Nachstellungen war mit einem ausgeprägten Sinn für Humor gepaart. Er stand sie durch und wuchs heran. Später hat er bedauernd bemerkt: »Sie verstanden mich nie, aber ich verstand sie.«

Nach dem frühen Tod seiner Mutter, die schon mit 48 Jahren starb, lag die Erziehung des Jungen in den Händen des Vaters, der ihm sehr zugetan war. Zwar machte er bei der Wahl eines Lehrers für seinen Sohn an-

Das Hauptringsystem des Saturn (links) und sein geflochtener Ring (rechts). Nachdem die Voyagersonde im November 1980 an Saturn vorbeigeflogen war – von der Gravitation meisterhaft nach Newtons Gesetzen gelenkt –, war ein Zweifel an der Richtigkeit von Maxwells Schlußfolgerung nicht mehr möglich. Bei den Ringteilchen scheint es sich um eine Art von Eisbrocken zu handeln. Zur gleichen Zeit entdeckte die Sonde außerdem auch völlig unerwartete Strukturen in den Ringen, an denen Maxwell vermutlich seine Freude gehabt hätte – einige davon wurden nach ihm benannt.

fänglich einen schweren Fehler (jener Lehrer entpuppte sich als hart und brutal), aber die späteren Schulerfolge veranlaßten ihn schließlich, seinen Sohn zu Veranstaltungen der Royal Society in Edinburgh mitzunehmen. Die entsprechenden Ergebnisse ließen nicht lange auf sich warten.

Die erste wissenschaftliche Arbeit, die James Clerk Maxwell im Alter von 14 Jahren schrieb, wurde vor der Royal Society verlesen und von ihr 1846 veröffentlicht. Sie enthält eine Konstruktionsbeschreibung für Kurven, die als Kartesische Blätter bekannt sind. Dabei handelt es sich um Kurven, die man ähnlich wie Ellipsen mit Bleistift und Faden zeichnen kann, wenn der Faden an zwei Punkten (den Brennpunkten der Ellipse) befestigt ist und vom Bleistift straff gespannt wird.

Im Jahre 1855, als Maxwell mit 24 Jahren Mitglied des Trinity College in Cambridge war – wie Newton zwei Jahrhunderte zuvor –, wurde dort ein Wettbewerb ausgeschrieben. Prämiert werden sollte die beste Untersuchung über die Saturnringe und insbesondere über die Frage nach deren Stabilität. Ungefähr 70 Jahre zuvor hatte der französische Astronom Pierre Simon de Laplace (1749–1827) behauptet, die Ringe bestünden aus unregelmäßigen festen Körpern. Maxwell zeigte, daß eine feste Struktur entweder dynamisch unmöglich ist oder zu Widersprüchen mit der Beobachtung führt, und kam daher zu dem Ergebnis, daß die Ringe aus sehr vielen kleinen Körpern bestehen. Er gewann den Preis.

Maxwells Arbeit über die Saturnringe lenkte seine Aufmerksamkeit schließlich auf ein anderes Gebiet, in dem Myriaden kleiner Körper eine wichtige Rolle spielen: die kinetische Gastheorie. Nach dieser Theorie wird der Druck eines Gases durch die Stöße der vielen kleinen Gasmoleküle auf die Wände des Behälters hervorgerufen. Aber die Moleküle stoßen auch untereinander zusammen, was ihrer Bewegung einen Widerstand entgegensetzt; man bezeichnet ihn als *Zähigkeit* oder *Viskosität*. Maxwell kam zu dem Schluß, daß die molekulare Viskosität vom Gasdruck unabhängig ist. Da Maxwell zu jener seltenen Sorte von Wissenschaftlern gehörte, die hervorragende Theoretiker *und* Experimentatoren sind, machte er sich selbst daran, seine Behauptung experimentell zu überprüfen. Zwei Jahre dauerten die Versuche, die er zusammen mit seiner Frau Katherine Mary Dewar in den sechziger Jahren des vorigen Jahrhunderts durchführte, um die Viskosität der Gase bei unterschiedlichem Druck zu messen. Dabei mußten unterschiedliche Temperaturen auf konstanter Höhe gehalten werden – zuweilen mit Hilfe von offenem Feuer, manchmal mit riesigen Mengen von Eis. Aber all dies ließ sich im Londoner Haus der Maxwells bewerkstelligen – welch ein Unterschied zu den heutigen Laboratorien, die Unsummen von Geld verschlingen! Die Ergebnisse bestätigten die molekulare Maxwellsche Gastheorie.

Maxwells größte Leistung war die einheitliche Beschreibung von Elektrizität und Magnetismus in seiner elektromagnetischen Theorie des Lichtes. Um dies besser verstehen zu können, ist es nützlich, sich einige experimentelle und theoretische Entwicklungen in der Zeit nach Newton klar zu machen.

Licht

Newton hatte gezeigt, daß die Gravitationskraft, mit der sich zwei massive Körper wechselseitig anziehen, entlang der Verbindungsgeraden zwischen diesen Körpern wirkt und umgekehrt proportional zum Quadrat ihres Abstandes ist – sofern der Abstand sehr viel größer ist als die Ausdehnung der beiden Massen. Dieses $1/r^2$-Gesetz besagt, daß sich die Kraft vervierfacht, wenn sich der Abstand halbiert. In der zweiten Hälfte des 18. Jahrhunderts machten dann experimentelle Untersuchungen von Charles Augustin Coulomb (1736–1806) und

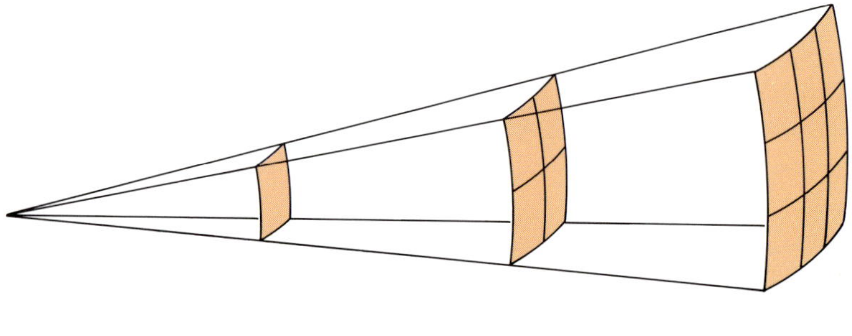

Das $1/r^2$ Gesetz. Dieses Abstandsgesetz gilt nicht nur für die Gravitationskraft sowie die elektrische und magnetische Kraft, sondern es beschreibt unter anderem auch den Intensitätsabfall des Lichtes von einer kleinen Quelle (einer Punktquelle) oder des Wärmeflusses von einer kleinen Wärmequelle. Das Gemeinsame all dieser Beispiele besteht darin, daß sich der konstante Betrag einer gegebenen Größe gleichmäßig über eine Kugeloberfläche verteilt – wir wollen diesen Betrag als Gesamtfluß bezeichnen. Nun ist die Kugeloberfläche dem Quadrat ihres Radius proportional, und bei zunehmender Gesamtfläche entfällt auf eine Einheitsfläche ein entsprechend geringerer Anteil des Gesamtflusses. Dadurch nimmt der Fluß (bezogen auf die Einheitsfläche) ab – er ist umgekehrt proportional zum Quadrat des Radius. Dies ist in unserer Abbildung für quadratische Flächen innerhalb eines Raumwinkels dargestellt, der vom Kugelmittelpunkt ausgeht und aus den Kugeloberflächen gleiche Bruchteile ausschneidet. Bei den drei Oberflächen verhalten sich die Abstände zum Zentrum wie 1:2:3.

Exkurs 1.2

Maxwells Dämonen

Wir haben alle schon von märchenhaften Zwergen gehört, die wunderbare Dinge verrichten konnten wie etwa die Heinzelmännchen von Köln oder das Rumpelstilzchen, das in einer Nacht ein Zimmer voller Stroh zu Gold spinnen konnte. Maxwell fand einen neuen Stamm winziger Dämonen, die *unmögliche* Dinge vollbringen können. Es handelte sich dabei um »winzige, aber lebendige Wesen, die keine Arbeit verrichten konnten, aber in der Lage waren, Klappen zu öffnen und zu schließen, die sich ohne Reibung und Trägheit bewegen.«[4] Um ein Beispiel ihrer Umtriebe zu geben, betrachten wir zwei Gasbehälter derselben Temperatur, die durch eine Klappe getrennt sind. Wird diese geöffnet, so kann sich das Gas in beide Richtungen ausdehnen. Einer der Dämonen hält sich nun bei der Klappe auf und geht folgendermaßen vor: Bemerkt er ein schnelles Molekül, das sich von der einen Seite nähert oder ein langsames von der anderen Seite, so öffnet er die Klappe und läßt das Molekül durch. In der umgekehrten Situation dagegen bleibt die Klappe geschlossen. Dadurch wird Energie von der einen auf die andere Seite transportiert, so daß die Temperatur in den Behältern schließlich nicht mehr übereinstimmt – obwohl keine Arbeit geleistet wurde. Aber dieses dämonische Werk ist nach dem Zweiten Hauptsatz der Thermodynamik• prinzipiell unmöglich.

Schließlich fand man eine Möglichkeit, den kleinen Teufel auszutreiben. Um die Klappe bedienen zu können, muß der Dämon in der Lage sein, die Moleküle zu *sehen*. Zu Beginn seiner Manipulationen ist die Temperatur konstant – es herrscht thermisches Gleichgewicht –, und die Strahlung bewegt sich unbeeinflußt von den Molekülen gleichförmig in alle Richtungen. Es gibt keine Möglichkeit, die Moleküle wahrzunehmen. (In derselben Lage befindet sich ein schneeblinder Skifahrer.) Geben wir dem Dämon eine Taschenlampe, so liegt eine andere Situation vor. Um die Lampe einzuschalten, wird stets Arbeit geleistet. Damit kann nichts mehr einen Dämonen daran hindern, einen Temperaturunterschied hervorzurufen (einen Kühlschrank zu betreiben), vorausgesetzt, er bringt Arbeit auf.

• »Es kann keinen Prozeß geben, bei dem als *einziges* Resultat Energie von einem kälteren zu einem wärmeren Körper übertragen wird« ist die Formulierung dieses Gesetzes, die wir in *Wärme und Bewegung* von P. W. Atkins. Heidelberg (Spektrum der Wissenschaft) 1986. S. 21, finden.

Henry Cavendish (1731–1810)• deutlich, daß auch die elektrische Kraft zwischen geladenen Körpern diesem Abstandsgesetz gehorcht – mit einer Ausnahme: Die elektrische Kraft kann anziehend oder abstoßend sein. Ungleichnamige Ladungen ziehen sich an, gleichnamige stoßen sich ab. Der Magnetismus verhält sich ähnlich, wobei die Rolle der positiven und negativen elektrischen Ladungen von magnetischen Nord- und Südpolen übernommen wird. Es gab

• Cavendish nahm zwar an den wöchentlichen Sitzungen der Royal Society teil, war aber ansonsten ein entschiedener Einsiedler. Seine Experimente zur Elektrizität blieben unveröffentlicht, bis Maxwell sie etwa hundert Jahre später in den letzten fünf Jahren seines Lebens herausgab und veröffentlichte. Damit war Cavendishs Priorität bei der Entdeckung des elektrischen Kraftgesetzes gesichert.

deshalb zu Beginn des 19. Jahrhunderts keinerlei Anlaß, an der Allgemeingültigkeit des Newtonschen Kraftbegriffes zu zweifeln.

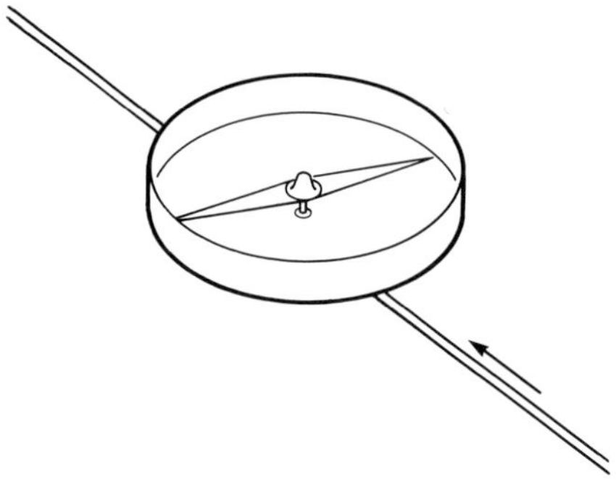

Im Jahre 1820 schließlich überraschte der dänische Physiker Hans Christian Oersted (1777–1851) die wissenschaftliche Öffentlichkeit mit der Mitteilung, daß eine *magnetische* Kompaßnadel in der Nähe eines stromdurchflossenen Drahtes (das heißt, in der Nähe von einem Fluß *elektrischer* Ladungen) ausschlägt. Elektrizität und Magnetismus hängen miteinander zusammen!• Allerdings wurde die Kompaßnadel weder angezogen noch abgestoßen, sondern sie drehte sich quer zur Stromrichtung. Hier geschah etwas Neues.

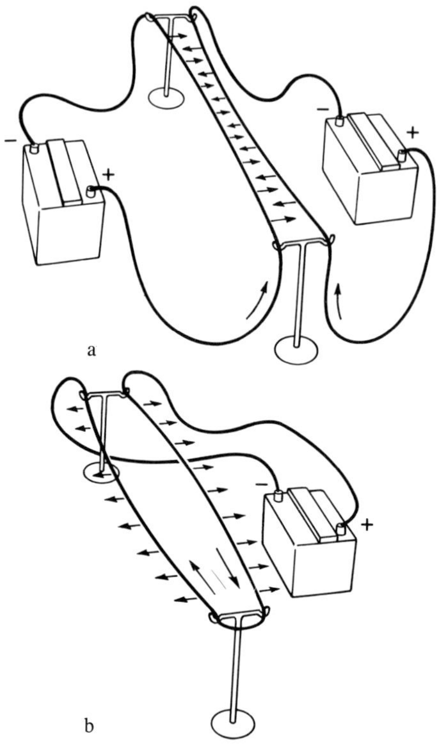

Parallele stromdurchflossene Leiter. Wenn die Ströme in derselben Richtung fließen (a), ziehen sich die Drähte an; haben die Ströme jedoch entgegengesetzte Richtungen (b), so stoßen sich die beiden parallelen Leiter ab.

Gleichwohl ließ sich die neue Kraft in das Newtonsche Begriffsschema einfügen. Noch im selben Jahr (1820) entdeckte der französische Physiker André Marie Ampère (1775–1836), daß zwei stromdurchflossene Leiter Kräfte aufeinander ausüben (was ihn zu der Hypothese veranlaßte, den Magnetismus als Folge der Bewegung elektrischer Ladungen aufzufassen). Betrachten wir als ein einfaches Beispiel dafür die Ströme in zwei langen parallelen Drähten: Fließen diese Ströme in die gleiche Richtung, so ziehen sich die Drähte an; entgegengesetzte Stromrichtungen bewirken eine Abstoßung. Die Kraft verhält sich umgekehrt proportional zum Abstand zwischen den Drähten, was kein Widerspruch zum $1/r^2$-Gesetz ist: Die Drähte haben nämlich Längen, die im Verhältnis zu ihrem Abstand *nicht* mehr vernachlässigbar gering sind. Und Ampère konnte für solche Kräfte ganz allgemein zei-

• Völlig unerwartet kam diese Entdeckung nicht. Bereits 1681 hatte man bei einem Schiff, das auf dem Weg nach Boston vom Blitz getroffen worden war, festgestellt, daß die Pole der Kompaßnadel anschließend vertauscht waren. Daß es sich bei einem Blitzstrahl um einen elektrischen Strom handelt, wurde jedoch erst nach Benjamin Franklins Drachenexperimenten im Jahre 1752 allgemein bekannt.

gen, daß man sie als Überlagerung von Teilkräften auffassen kann, die jeweils zwischen kleinen Abschnitten der Drähte längs ihrer Abstandsgeraden wirken und umgekehrt proportional zum *Quadrat* dieses Abstandes sind. Und das entspricht völlig der Newtonschen Vorstellung, auch wenn zusätzliche Komplikationen auftreten können, weil die Teilkräfte von verschiedenen Winkeln abhängen – denen zwischen der Richtung der einzelnen Drahtabschnitte und der Geraden, die diese verbindet.

Dann kam Michael Faraday. Nach zehnjährigem Experimentieren entdeckte er 1831, daß *Veränderungen* eines Magneten in einer unmittelbar benachbarten Drahtschleife einen elektrischen Strom erzeugen. Als Veränderung genügt bereits eine Bewegung des Magneten; bei einem Elektromagneten läßt sich aber auch die Stärke problemlos variieren. Das Entscheidende war freilich nicht so sehr die Entdeckung als solche – den entstehenden Strom kann man auch mit Ampères Kraftgesetz beschreiben; bedeutender war vielmehr die Tatsache, daß Faradays Gedanken nun in eine neue und letztendlich revolutionäre Richtung gelenkt wurden.

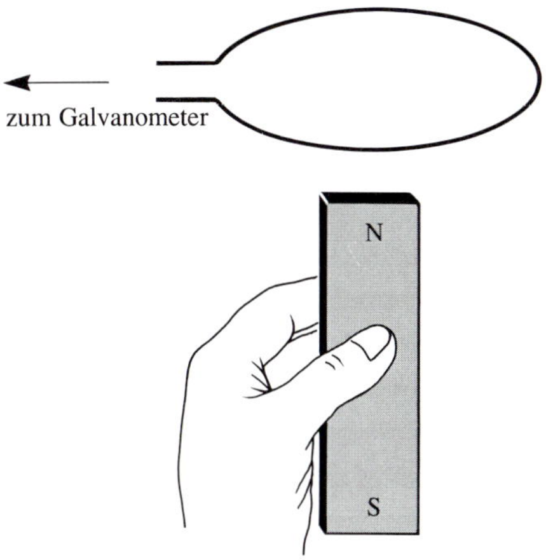

Magnetische Induktion. Wenn sich ein Stabmagnet durch eine Drahtschleife (praktischer ist eine Drahtspule) bewegt, ruft das im Draht einen elektrischen Strom hervor; dieser Strom hört auf zu fließen, sobald der Magnet zur Ruhe kommt. Kehrt man die Bewegungsrichtung des Magneten um, so fließt auch der elektrische Strom in umgekehrter Richtung. Er läßt sich durch ein Galvanometer nachweisen. Dieses Meßinstrument besteht im wesentlichen aus einem kleinen Magneten, der in der Nähe einer Drahtspule aufgehängt ist. Der Magnet wird ausgelenkt, wenn ein Strom durch die Spule fließt. Im Bild des Feldes (siehe Text) können wir sagen, daß die Bewegung des Stabmagneten ein veränderliches Magnetfeld in der Umgebung der Drahtschleife hervorruft. Der resultierende Strom – sprich Fluß elektrischer Ladungen – zeigt an, daß ein elektrisches Feld erzeugt wurde. Zusammengefaßt lautet Faradays Entdeckung: Ein veränderliches *Magnet*feld erzeugt durch Induktion ein *elektrisches* Feld.

Exkurs 1.3

Michael Faraday

Michael Faraday legte an der Royal Institution in London den Grundstein zu den Gesetzen des Elektromagnetismus. Diese Institution war 1799 von Graf von Rumford (siehe Exkurs 3.1) als »eine Einrichtung zur Verbreitung des Wissens von nützlichen mechanischen Verbesserungen« und zur »Lehre von dem Gebrauch der Wissenschaft zu nützlichen Alltagszwecken« gegründet worden.

Im Jahre 1801 stellte Rumford den damals erst 22jährigen Chemiker Humphrey Davy (1778–1829) ein, der sich bereits durch seine Entdeckung der Wirkung von Distickstoffmonoxid (Lachgas) einen Namen gemacht hatte. Davy verwirklichte Rumfords Intentionen, indem er seine originelle Forschung glänzend in allgemeinverständlicher Sprache darstellen konnte und der Wissenschaft dadurch zur Popularität verhalf. Seine öffentlichen Vorlesungen des Jahres 1805 begann er mit den Worten:

»Die Liebe zum Wissen und zur denkerischen Kraft ist eine Gabe, die dem menschlichen Geist in jeder Gesellschaft zukommt, und zwar eine, durch die er zu Recht ausgezeichnet ist, die es überaus verdient, gepflegt und erweitert zu werden.«[5]

Der Dichter Coleridge berichtete, er habe die Vorlesungen von Davy gehört, »um meinen Vorrat an Metaphern zu vergrößern«, und versicherte: »Wäre (er) nicht der erste Chemiker, er wäre der erste Dichter seiner Zeit gewesen.«[6] Gegen Ende des Jahres 1813 brach Davy mit Erlaubnis Napoleons zu einer zweijährigen Europareise auf und nahm Michael Faraday, der kurz zuvor Assistent an der Royal Institution geworden war, als „Assistent bei den Experimenten und als Sekretär" mit.

Faraday, 1791 als Sohn eines Schmieds geboren und im Alter von 13 Jahren von einem Buchhändler als Lehrling angenommen, hatte sich als Autodidakt gebildet und sich selbst auch Chemie beigebracht. Seit 1810 besuchte er die wissenschaftlichen Vorlesungen an der Royal Institution. Nachdem er seine Lehre 1812 beendet hatte, begann er mit einer Arbeit als Buchbindergeselle. Wie es weiterging, darüber berichtet er selbst.

»Als ich Lehrling bei einem Buchhändler war, experimentierte ich sehr gerne und war dem Handel abgeneigt. Es geschah, daß mich ein Herr, (ein Kunde des Lehrherrn und) Mitglied der Royal Institution, zu Sir H. Davys letzten Vorlesungen in der Albermarle Street mitnahm. Ich fertigte Mitschriften an

Michael Faraday (1791 – 1867).

und führte diese später in einem Heft sorgfältig aus. Mein Wunsch, dem Handelsleben zu entfliehen, das ich für unmoralisch und selbstsüchtig hielt, und in die Dienste der Wissenschaft einzutreten, von der ich glaubte, daß sie ihre Anhänger liebenswert und frei mache, führte mich zu dem kühnen und einfachen Schritt, an Sir H. Davy zu schreiben und meine Wünsche zu äußern ... und ihm gleichzeitig meine Mitschriften seiner Vorlesungen zuzusenden.«[7]

Nach Davys eigener Aussage müssen die Mitschriften einen ungeheuren Eindruck auf ihn gemacht haben. Er hielt folgendes Gespräch mit einem Bekannten fest:

»Was soll ich tun? Ich habe einen Brief von einem jungen Mann namens Faraday bekommen. Er hat meine Vorlesungen besucht

und bittet mich, ihm eine Anstellung bei der Royal Institution zu verschaffen – was kann ich tun?
Was tun? Laß' ihn die Flaschen saubermachen. Ist er zu etwas nütze, wird er es sofort tun. Wenn nicht, wird er sich weigern.
Nein, nein, wir müssen es mit einer besseren Arbeit herausfinden.«[8]

Auf diese Weise entkam Faraday der Rolle eines „Flaschenwäschers" und wurde im März 1813 Davys Assistent. Einige Monate später traten sie ihre gemeinsame Europareise an. Faraday veröffentlichte 1816 seine erste Arbeit, und 1823 wurde er Mitglied der Royal Society. In 19 Jahren hat er dann die sechs Weihnachtsvorlesungen für junge Leute an der Royal Institution gehalten, die 1826 ins Leben gerufen worden waren. (Diese Tradition hat sich bis heute erhalten – mit nur einer Unterbrechung durch den Zweiten Weltkrieg. Heute werden diese Vorlesungen durch die BBC-Übertragungen einem weitaus größeren Publikum zugänglich gemacht.) Faraday blieb 54 Jahre an der Royal Institution.

So überraschend es klingen mag: Bereits Isaac Newton hatte den Boden für diesen Weg bereitet. Welche Rolle er hier gespielt hat, ist weithin vergessen. Bekannt ist der Newton, der darauf bestand, Phänomene erst einmal zu beschreiben, bevor man über ihre Ursachen zu spekulieren beginnt. »... Zwei oder drei allgemeine Prinzipien der Bewegung aus den Phänomenen abzuleiten und danach Eigenschaften und Wirkungen der Körper aus diesen festen Prinzipien zu bekommen, würde einen großen Schritt in der Philosophie darstellen, auch wenn die Gründe für diese Prinzipien noch nicht entdeckt worden wären.«[9]

Hier spricht der Newton, der das Motto *Hypotheses non fingo*[10] (Hypothesen erfinde ich nicht) aufgestellt hat. Der andere, weniger bekannte spekulative Newton zeigt sich in dem folgenden Brief an den Altphilologen Richard Bentley:

»Die Behauptung, die Materie besitze eine eingeborene, inhärente und wesentliche Schwerkraft, so daß der eine Körper eine Fernwirkung auf den anderen ausüben kann, und zwar durch ein Vakuum, ohne die Vermittlung von irgendetwas, durch welches ihre Wirkung und Kraft vom einen zum anderen fortgepflanzt werden könnten, ist für mich eine derartige Absurdität, daß sie meines Erachtens einem fähigen Philosophen niemals in den Sinn kommen kann.«[11]

Diese Bemerkungen Newtons (seine Briefe an Bentley wurden 1756 veröffentlicht) be-

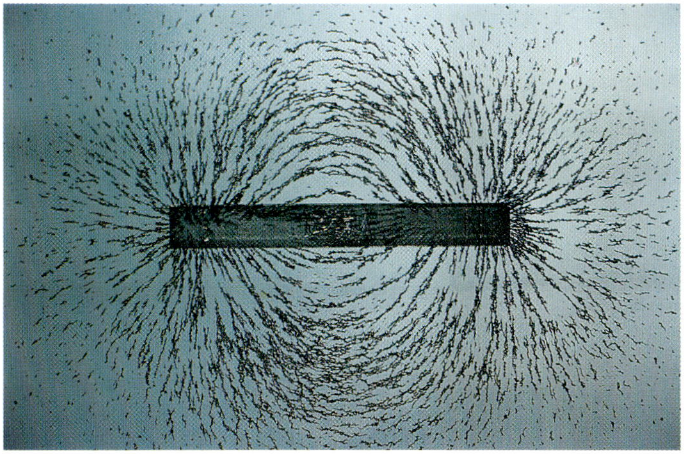

Ein Stabmagnet und Eisenfeilspäne.

stärkten Faraday, nach einem vermittelnden Medium als Erklärung für die magnetische Wirkung zu suchen. Einen solchen physikalischen Einfluß auf den Raum um einen Magneten führt das Experiment mit Eisenfeilspänen deutlich sichtbar vor Augen: Streut man diese Späne auf ein Blatt Papier unmittelbar über dem Magneten, so ordnen sie sich in einem charakteristischen Linienmuster an. Das veranlaßte Faraday, das Konzept der Fernkraft, die über endliche Abstände hinweg wirkt, durch die Vorstellung von raumfüllenden Kraftlinien zu ersetzen. Damit war für Maxwell der Weg bereitet.

Maxwell begann seine Untersuchungen über den Elektromagnetismus in seiner Cambridger Studienzeit, wo er sich entschloß, »nicht eher mathematische Werke durchzuarbeiten, als bis ich Faradays Experimentelle Untersuchungen über Elektricität (*Experimental Researches in Electricity*) vollständig gelesen habe. Ich war schon davon avertiert, daß eine gewisse Differenz zwischen der Art, wie Faraday die electrischen Phänomene auffaßte und wie die Mathematiker sie zu behandeln gewohnt waren, bestand ... So sah, zum Beispiel, Faraday in seinem geistigen Auge überall da Kraftlinien den Raum durchdringen, wo die Mathematiker in die Ferne wirkende Kraftcentren supponirten ... Faraday suchte die Ursache der Erscheinungen in Actionen, die im Zwischenmedium vor sich gehen sollten ... Als ich nun Faradays Ideen, wie ich sie verstand, in mathematische Form brachte, fand ich, daß die aus denselben fließenden Resultate im allgemeinen vollständig mit denen der Mathematiker zusammenfielen.«[12]

Maxwells erste Arbeit zu diesem Problem entstand hauptsächlich während seiner Cambridger Zeit und erschien 1855 unter dem Titel *On Faraday's Lines of Force* (Über physikalische Kraftlinien). In dieser und mehreren nachfolgenden Arbeiten stellte Maxwell spekulative Analogien zur Bewegung von Flüssigkeiten auf. Als er zehn Jahre später seine dynamische Theorie des elektromagnetischen Feldes unter dem Titel *A Dynamical Theory of the Electromagnetic Field* veröffentlichte, waren diese Analogien verschwunden. Diese entscheidende Arbeit basiert streng auf Experimenten und allgemeinen dynamischen Prinzipien. Maxwell war wie Newton dadurch erfolgreich, daß er auf einer ökonomischen Beschreibung der Phänomene bestand.

Faraday folgend, benutzte Maxwell den Begriff *Feld*, um den physikalischen Zustand von Objekten in einem Raumgebiet zu beschreiben, der sich durch gewisse Arten von Kräften äußert: Das *Gravitations*feld der Erde, das *elektrische* Feld einer Ladung, das *Magnet*feld eines elektrischen Stromes. Diese Begriffe beziehen die verschiedenen Felder auch auf ihre Quellen. Im wesentlichen erweiterte Maxwell Faradays Entdekkung der Induktion – die beinhaltet, daß ein veränderliches *magnetisches* Feld ein *elektrisches* Feld erzeugt, wie der Fluß elektrischer Ladung in einer Leiterschleife zeigt. Maxwell behauptete darüber hinaus auch die umgekehrte Aussage, daß ein veränderliches *elektrisches* Feld ein *Magnet*feld hervorruft. Damit werden elektrisches und magnetisches Feld zum *elektromagnetischen* Feld vereinigt.

Angenommen, an einem Punkt im ansonsten leeren Raum, also im Vakuum, verändert sich ein Magnetfeld. (Das könnte eintreten, weil sich anderswo zu einem früheren Zeit-

Das Auf und Ab eines Bootes, an dem Meereswellen vorbeilaufen.

punkt ein elektrischer Strom geändert hat, aber das ist für unsere Überlegungen jetzt nicht der springende Punkt.) Das veränderliche Magnetfeld erzeugt ein veränderliches elektrisches Feld, wodurch sich wiederum ein Magnetfeld aufbaut. In *zeitlicher* Folge führt dies an einem gegebenen Raumpunkt zu einer *Schwingung* zwischen den beiden Arten von Feldern. Darüber hinaus variieren die Felder zwischen verschiedenen Punkten des *Raumes* bei gegebenem Zeitpunkt.

Das alles erinnert an Wellenbewegungen. Zum Beispiel wird ein Boot auf dem Meer durch die vorbeilaufenden Wasserwellen in eine rhythmische Auf- und Abbewegung versetzt – es schwingt *zeitlich* an einem festen Raumpunkt. Zu einem festen Zeitpunkt kann man vom Boot aus auf der Wasseroberfläche – also im Raum – die aufeinanderfolgenden Täler und Berge der herankommenden Wellen sehen. Kurzum, Maxwells Vereinigung von Elektrizität und Magnetismus führte ihn zu seiner Vorhersage der Existenz von *elektromagnetischen Wellen*.

Elektrische Einheiten

Die Geschwindigkeit der elektromagnetischen Wellen ließ sich aus bekannten Größen berechnen: den elektrostatischen und elektromagnetischen *Einheiten* für die elektrische Ladung. Die elektrostatische Einheit ist durch die elektrische Kraft zwischen ruhenden Ladungen definiert; die elektromagnetische Einheit ergibt sich aus der magnetischen Kraft zwischen bewegten Ladungen. Wie die etymologische Herkunft des Wortes „elektrisch" zeigt (siehe Exkurs1.4), war die statische Elektrizität bereits in der Antike wohlbekannt. Dagegen wurden elektromagnetische Kräfte, die mit Bewegung verknüpft sind, erst in neuerer Zeit entdeckt – sie sind bei gewöhnlichen Geschwindigkeiten vergleichsweise gering. Stellt man die Bedingung, daß magnetische und elektrische Kraft die gleiche Stärke haben sollen, so müssen bewegte Ladungen mit einer Geschwindigkeit von, sagen wir, einem Meter pro Sekunde um vieles höher sein als die ruhenden Ladungen: Das Verhältnis von elektromagnetischer und elektrostatischer Ladungseinheit ist durch eine extrem hohe Zahl gegeben. Anders ausgedrückt: Dieses Verhältnis entspricht der Geschwindigkeit, bei der *dieselben* Ladungen elektrische und magnetische Kräfte *gleicher* Stärke ausüben. Genau diese Geschwindigkeit sagte Maxwell für elektromagnetische Wellen voraus.

Obwohl das Verhältnis dieser Einheiten zu Maxwells Zeit nicht exakt bekannt war, reichte die damalige Genauigkeit bereits aus, um unmißverständlich zu belegen, daß sich die elektromagnetischen Wellen mit Lichtgeschwindigkeit bewegen. Maxwell selbst begann ein umfangreiches Versuchsprogramm, um das Verhältnis dieser Einheiten mit größerer Präzision zu bestimmen. Am Ende des 19. Jahrhunderts lagen von verschiedenen Experimentatoren Mittelwerte für das Verhältnis der elektrischen Einheiten vor, die sich jeweils aus vielen Einzelmessungen ergaben. Diese Mittelwerte stimmten mit dem Mittelwert der ebenfalls in vielen Experimenten gemessenen Lichtgeschwindigkeit sehr gut überein – die Fehlerabweichung zwischen den Mittelwerten aus allen Experimenten war geringer als die Meßabweichungen innerhalb der einzelnen Versuchsreihen. Maxwell selbst sagte folgendes über die Geschwindigkeit, die sich im Verhältnis der elektrischen Einheiten ausdrückt:

»Diese Geschwindigkeit ist derjenigen des Lichtes so nahe, daß wir anscheinend mit gutem Grund schließen können, daß das Licht selbst (einschließlich der Wärmestrahlung und eventueller anderer Strahlungen) eine elektromagnetische Störung in der Form von Wellen ist, welche gemäß elektromagnetischen Gesetzen sich im elektromagnetischen Feld fortpflanzen.«[13]

Exkurs 1.4

Bernstein

Bernstein, jenes gelbe, aus Harz entstandene „Gold des Meeres", das man an der Ostseeküste findet, war schon zu vorgeschichtlicher Zeit ein Handelsobjekt. Es wird berichtet, daß Thales von Milet, einer der Väter der griechischen Wissenschaft im sechsten Jahrhundert vor Christus mit einer seltsamen Eigenschaft des Bernsteins vertraut war: Wenn man daran reibt, kann Bernstein kleine Blätter und Federn anziehen. Die lateinische Bezeichnung für Bernstein lautet *electrum*, und das verwandte griechische Wort überlebt in dem Namen *Elektron*, den man jenem zuerst entdeckten negativ geladenen Teilchen gegeben hat. Im Jahre 1600 veröffentlichte der Leibarzt von Königin Elisabeth, William Gilbert (1540–1603), eine erste wissenschaftliche Arbeit über Magnetismus und Elektrizität, in der er Magneten beschrieb und den Namen „electrica" für Substanzen einführte, die wie Bernstein nach kurzem Reiben leichte Körper anziehen konnten.

John Dryden (1631–1700) dürfte die Wirkungsdauer dieser Anziehungskraft überschätzt haben, als er folgendes schrieb:

»Gilbert soll leben,
bis Magneteisensteine nichts mehr anziehen
oder britische Flotten
über den endlosen Ozean gebieten.«

(Der Magneteisenstein oder Magnetit ist ein Eisenerz, das magnetische Eigenschaften besitzt und ursprünglich als Kompaß diente.)

Die Frequenz

Maxwell hat ausdrücklich zwischen »Licht, Wärmestrahlung und eventuellen anderen Strahlungen« unterschieden. An welche Unterscheidungskriterien hat er dabei gedacht?

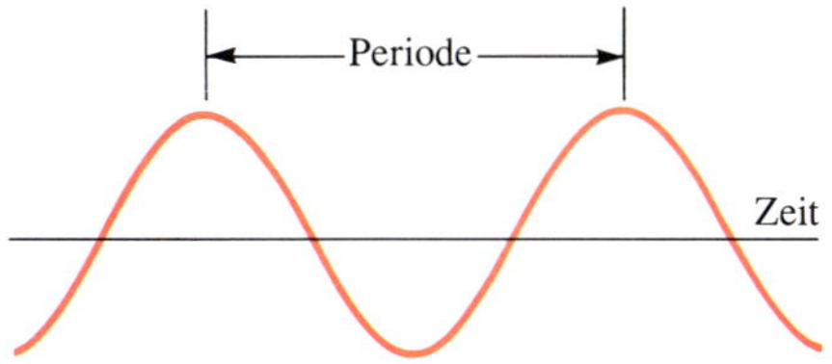

Die Frequenz. Eine Welle bestimmter Frequenz ist eine Schwingung, die sich nach einem festen Zeitintervall, der Schwingungsdauer oder Periode, wiederholt. Die Frequenz ist definiert als die Anzahl der Schwingungen pro Zeiteinheit. Da innerhalb einer Periode gerade eine Schwingung stattfindet, ist die Frequenz gleich dem Kehrwert der Periode.

Betrachten wir dazu einen Harfenisten, der die Saiten seines Instruments anzupft. Jede Saite schwingt dann mit einer anderen *Frequenz* – entsprechend der Anzahl von Schwingungen pro Zeiteinheit (siehe die Abbildung oben). Eine schwingende Saite versetzt die Luft in Schwingungen gleicher Frequenz. So entstehen Schallwellen, die wir mit unserem Gehör als Töne (genauer: Tonhöhen) wahrnehmen. Tonhöhen sind das physiologische Gegenstück akustischer Frequenzen. Unser Ohr nimmt jedoch keinen Schall mit weniger als etwa 30 oder mehr als etwa 30000 Schwingungen in der Sekunde wahr; dieser Frequenzumfang entspricht einem Faktor 1000.

Beim Licht sind *Farben* das physiologische Gegenstück zu Frequenzen. Unsere Augen lassen uns aber ein viel schmaleres Fenster in die Welt der Frequenzen offen als unsere Ohren. Die kleinste noch sichtbare Frequenz des roten Lichtes weicht nur um einen Faktor 2 von der größten noch wahrnehmbaren Frequenz des violetten Lichtes ab. Mit Wärmestrahlung bezeichnete Maxwell die Frequenzen, die sich gerade unterhalb des roten Lichtes im *Infrarot* befinden. Wenn wir einen elektrischen Heizstrahler einschalten, spüren wir seine Wärme, noch bevor die Drähte rot zu glühen beginnen. Jenseits des violetten sichtbaren Bereiches schließen sich die Frequenzen der Ultraviolettstrahlung an, wie sie zum Beispiel auch von der Sonne kommt und im Sommer unsere Haut bräunt.

Was hat es nun mit den »anderen Strahlungen« auf sich? Hier forderte Maxwells Theorie dazu heraus, mit rein elektrischen Mitteln Wellen in unbekannten Frequenzbereichen zu erzeugen und nachzuweisen. Es dauerte aber noch mehr als zwanzig Jahre, bis dem deutschen Physiker Heinrich Rudolph Hertz (1857–1894) ein solches Experiment gelang – als er zum ersten Mal in der Geschichte Radiowellen erzeugte.• Schon länger war bekannt gewesen, daß ein elektrischer Stromkreis, der einen Kondensator (in dem elektrische Felder konzentriert sind) und eine Drahtspule (in der sich Magnetfelder befinden) enthält, mit einer bestimmten Frequenz schwingt. Und es stand zu vermuten, daß ein solcher Schwingkreis elektromagnetische Wellen abstrahlt. Das Problem bestand darin, diese Wellen nachzuweisen. Hertz löste es, indem er eine Drahtschleife mit einer kleinen Lücke benutzte: Überspringende Funken signalisierten das Eintreffen

• Man hätte es Maxwell vielleicht gewünscht, daß er diese experimentelle Bestätigung seiner Theorie noch selbst erlebt hätte. Neun Jahre vor dem Hertzschen Versuch starb er mit 48 Jahren an derselben Krankheit wie seine Mutter und auch im selben Alter.

Beispiele für Radioantennen. Empfänger für große Wellenlängen (links), ein Turm mit Mikrowellenantennen (Mitte) und Radioteleskope (rechts).

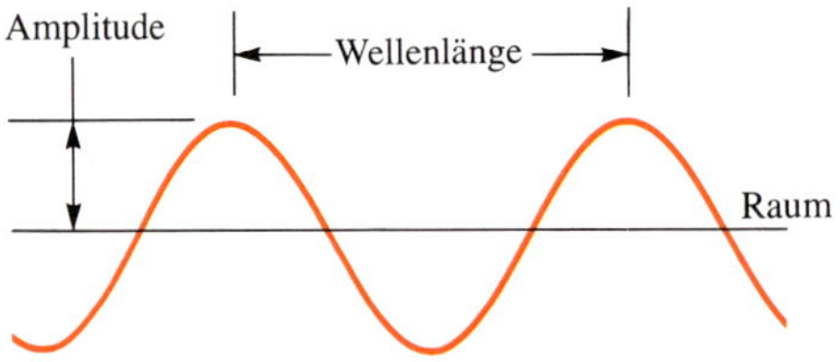

Die Wellenlänge. Eine Welle bestimmter Wellenlänge ist eine Schwingung, die sich nach einem festen Raumintervall, der Wellenlänge, wiederholt.

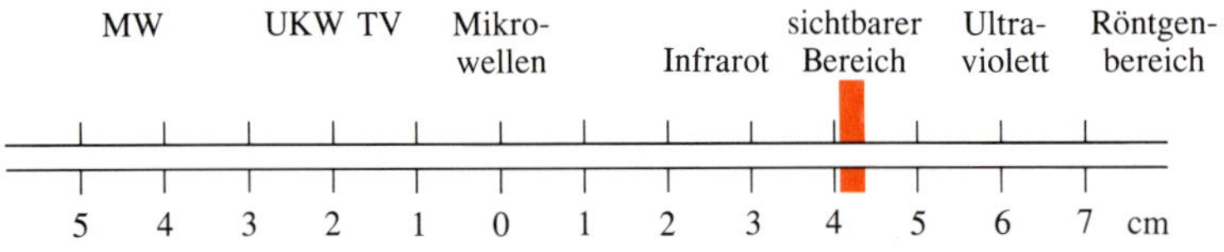

Das elektromagnetische Spektrum. Die Wellenlängen sind in bezug auf Zehnerpotenzen angegeben. Und zwar entspricht die Null einem Zentimeter. Links davon stehen die Zahlen für: 1 ≙ 10cm, 2 ≙ 100cm und so weiter. Auf der rechten Seite der Null entspricht: 1 ≙ $^1/_{10}$cm, 2 ≙ $^1/_{100}$cm und so weiter.

elektromagnetischer Wellen. Das war der primitive Anfang, der in weniger als hundert Jahren zu einer schier endlosen Reihe von Anwendungen führen sollte: Dazu gehören Tausende von Rundfunk- und Fernsehstationen, die Nachrichtenübermittlung durch Mikrowellen rund um die Erde und über Satelliten, die interplanetare Kommunikation, die astronomischen Radioteleskope – die Liste ließe sich beliebig verlängern.

Die Wellenlänge

Der Begriff „Mikrowellen", der uns im täglichen Leben am ehesten in Verbindung mit „Herd" geläufig ist, drückt aus, daß Wellen nicht nur durch ihre Frequenz gekennzeichnet sind, sondern auch durch ihre *Wellenlänge*. Sie ist als Abstand zwischen aufeinanderfolgenden Wellenbergen definiert.

Die bekannten elektromagnetischen Wellenlängen umfassen einen Bereich von vielen Größenordnungen. Man hat inzwischen bereits Wellenlängen von mehreren Kilometern erreicht. Radiogeräte arbeiten im Mittelwellenbereich – bei Wellenlängen von einigen hundert Metern – und im Ultrakurzwellenbereich (UKW) – bei Wellenlängen von nur einigen Metern. Fernsehstationen senden in der Regel bei Wellenlängen von wenig mehr als einem halben Meter. Bei Wellenlängen in der Größenordnung von Zentimetern spricht man von *Mikrowellen*. Um einige Größenordnungen kleiner sind die Wellenlängen des *sichtbaren Lichtes*. Dieser sichtbare Spektralbereich erstreckt sich von ungefähr 40 Millionstel Zentimetern bis 80 Millionstel Zentimeter. Die von Wilhelm Conrad Röntgen (1845–1923) im Jahre 1895 entdeckten Strahlen haben so gesehen nichts Geheimnisvolles an sich; es sind schlicht elektromagnetische Strahlen, deren Wellenlängen einige Tausendstel der Wellenlängen von sichtbarem Licht betragen. Noch kürzere Wellenlängen haben die *Gammastrahlen*, die von Atomkernen emittiert werden; sie wurden zuerst als eine der drei Strahlungsarten des Radiums identifiziert, das Marie und Pierre Curie 1898 als instabiles Element entdeckt hatten.

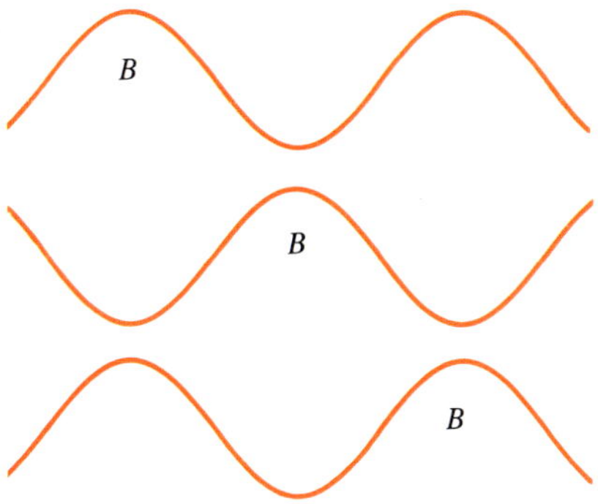

Die Wellengeschwindigkeit. Dargestellt sind drei Momentaufnahmen einer Welle, die sich nach rechts bewegt: Verglichen mit dem Anfangszeitpunkt (1) haben sich die Wellenberge *B* nach einer halben Periode (2) um eine Wellenlänge nach rechts verschoben. Nach einer vollen Periode (3) ist es eine volle Wellenlänge. Die Geschwindigkeit der Welle läßt sich also durch das Verhältnis von Wellenlänge zu Periode ausdrücken und ist somit gleich dem Produkt von Wellenlänge und Frequenz.

Die Geschwindigkeit

Eine bestimmte Welle läßt sich anhand ihrer Wellenlänge oder aber ihrer Frequenz charakterisieren – beide Größen sind gleichwertige Merkmale. Wie hängen sie zusammen? Während die Wellenlänge (der Abstand zwischen Wellenbergen) die räumliche Struktur der Welle beschreibt, kennzeichnet die Frequenz (die Anzahl der Schwingungen pro Zeiteinheit) ihr zeitliches Verhalten. Beide Größen hängen über die Zeit zusammen, in der ein bestimmter Teil des Raumes durchlaufen wird, das heißt, über die *Geschwindigkeit* der Welle. Multipliziert man die *Frequenz*, also die Anzahl von Wellen, die pro Zeiteinheit durch einen gegebenen Punkt laufen, mit der *Wellenlänge*, so erhält man die Strecke, die jede der Wellen pro Zeiteinheit durchlaufen hat – also die Geschwindigkeit. Der Betrag der Wellengeschwindigkeit hängt von den Einheiten ab, die man für Raum und Zeit wählt. Für das Licht beträgt die Geschwindigkeit etwa 300 000 Kilometer pro Sekunde oder etwa 300 Meter pro Millionstel Sekunde (Mikrosekunde). Der zweite Wert sagt uns sofort, daß zum Beispiel eine Radiowelle von 300 Metern eine Frequenz von einer Million Schwingungen pro Sekunde besitzt; zu Ehren des Mannes, der zum ersten Mal Radiowellen nachweisen konnte, hat man für eine Schwingung pro Sekunde die Einheit Hertz (abgekürzt Hz) eingeführt. Eine Million Hertz entspricht einem Megahertz (oder kurz einem MHz).

Elektronensynchrotron. Hochenergetische Elektronen werden durch Magnetfelder auf nahezu kreisförmige Bahnen gezwungen.

Die Hertzschen Experimente waren freilich nicht die letzte Antwort auf die Herausforderungen der Maxwellschen Theorie. Danach mußte es möglich sein, auch *bekannte* Formen der elektromagnetischen Strahlung wie sichtbares Licht mit rein elektrischen Mitteln herzustellen. Und das gelang erstmals 1947 mit einem *Elektronenbeschleuniger*. Es handelte sich um ein Synchrotron, in dem sich elektrisch geladene Teilchen unter dem Einfluß eines Magnetfeldes auf Kreisbahnen bewegten. Diese Elektronen bilden einen veränderlichen elektrischen Strom und senden intensive Strahlung in einem Frequenzspektrum aus, das von ihrer Energie abhängt. Mit den heute zur Verfügung stehenden Maschinen kann man auf diese Weise jeden Bereich des elektromagnetischen Spektrums erzeugen – bis hin zu den Frequenzen und Wellenlängen der Röntgenstrahlen. In Kapitel 3 wird dazu noch einiges berichtet.

Der Widerspruch

Newton und Maxwell schufen – in einem Zeitabstand von zwei Jahrhunderten – Theorien, die jeweils einen großen Erfahrungsbereich beschreiben: mechanische Bewegungen mit kleinen Geschwindigkeiten (bei Newton) beziehungsweise Wellenphänomene mit der höchsten bekannten Geschwindigkeit (bei Maxwell). Obwohl beide Theorien in ihrem jeweiligen Anwendungsbereich gültig sind, erhebt sich die Frage, ob sie sich miteinander vereinbaren lassen oder ob sie zu einem Widerspruch führen.

Rückblickend ist klar, daß ein unvermeidbarer Widerspruch absehbar war. In der Newtonschen Mechanik wird die Zeit als etwas Absolutes• aufgefaßt – in dem folgenden Sinne: Zwei Beobachter werden demselben Ereignis stets denselben Zeitpunkt zuordnen, unabhängig von Abstand und Geschwindigkeit, die sie relativ zueinander haben.

In dieser Vorstellung steckt implizit die Annahme, daß sich beide Beobachter in jedem Moment über Signale verständigen können, die sich mit unendlicher Geschwindigkeit – instantan – ausbreiten. Nach all unseren bisherigen Beobachtungen gibt es aber keine größere Geschwindigkeit als die Lichtgeschwindigkeit, die nach Maxwells Theorie einen endlichen konstanten Wert hat. (Verglichen mit alltäglichen Geschwindigkeiten ist dieser Wert so groß, daß Lichtstrahlen wie

---

• Dasselbe gilt für den Raum. Newtons berühmter Zeitgenosse, Gottfried Wilhelm von Leibniz (1646–1716), der 1673 zum auswärtigen Mitglied der Royal Society gewählt wurde, war anderer Meinung. Raum war für Leibniz eine Eigenschaft der Phänomene und somit, wie auch die Zeit, ein relativer Begriff.

instantane Signale erscheinen.) Wenn es tatsächlich in der Natur keine unendlichen Signalgeschwindigkeiten gibt, ist die Newtonsche Mechanik in ihren Grundfesten erschüttert.

Unter solchen Bedingungen sollte es jedoch zumindest im Prinzip möglich sein, experimentell einen Widerspruch zu finden. In einem solchen Experiment müßten sich Körper so schnell bewegen, daß ihre Geschwindigkeiten im Vergleich zur Lichtgeschwindigkeit *nicht* mehr vernachlässigbar klein sind; die Lichtgeschwindigkeit könnte dann nicht mehr als unendlich groß betrachtet werden. So hohe Geschwindigkeiten sind aber unter normalen Umständen nicht leicht zu erreichen, und noch gegen Ende des 19. Jahrhunderts schien es kaum möglich, die Theorien von Newton und Maxwell vergleichend zu konfrontieren.

Aber gerade eine solche Konfrontation war – von der Allgemeinheit unbemerkt – bereits damals in den Vorstellungen eines 16jährigen Schulversagers im Gange, der von seinen Erziehern als zurückgeblieben und mittelmäßig betrachtet wurde. Das war Albert Einstein. Er wurde in Maxwells Todesjahr 1879 in Ulm geboren und wuchs in München auf. Er kam zunächst auf eine katholische Grundschule, wo ihn die strenge Disziplin und der geistlose Unterricht abstießen. Mit zehn Jahren wechselte er auf das Luitpold-Gymnasium; aber auch dort besserten sich seine Leistungen nicht. Er war – wie Maxwell – *anders* als andere.

Seine intellektuelle Neugier wurde zum ersten Mal geweckt, als er – im Alter von fünf Jahren – einen Kompaß geschenkt bekam. Mit zwölf Jahren stieß er auf die Euklidische Geometrie, von deren Inhalt er tief beeindruckt war. Ein Onkel hatte ihm vom Satz des Pythagoras erzählt, worüber Einstein später sagte: »Nach harter Mühe gelang es mir, diesen Satz auf Grund der Ähnlichkeit von Dreiecken zu „beweisen".« In einem kleinen Geometriebuch, das in seine Hände geriet, bemerkte Einstein dann, wie er es ausdrückte, »Aussagen..., (die) – obwohl an sich keineswegs evident – doch mit solcher Sicherheit bewiesen werden konnten, daß ein Zweifel ausgeschlossen zu sein schien. Diese Klarheit und Sicherheit machten einen unbeschreiblichen Eindruck auf mich.«[14] Das also war der Schüler, der mit 15 Jahren ohne Abschlußzeugnis die Schule verlassen mußte, weil er nichts leiste und seine Gleichgültigkeit demoralisierend wirke. Nachdem er sich selbst mit Mathematik und Physik vertraut gemacht hatte, schrieb Einstein sich mit 17 Jahren an der Eidgenössischen Technischen Hochschule in Zürich ein.

Der junge Einstein.

Exkurs 1.5

Ähnliche Dreiecke und der Satz des Pythagoras

Die beiden Dreiecke S_1 und S_2 in der oberen Figur auf dieser Seite sind geometrisch *ähnlich*. Sie haben die gleichen Winkel und unterscheiden sich nur in ihrer Größe. Die Seiten des größeren Dreiecks sind jeweils doppelt so groß wie die entsprechenden Seiten des kleineren Dreiecks. In diesem speziellen Beispiel handelt es sich bei den beiden ähnlichen Dreiecken zugleich auch um rechtwinklige Dreiecke.

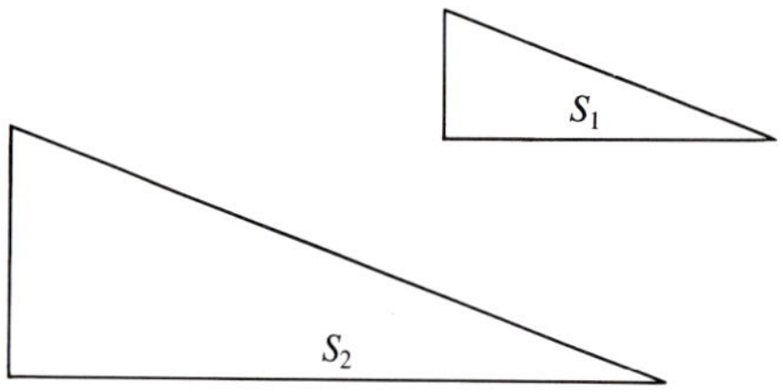

Der zwölfjährige Einstein mag den Satz des Pythagoras »auf Grund der Ähnlichkeit von Dreiecken« vielleicht folgendermaßen bewiesen haben.

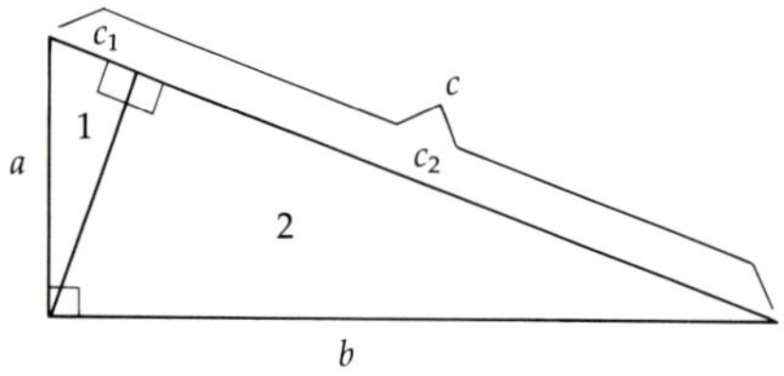

In der unteren Figur haben das rechtwinklige Dreieck und seine beiden Teildreiecke 1 und 2 die gleichen Winkel – die drei Dreiecke sind ähnlich. Das gilt, weil die Teildreiecke ebenfalls als rechtwinklige Dreiecke konstruiert wurden und die Winkelsumme im Dreieck 180 Grad beträgt. Da bei ähnlichen Dreiecken die Seitenverhältnisse gleich sind, ist

$\frac{a}{c} = \frac{c_1}{a}$ oder $a^2 = c_1 c$

und

$\frac{b}{c} = \frac{c_2}{b}$ oder $b^2 = c_2 c$

Addition ergibt: $a^2 + b^2 = (c_1 + c_2)c$.

Da aber $c_1 + c_2 = c$ ist, folgt:

$a^2 + b^2 = c^2$.

Vielleicht hat Einstein damals auch an einen mehr intuitiven Beweis über die Flächeninhalte bei ähnlichen Dreiecken gedacht. Bei den zweidimensionalen Dreiecken S_1 und S_2 ist die Fläche des größeren Dreiecks S_2, dessen Seiten doppelt so groß sind wie die Seiten von S_1, $2 \times 2 = 2^2$mal größer als die Fläche des kleineren Dreiecks S_1. Allgemein entspricht das Flächenverhältnis zweier Dreiecke dem Quadrat des Längenverhältnisses von je zwei entsprechenden Seiten.

Unter allen ähnlichen rechtwinkligen Dreiecken ist die Fläche jedes einzelnen dem Quadrat der Länge der schrägen Seite (der Hypotenuse) proportional. Nun hat das große Dreieck (mit der Hypotenuse c) eine Fläche, die die *Summe* der Flächen von Dreieck 1 (mit der Hypotenuse a) und Dreieck 2 (mit der Hypothenuse b) ist. Entfernen wir die gemeinsame Proportionalitätskonstante aus der Flächenbeziehung der drei ähnlichen rechtwinkligen Dreiecke, so erhalten wir damit gerade

$$a^2 + b^2 = c^2,$$

also die algebraische Formel für den Satz des Pythagoras.

Zu dieser Zeit hatte er bereits eine grundlegende Erkenntnis gewonnen, die er selbst wie folgt beschrieb: »... ein Paradoxon, auf das ich schon mit 16 Jahren gestoßen bin: Wenn ich einem Lichtstrahl nacheile mit der Geschwindigkeit c (Lichtgeschwindigkeit im Vakuum), so sollte ich einen solchen Lichtstrahl als ruhendes, räumlich oszillatorisches elektromagnetisches Feld wahrnehmen. So etwas scheint es aber nicht zu geben, weder auf Grund der Erfahrung noch gemäß den Maxwellschen Gleichungen.«[15]

Hier macht Einstein zum ersten Mal von einem *Gedankenexperiment* Gebrauch. Die Vorstellungskraft kann praktische Hindernisse überwinden und Theorien an den äußersten Grenzen ihres Anwendungsbereiches untersuchen.

In der Newtonschen Mechanik sind beliebige Geschwindigkeiten zugelassen; jeder gleichförmig bewegte Körper kann durch einen anderen eingeholt werden, so daß die Relativgeschwindigkeit zwischen beiden anschließend Null beträgt. Ein alltägliches Beispiel dafür ist etwa die Verbrecherjagd in einem amerikanischen Krimi, wenn ein Polizeifahrzeug den Wagen der Verdächtigen auf der Autobahn einholt; oder man kann ein Fahrrad an einem Flußufer beobachten, das auf gleicher Höhe mit einem langsamen Boot fährt. Einstein wandte die Newtonsche Vorstellung von Relativgeschwindigkeiten auf das Licht an. Es sollte danach für einen Beobachter prinzipiell möglich sein, einen Lichtstrahl einzuholen und sich mit Lichtgeschwindigkeit zu bewegen. Ein solcher Beobachter würde die Lichtwelle zwar im Raum schwingen sehen, könnte aber *nicht* wahrnehmen, daß sie sich räumlich fortpflanzt. Nach Maxwells Theorie wird diese Situation aber niemals eintreten, da sich Licht immer mit derselben Geschwindigkeit c ausbreitet – entsprechend dem Verhältnis von elektromagnetischer und elektrostatischer Ladungseinheit.

Und genau *hier* liegt der Konflikt zwischen Newtons und Maxwells Theorie. Welche ist falsch? Dabei bedeutet „falsch“, daß die Theorie außerhalb ihres Geltungsbereiches, in dem sie vorzüglich funktioniert, zusammenbricht. Wie schon erwähnt, wird die Newtonsche Mechanik in ihren Fundamenten erschüttert, wenn die Lichtgeschwindigkeit entsprechend der Maxwellschen Voraussage endlich und unveränderlich ist. Aber wie zuverlässig ist diese Vorhersage Maxwells?

Vielleicht hängt die Geschwindigkeit des Lichtes, das von einem bewegten Körper abgestrahlt wird, von der Geschwindigkeit dieses Körpers ab. In unserem Beispiel der Verbrecherjagd würde bei einem Schußwechsel die Geschwindigkeit einer in Fahrtrichtung abgefeuerten Gewehrkugel um den Betrag der Autogeschwindigkeit erhöht – und umgekehrt die Geschwindigkeit einer nach hinten abgefeuerten Kugel um den gleichen Betrag verringert. Das jedenfalls ergibt sich aus Newtons Theorie – insbesondere auch für die Lichtteilchen. Falls sich Licht tatsächlich so verhielte, stünde die Newtonsche Mechanik auf festem Boden; aber ob es so ist, läßt sich nur durch Experimente entscheiden. Die Voraussetzungen für ein derartiges Experiment hat die Natur bereits in Gestalt der Doppelsterne geschaffen – wie der holländische Astronom Willem de Sitter (1872–1934) schon im Jahre 1913 betonte.•

Doppelsterne

Der erste Doppelstern wurde 1650 entdeckt, nahezu ein halbes Jahrhundert, nachdem Galilei erstmals sein Fernrohr auf den Himmel gerichtet hatte: Der italienische Astronom Jean Baptiste Riccioli (1598–1671) beobachtete, daß der Stern Mizar, im Sternbild Großer Wagen in der Mitte der Deichsel gelegen, im Teleskop wie zwei Sterne aussah. In den nächsten 150 Jahren wurden bei Fernrohrbeobachtungen viele solche engen Sternenpaare entdeckt. Zwischen 1782 und 1821 veröffentlichte der aus Deutschland stammende englische Astronom Sir William Herschel (1738–1822) drei Kataloge, in denen insgesamt mehr als 800 Doppelsterne aufgelistet waren. In seiner ersten Veröffentlichung wies Herschel darauf hin, daß sich unter diesen Doppelsternen Paare befinden könnten, die unter dem Einfluß der Newtonschen Gravitation umeinander laufen. Viele Jahre später konnte er berichten, daß sich tatsächlich in einigen Fällen die relativen Positionen der beiden Sterne geändert hatten, so wie es bei Doppelsternsystemen zu erwarten war.

De Sitter hielt fest, daß wir bei einigen Doppelsternen nahezu tangential auf die Bahnebene blicken, so daß sich jeder Stern während seines Umlaufs um seinen Partner abwechselnd auf die Erde zu und wieder von ihr weg bewegt. Angenommen, die Geschwindigkeit des Lichtes, das ein Stern eines Doppelsystems aussendet, hinge von seiner Geschwindigkeit ab (wie von Newton behauptet), so sollte sich die Lichtgeschwindigkeit erhöhen, solange sich der Stern der Erde nähert, während sie abnehmen müßte, wenn sich der Stern von der Erde entfernt. Es könnte dann der Fall eintreten, daß die Umlaufgeschwindigkeit eines Sterns und sein Abstand zur Erde gerade in einem solchen Verhältnis stehen, daß Licht,

De Sitters Argument. Hinge die Lichtgeschwindigkeit – entsprechend den Newtonschen Vorstellungen – von der Bewegung der Lichtquelle ab, so könnte „langsameres" Licht, das zu einem frühen Zeitpunkt ausgesandt wurde, zur gleichen Zeit eintreffen wie „schnelleres" Licht, das später emittiert wurde.

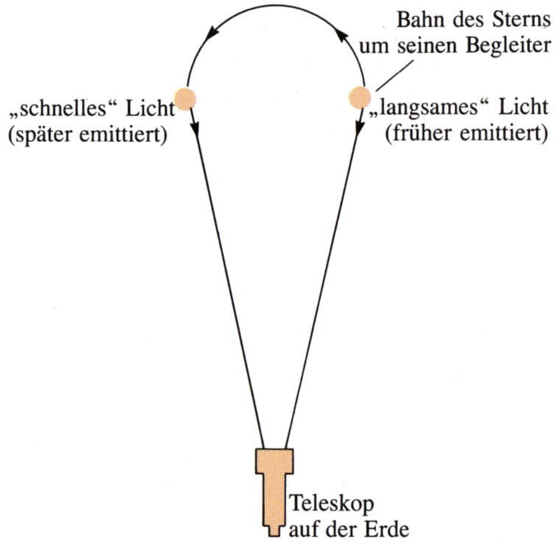

• Aus didaktischen Gründen wird die historische Reihenfolge in diesem Buch nicht immer eingehalten. Einsteins erste Veröffentlichung zur Relativitätstheorie erschien acht Jahre vor de Sitters Beobachtung, von der er also noch keinen Gebrauch gemacht haben kann.

das der Stern an entgegengesetzten Bahnpunkten zu verschiedenen Zeitpunkten abgestrahlt hat, im gleichen Augenblick auf der Erde einträfe: Während sich der Stern auf die Erde zu bewegt, sendet er „schnelleres" Licht aus als zu einem Zeitpunkt, an dem er sich entfernt. Wir könnten einen solchen Stern gleichzeitig auf entgegengesetzten Punkten seiner Bahn sehen! Dabei würde es sich freilich um eine sehr spezielle Situation handeln – im allgemeinen wären Mehrfachbilder und verwischte Flecke zu erwarten, falls die Lichtgeschwindigkeit wirklich von der Geschwindigkeit der Quelle abhinge. Tatsächlich hat man aber nur Doppelsterne beobachtet, die sich eindeutig in Ellipsen umeinander bewegen.

Maxwell hatte also mit der Behauptung recht, daß die Lichtgeschwindigkeit unabhängig von der Lichtquelle ist.

Das Relativitätsprinzip

Kehren wir zu Einsteins Gedankenexperiment zurück und stellen wir uns Astronauten in einer schnellen Rakete vor, die versuchen, Lichtpulse einzuholen, die von einer Blitzlampe auf der Erde ausgehen. Nachdem die Rakete eine ansehnliche Geschwindigkeit erreicht hat, blicken die Astronauten zurück und sehen, wie sich Erde und Lampe immer rascher entfernen. Die Lampe ist für sie also eine bewegte Lichtquelle. Aus den Beobachtungen an Doppelsternen wissen wir aber nun, daß die Bewegung der Quelle keinen Einfluß auf die Lichtgeschwindigkeit hat. Und das stellen auch die Astronauten fest: Das Licht bewegt sich ungeachtet all ihrer Bemühungen, es einzuholen, mit konstanter Geschwindigkeit c.

Aber halt! Mit welchem Grund können wir annehmen, daß die hohe Geschwindigkeit der Astronauten unwichtig sei? Wir wissen bereits, daß die Bewegung einer Lichtquelle relativ zu einem Beobachter keinen Einfluß auf die Lichtgeschwindigkeit hat. Gilt dies auch für die Bewegung des Beobachters relativ zur Lichtquelle? Tatsächlich folgt aus den Gesetzen der Newtonschen Mechanik für bewegte Körper, daß beide Situationen – bei derselben Relativgeschwindigkeit – äquivalent sind. Das ist die Aussage des *Relativitätsprinzips*, das Galilei aufgestellt hat. Er formulierte es so:

»Schließt Euch ... in einen möglichst großen Raum unter dem Deck eines großen Schiffes ein ... sorgt auch für ein Gefäß mit Wasser und kleinen Fischen darin ... solange das Schiff stille steht ... man wird sehen, wie die Fische ohne irgend welchen Unterschied nach allen Richtungen schwimmen ...

Galileo Galilei (1564 – 1642).

Nun laßt das Schiff mit jeder beliebigen Geschwindigkeit sich bewegen: Ihr werdet – wenn nur die Bewegung gleichförmig ist ... bei allen genannten Erscheinungen nicht die geringste Veränderung eintreten sehen. Aus keiner derselben werdet Ihr entnehmen können, ob das Schiff fährt oder stille steht.«[16]

Gilt dieses Prinzip auch für Wellenbewegungen wie Licht? Schauen wir uns dazu zunächst eine vertrautere Art von Wellen an, wie sie zum Beispiel auf einer Wasseroberfläche durch ein fahrendes Boot oder einen fallenden Stein hervorgerufen werden.

Für einen ruhenden Beobachter breiten sich alle Wasserwellen mit derselben charakteristischen Geschwindigkeit aus – unabhängig davon, ob sich die Quelle dieser Wellenbewegung parallel zur Oberfläche bewegt oder nicht. Ein bewegter Beobachter sieht jedoch eine andere Geschwindigkeit, und zwar eine größere, wenn er sich der Quelle nähert, und eine geringere, wenn er sich von ihr entfernt. Es ist auch möglich, die Wellen einzuholen und sich mit der gleichen Geschwindigkeit zu bewegen wie sie. Man denke nur an einen Surfer und dessen riskanten Balanceakt in der Nähe eines Wellenberges. Es gibt noch eine andere Möglichkeit: Es kann Wind aufkommen und das Wasser vor sich hertreiben. Wellen, die sich in Windrichtung bewegen, werden dadurch schneller, während sich andere, die gegen den Wind laufen, verlangsamen.

Wie die Beispiele zeigen, genügt es nicht, allein die Relativbewegung zwischen Quelle und Beobachter zu betrachten: Darüber hinaus spielt auch das *Medium*, in dem sich die Wellen ausbreiten, eine Rolle. Natürlich ist hier wiederum nur die Relativbewegung ausschlaggebend – nur im Hinblick auf Quelle, Beobachter und *Medium*. Die mechanistische Interpretation der Newtonschen Mechanik, die fast das gesamte 19. Jahrhundert beherrschte, ließ kaum eine Diskussion darüber aufkommen, ob sich Lichtwellen nur in einem Medium bewegen können. Wo Wellen sind – sprich Schwingungen –, da muß auch etwas sein, das schwingt. Diesem schwingenden Etwas gab man den Namen *Äther*.

Der Äther

Maxwell hat zur historischen Tradition, für alles mögliche einen „Äther“ zu erfinden, folgendes gesagt:

»Äther wurden erfunden, damit die Planeten darin schwimmen können, um elektrische Atmosphären und magnetische Ausstrahlungen zu beherbergen, um Empfindungen von einem Teil unseres Körpers zu einem anderen zu übertragen und so fort, bis der ganze Raum mit drei oder vier verschiedenen Äthern erfüllt war ... Der einzige Äther, der überlebt hat, wurde von Huygens eingeführt, um die Fortpflanzung des Lichtes zu erklären. (Er wurde im Zuge des Wiederauflebens der Wellentheorie des Lichtes durch Thomas Young zu Beginn des 19. Jahrhunderts unter dem Namen luminophorer Äther wieder eingeführt.) ... Die Eigenschaften dieses Mediums ... erwiesen sich als genau die, welche man zur Erklärung elektromagnetischer Phänomene benötigte.«[17]

Die Eigenschaften dieses Äthers waren ebenso eigenartig wie wunderbar: Er mußte dicht und elastisch genug sein, um die Fortpflanzung elektromagnetischer Schwingungen jeder Frequenz zu gestatten, durfte aber auf bewegte Materie keinen Widerstand ausüben.• Maxwell scheint eine ambivalente Haltung eingenommen zu haben, was die reale Existenz des Äthers betrifft. Er benutzte zwar diesen Begriff, kennzeichnete die Sache aber als »äußerst mutmaßliche wissenschaftliche Hypothese«. Seine Beschreibung des Lichtes als »Wellen, die sich durch *das elektromagnetische Feld* bewegen« (Hervorhebung von mir) klingt sehr modern. Maxwell schlug auch bereits ein entscheidendes Experiment vor, mit dem sich die Ätherhypothese überprüfen ließ. Die Grundüberlegungen wollen wir im folgenden skizzieren.

Zunächst müssen wir die Frage untersuchen, ob die Erde den Äther bei ihrer Bahnbewegung mitzieht oder ob der Äther durch die Erde dringt »wie der Wind durch ein Wäldchen« – um ein Bild von Thomas Young zu gebrauchen. Nun zeigt die beobachtete *Aberration des Sternlichtes* (siehe Exkurs 1.6), daß das Licht eines Sterns geradlinig zur bewegten Erde läuft. (Als *Aberration* bezeichnet man dabei die scheinbare Verschiebung von Sternpositionen im Laufe eines Jahres, die durch die Bahnbewegung der Erde bedingt ist.) Der Äther, in dem sich das Licht fortpflanzt, wird also *nicht* von der Erde mitgezogen. Er verhält sich vielmehr in bezug auf die Erde »wie der Wind«.

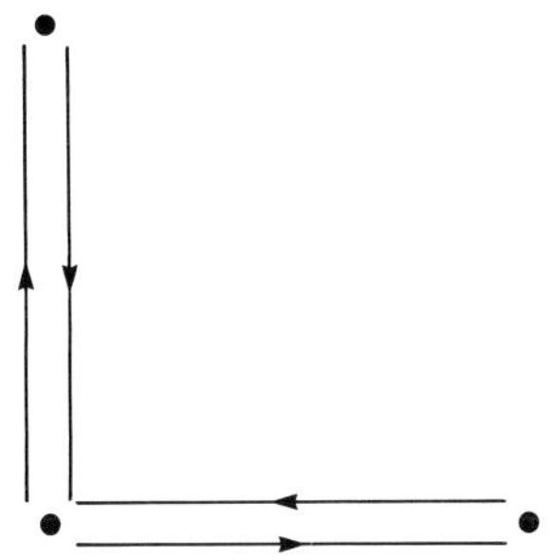

Maxwells Idee, wie sich die Ätherhypothese prüfen ließe. Dargestellt sind zwei Wege gleicher Länge, die senkrecht aufeinander stehen. Bei gleicher Geschwindigkeit stimmen die Laufzeiten von Licht überein. Weht jedoch in einer Richtung ein Ätherwind, so ergibt sich eine unterschiedliche Zeit – ähnlich wie bei den Flugzeiten zweier Flugzeuge, von denen eines gegen den Wind fliegen muß.

• Eine weitere große Schwierigkeit war folgende: In einem gewöhnlichen Festkörper gibt es zwei Arten von Wellen: longitudinale, bei denen die Schwingungsrichtung mit der Bewegungsrichtung übereinstimmt (das ist bei Schallwellen der Fall), und transversale, bei denen die Schwingungsrichtung senkrecht zur Bewegungsrichtung steht. Schon Christian Huygens hatte entdeckt, daß Lichtwellen immer transversal sind. (Dies läßt sich mit Polarisationsgläsern anschaulich zeigen, die nur eine der beiden möglichen Transversalschwingungen passieren lassen. Zwei solche Polarisatoren, deren Polarisationsrichtungen rechtwinklig zueinander stehen, löschen einen Lichtstrahl vollständig aus.) Um die Abwesenheit longitudinaler Lichtwellen erklären zu können, mußten dem Äther die Eigenschaften eines *inkompressiblen* Festkörpers zugeschrieben werden.

Exkurs 1.6

Die Aberration des Sternlichtes

Im 17. und beginnenden 18. Jahrhundert wurde die Suche nach einem direkten Beweis der Kopernikanischen Theorie verstärkt fortgesetzt. Aus der Annahme, daß sich die Erde in einem Jahr um die Sonne bewegt, zog man den Schluß, daß sich die Richtung eines bestimmten Sterns nach sechs Monaten, wenn sich die Erde auf der anderen Seite ihrer Bahn befindet, ändern müsse.

Eine solche Positionsverschiebung können wir leicht bei einem nahen Objekt beobachten, wenn wir beim Betrachten abwechselnd das rechte und linke Auge schließen; es handelt sich hier um die Grundlage des stereoskopischen Sehens.

Im Jahre 1725 beobachtete James Bradley (1693 – 1762) eine solche Verschiebung bei einem Stern, den man von London aus im Zenit beobachtet. Aber irgendetwas stimmte nicht. Die maximale Positionsverschiebung war in den falschen Jahreszeiten zu verzeichnen – als die Erde gegenüber der jeweils erwarteten Bahnposition um ein Viertel ihrer Bahn abwich. Als Bradley zwei Jahre später während einer steten Brise auf der Themse segelte, betrachtete er fasziniert, wie die Fahne am Mast bei einem Kurswechsel des Bootes ihre Richtung änderte. Das gab ihm den entscheidenden Gedanken: Die Verschiebung der Sternposition beruhte nicht auf der *Orts*änderung der Erde während ihrer Bahnbewegung, sondern auf der *Geschwindigkeits*änderung der Erde während eines Umlaufs.

Als beliebter Vergleich wird hier ein Mensch mit Regenschirm angeführt. Wenn man im senkrecht fallenden Regen steht, muß man den Schirm senkrecht halten, um maximalen Schutz zu bekommen. Beim Gehen muß man ihn in Vorwärtsrichtung neigen, um geschützt zu bleiben, und zwar um so mehr, je schneller man geht.• Ersetzen wir den Regen durch Sternlicht, den Schirm durch ein Teleskop und den Schirmträger durch die Erde auf ihrer Bahn, so läuft das Ganze auf Bradleys Erklärung für die Aberration des Sternlichtes hinaus.

Die Vorstellung von einem Lichtstrahl, der auf einer geraden Linie vom Stern zur sich bewegenden Erde läuft, liefert eine vollständige Erklärung für die jahreszeitliche Richtungsänderung der Sternposition. Würde sich das Licht in einem Äther fortpflanzen, der von der bewegten Erde mitgezogen wird, so ergäbe sich keine Positionsverschiebung. Um in unserem Vergleich mit dem Regen zu sprechen: Es wäre dann so, als ob in dem Augenblick, in dem man losgeht, ein Wind aufkäme, der den Regen in dieselbe Richtung triebe, in die man geht, und zwar genau mit derselben Geschwindigkeit.

• Entsprechendes passiert, wenn die Person stehenbleibt und ein Wind aufkommt, der den Regen in horizontaler Richtung bewegt. Im Zusammenhang mit dem Michelson-Morley-Experiment, das in den letzten Abschnitten dieses Kapitels diskutiert wird, werden wir etwas ähnliches finden.

Ähnlich wie Bewegungen der Luft die Schallgeschwindigkeit verändern, sollte der Ätherwind die Lichtgeschwindigkeit in „Windrichtung“ verändern. (Diese Richtung ist der Erdbewegung im Äther gerade entgegengesetzt.) Wie Maxwell bemerkte, ließe sich eine solche Änderung der Lichtgeschwindigkeit messen, wenn zwei Lichtstrahlen verschiedene Strecken *gleicher Länge* passieren. Da sich die *Geschwindigkeit* des Lichtes je nach Raumrichtung auf unterschiedliche Weise ändert, sollten *unterschiedliche Laufzeiten* entstehen. Um diese Zeitdifferenz zu messen, war jedoch eine Genauigkeit von Eins zu 200 Millionen erforderlich. (Ich komme darauf zurück.) Maxwell zog deshalb den Schluß, daß dieses Experiment undurchführbar sei.

In seinem letzten Lebensjahr, 1879, stellte Maxwell in einem Brief dem Astronomen David Todd (1855–1939) am Nautical Almanac Office in Washington die Frage, ob die Daten über die Finsternisse der Jupitermonde genau genug seien, um die Bewegung der Erde durch den Äther festzustellen. In diesem Brief erwähnt er die „Unmöglichkeit", ein entsprechendes optisches Experiment auf der Erde durchzuführen. Aber ein Kollege von Todd erfuhr von dem Brief: Albert Michelson (1852–1932), der bereits die bis dahin genaueste Messung der Lichtgeschwindigkeit in Luft gemacht hatte.

Eine Analogie

Michelson nahm die Herausforderung an, das „unmögliche" optische Experiment in Angriff zu nehmen. Bevor wir die entscheidende Idee diskutieren, die jene phantastische Genauigkeit von Eins zu 200 Millionen in den Bereich des Möglichen rücken ließ, wollen wir eine einfache Analogie betrachten, um Maxwells Plan des Experiments anhand eines alltäglichen Beispiels zu verdeutlichen. Dazu ersetzen wir die Lichtgeschwindigkeit im Äther durch eine konstante Geschwindigkeit eines Flugzeugs in ruhiger Luft. Und an die Stelle des Ätherwindes, der die Lichtgeschwindigkeit ändert, tritt der in der hohen Atmosphäre herrschende Strahlstrom (Jetstream), der die Geschwindigkeit von Flugzeugen beträchtlich verändert. Der Einfachheit halber nehmen wir an, daß sich der Strahlstrom mit konstanter Geschwindigkeit in eine bekannte Richtung bewegt.

Dann lautet unser Problem: Man ermittle die Geschwindigkeit des Strahlstromes, indem man zwei Flugzeuge in verschiedener Richtung Strecken gleicher Länge zweimal durchfliegen läßt und die Abweichung der Flugzeiten bestimmt.

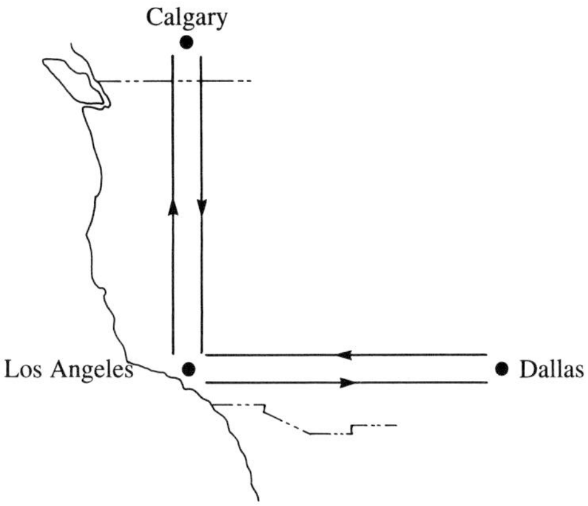

Ein Flugdienstleiter des Los Angeles International Airport geht die Sache folgendermaßen an: Er läßt zwei Flugzeuge zur gleichen Zeit starten, das eine in östlicher Richtung nach Dallas, das andere in nördlicher Richtung nach Calgary. Beide Städte sind etwa gleich weit von Los Angeles entfernt. Den Piloten wurde aufgetragen, ihr jeweiliges Ziel anzufliegen und sofort zurückzukehren. Während des Fluges sollte eine konstante Eigengeschwindigkeit eingehalten werden.

Der Flugdienstleiter kann dann feststellen, welches Flugzeug wieder zuerst in Los Angeles eintrifft, und den zeitlichen Vorsprung vor dem anderen Flugzeug bestimmen, um die Geschwindigkeit des Strahlstromes zu berechnen.

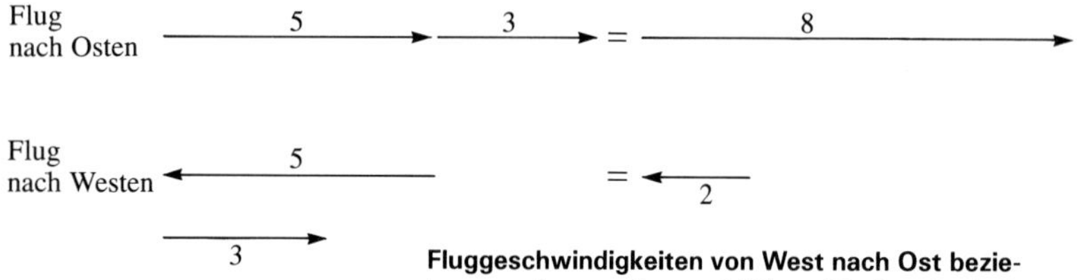

Fluggeschwindigkeiten von West nach Ost beziehungsweise von Ost nach West. Die Geschwindigkeiten sind hier in Vielfachen von 200 Kilometern pro Stunde angegeben.

Um zu sehen, wie dies im einzelnen vor sich geht, nehmen wir an, daß sich jedes Flugzeug mit einer Eigengeschwindigkeit von genau 1000 Kilometern pro Stunde bewegt und der Strahlstrom nach Osten gerichtet ist und eine Geschwindigkeit von 600 Kilometern pro Stunde hat. Betrachten wir zunächst den Piloten, der nach Osten fliegt. Relativ zum Erdboden werden seine 1000 Kilometer pro Stunde um die 600 Kilometer pro Stunde des Strahlstromes erhöht, womit insgesamt seine Bodengeschwindigkeit auf dem Wege von Los Angeles nach Dallas 1600 Kilometer pro Stunde beträgt. Er erreicht Dallas nach einer gewissen Zeitspanne, die wir als *eine* Zeiteinheit festlegen wollen. Auf seinem Rückflug hat er gegen den Strahlstrom anzukämpfen; seine Bodengeschwindigkeit beträgt jetzt nur $1000 - 600 = 400$ Kilometer pro Stunde – ein Viertel der Geschwindigkeit auf dem Hinflug. Deshalb dauert der Rückflug viermal so lange, also *vier* Zeiteinheiten. Das Flugzeug war somit beim Hin- und Rückflug insgesamt $4 + 1 = 5$ Zeiteinheiten unterwegs.

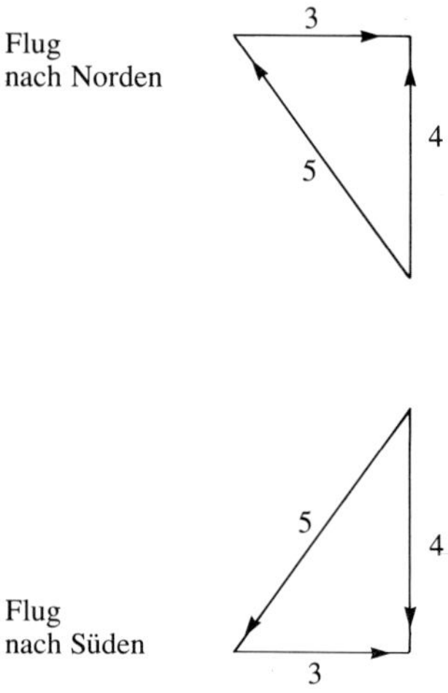

Fluggeschwindigkeiten von Süd nach Nord und von Nord nach Süd. Sie sind jeweils in Vielfachen von 200 Kilometern pro Stunde angegeben. Das Diagramm zeigt auch, wie ein senkrecht fallender Regen durch einen horizontalen Wind in eine schräge Richtung gelenkt wird.

Wie verhält es sich mit dem Flug nach Calgary? Das Flugzeug, das sich bei ruhiger Luft mit 1000 Kilometern pro Stunde bewegt, wird von dem Strahlstrom mit seinen 600 Kilometer pro Stunde nach Osten abgedrängt. Um die Nordrichtung beizubehalten, muß der Pilot etwas gegen den Wind fliegen. Er fliegt mit einer Eigengeschwindigkeit von $1000 = 5 \times 200$ Kilometern pro Stunde in nordwestlicher Richtung, so daß die Kombination dieser Geschwindigkeit mit der ostwärts gerichteten Geschwindigkeit des Strahlstromes von $600 = 3 \times 200$ Kilometern pro Stunde eine genau nach Norden gerichtete Bodengeschwindigkeit von $4 \times 200 = 800$ Kilometern pro Stunde ergibt. (Dieses Zahlenverhältnis 3:4:5 der Seiten eines rechtwinkligen Dreiecks ist das einfachste Beispiel des pythagoräischen Lehrsatzes, der den zwölfjährigen Einstein so fesselte.) Auf dem Rückflug von Calgary nach Los Angeles verhält es sich ähnlich. Der Pilot muß in südwestlicher Richtung gegen den Wind anfliegen, und seine Bodengeschwindigkeit beträgt wiederum 800 Kilometer pro Stunde. Mit anderen Worten: Das zweite Flugzeug hat in beiden Richtungen eine Bodengeschwindigkeit, die genau halb so groß ist wie die des ersten Flugzeugs auf dem Weg von Los Angeles nach Dallas, so daß es *zwei* Zeiteinheiten für jeden Weg benötigt, also *vier* Zeiteinheiten für den gesamten Flug.

Wir sehen jetzt, was herauskommt. Der Rundflug senkrecht zur Richtung des Strahlstromes dauert nur *vier* Zeiteinheiten, während der Rundflug parallel zu diesem Strom *fünf* Zeiteinheiten benötigt. Unser Flugdienstleiter ersieht aus der Abweichung, daß es einen Strahlstrom gibt; und aus dem Verhältnis der Flugdauern von 4:5

kann er für das Verhältnis von Strahlstromgeschwindigkeit zu Flugzeuggeschwindigkeit den Wert 3:5 ermitteln.

Erinnern wir uns an die Absicht, die hinter dieser Analogie steckt. Die beiden Flugzeuge repräsentieren zwei Lichtstrahlen, die sich mit der Geschwindigkeit c im Äther bewegen. Der Strahlstrom, der die Bodengeschwindigkeit der Flugzeuge ändert, steht für den Ätherwind, der die von der Erde aus gemessene Lichtgeschwindigkeit verändert. Erinnern wir uns weiterhin daran, daß sich die Erde durch den Äther bewegen soll. Der Vergleich der beiden Flugzeiten für zwei senkrecht aufeinander stehende Flugstrecken ist ein Versuch, die Geschwindigkeit des mit der Erdbewegung verknüpften Ätherwindes zu ermitteln. In unserem einfachen Zahlenbeispiel erhielten wir als Verhältnis von Strahlstromgeschwindigkeit (v) zu Flugzeuggeschwindigkeit in ruhender Luft (c) den Wert $v/c = 3/5$. In Michelsons Experiment ist das Verhältnis der Erdgeschwindigkeit durch den Äther (v) zur Lichtgeschwindigkeit (c) um vieles kleiner als Eins. Das Verhältnis der Flugzeiten senkrecht und parallel zum Strahlstrom weicht dann nur um einen winzigen Betrag von Eins ab. Dieser Betrag entspricht näherungsweise $\frac{1}{2}(v/c)^2$. (Diese Näherung führt noch für $v/c = 3/5$ zu annehmbaren Ergebnissen.)

Die Idee

Worin bestand nun die entscheidende Idee, die Michelson bewog, das unmögliche Experiment zu versuchen? Wir wissen bereits, daß Maxwell eine unbedingt notwendige Meßgenauigkeit von Eins zu 200 Millionen ermittelt hatte. Wir können darin den Wert von $\frac{1}{2}(v/c)^2$ wiedererkennen, wenn wir für v die Bahngeschwindigkeit der Erde von 30 Kilometern pro Sekunde ansetzen – was einem Zehntausendstel der Lichtgeschwindigkeit c entspricht. Der Laufzeitdifferenz der beiden Lichtstrahlen entspricht eine Längendifferenz; sie ist durch den zeitlichen Vorsprung des zuerst zurückkehrenden Strahls gegeben. Bei einer Apparatur mit Abmessungen von, sagen wir, 20 Metern, müßten bei dem Experiment Strecken von einem Hunderttausendstel Zentimeter meßbar sein – das entspricht etwa einem Fünftel der Wellenlänge von sichtbarem Licht.

Das Stichwort „Licht" brachte Michelson auf die entscheidende Idee: Die Wellennatur des Lichtes und insbesondere seine Interfe-

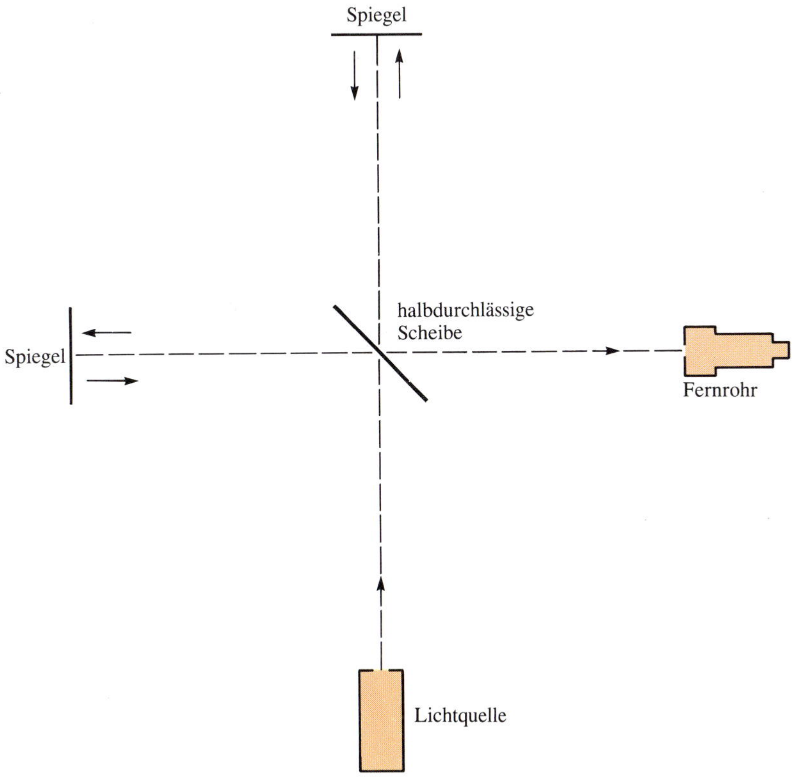

Das Michelson-Morley-Experiment. Der Lichtstrahl wird an der halbverspiegelten Glasplatte aufgespalten. Beide Teilstrahlen durchlaufen senkrecht aufeinanderstehende Strecken, werden durch Spiegel reflektiert und an der Glasplatte wieder vereinigt. Im Fernrohr sieht man dann eine Interferenzfigur. (Zusätzlich vorhandene Spiegel für Mehrfachreflexionen wurden weggelassen.)

renzeigenschaften ließen sich für Messungen im Längenbereich von Bruchteilen einer Wellenlänge nutzen. In seinem Experiment fällt ein Lichtstrahl auf eine halbverspiegelte Glasplatte, die ihn in zwei Teilstrahlen aufspaltet: einen durchgehenden und – senkrecht dazu – einen reflektierten Strahl. (Diese Anordnung entspricht dem Start der beiden Flugzeuge.) Die Strahlen treffen, nachdem sie die gleiche Distanz durchlaufen haben, auf zwei Spiegel, wo sie reflektiert werden und sich dann bei der halbverspiegelten Platte wieder zu einem Strahl vereinigen. (Die Flugzeuge kehren an ihrem jeweiligen Ziel um und treffen schließlich wieder am Ausgangspunkt ein.) Dieser vereinigte Strahl fällt in ein Fernrohr, das auf die überlagerten Bilder der Lichtquelle gerichtet ist. (Die Zeitdifferenz zwischen den Flügen wird gemessen.) Im Fernrohr wird die Zeitdifferenz anhand einer Interferenzfigur sichtbar (siehe Exkurs 1.1).

In Michelsons Apparatur sind die beiden überlagerten und interferierenden Lichtstrahlen räumlich etwas gegeneinander versetzt, da sie von verschiedenen Seiten der verspiegelten Plattenseite ausgehen. Diese Verschiebung ruft im Fernrohr ein Interferenzbild hervor, das aus einer Folge von dunklen und hellen Lichtstreifen besteht.

Die Lage dieser Streifen innerhalb der Interferenzfigur hängt von der Laufzeitdifferenz der beiden Strahlen ab. Um diese Differenz erfassen zu können, muß man die relativen Laufzeiten der beiden Strahlen *ändern*, so daß sich die Interferenzstreifen meßbar *verschieben*. Eine Änderung der Laufzeit läßt sich erreichen, indem man einen Strahl relativ zum anderen bewegt. Wird dabei ein Strahl relativ zum anderen gerade um eine Wellenlänge verschoben, „wandert" das Interferenzbild genau um einen Streifen weiter und unterscheidet sich deshalb nicht von dem ursprünglichen Bild. Für kleinere Verschiebungen um den Bruchteil eines Streifens ist diese Methode also bestens geeignet – und das heißt, für Abstandsänderungen um den Bruchteil einer Wellenlänge.

So weit, so gut. Aber wie läßt sich die relative Laufzeit beider Strahlen verändern? Erinnern wir uns an die Flugzeuge. Angenommen, an irgendeinem Tag weht der Strahlstrom gerade nach Norden statt nach Osten. An einem solchen Tag würde das Flugzeug aus Calgary erst später zurückkehren als die Maschine aus Dallas. Um also die Existenz des Ätherwindes nachweisen zu können, müssen wir seine Richtung ändern. In der Praxis heißt das, daß wir die Orientierung der Lichtwege relativ zum Ätherwind ändern müssen – indem wir die Apparatur drehen.

Das Experiment

Kehren wir zu Michelson und seiner Besessenheit von dem „unmöglichen" Experiment zurück. Seine erste Interferenzmessung machte er während eines Studienaufenthaltes zwischen 1880 und 1882 in Berlin – mit finanzieller Unterstützung von Alexander Graham Bell (1819–1905). Michelsons Apparatur hatte jedoch noch mehrere Schwachstellen. Die Arme mit den reflektierenden Spiegeln ließen nur eine kurze Lichtlaufstrecke zu, und ihre Justierung wurde beim Drehen des Instrumentes verstellt. Der Berliner Verkehr tat ein übriges, indem er störende Vibrationen hervorrief – und das bereits ab zwei Uhr morgens.

Das entscheidende Experiment gelang 1887, als sich Michelson während eines Aufenthaltes an der Case School of Applied Science in Cleveland, Ohio, mit Edward C. Morley (1838–1923) zusammentat, einem Chemieprofessor der nahegelegenen Western Reserve University. (Die beiden Universitäten sind heute unter dem Namen Case Western Reserve vereint.) Gemeinsam verbesserten sie die Apparatur, um deren Schwächen auszugleichen. So konnten sie die Laufstrekke des Lichtes beträchtlich vergrößern, indem sie die Strahlen mehrmals zur Reflexion brachten. Das Licht durchlief jetzt eine effektive Entfernung von etwa 22 Metern, was 40 Millionen Wellenlängen des gelben Natriumlichtes entsprach. (Mit Hilfe dieses Lichtes wurde der Apparat sorgfältig eingerichtet.) Um darüber hinaus die Stabilität zu erhöhen und Vibrationen zu dämpfen, wurden die optischen Teile auf eine massive Sandsteinplatte montiert, die auf einer Quecksilberschicht schwimmend gelagert war. Das löste auch die Probleme, die anfangs beim Drehen des Apparates aufgetaucht waren. Einmal in Bewegung gesetzt, drehte er sich stundenlang langsam weiter, so daß eine genaue Beobachtung der Streifen an 16 entlang eines Kreises markierten Positionen möglich war.

Schließlich wurde, beginnend mit dem 8. Juli 1887, an mehreren aufeinanderfolgenden Tagen jeweils zur gleichen Tageszeit gemessen: um 12 und 18 Uhr. In diesem Sechs-Stunden-Intervall wurde das Laboratorium durch die Erdrotation 90 Grad um die Erdachse gedreht, was eine maximale Verschiebung der Streifen – um vier Zehntel eines Streifens – erwarten ließ. Und welche Veränderungen beobachtete man zwischen diesen Tageszeiten nun wirklich? *Keine*. Die Interferenzstreifen verschoben sich überhaupt nicht. Natürlich hatte das Experiment nur eine endliche Genauigkeit; Verschiebungen ließen sich nur bis zu einem Hundertstel der Streifenbreite nachweisen. Seither wurde dieses Experiment mit moderneren Instrumenten und beträchtlich höherer Genauigkeit wiederholt, aber das Ergebnis blieb dasselbe. Das Michelson-Morley-Experiment und sein negativer Befund waren eindeutig: Es gibt keinen Äther als Lichtmedium.•

Relativität

Bei der Beschreibung dieses historischen Experiments habe ich auf die historische Begründung zurückgegriffen, die mit der Vorstellung des Äthers verknüpft ist. Die paradoxen Eigenschaften eines solchen Äthers lassen sich jedoch umgehen, wenn man die von Michelson und Morley beantwortete Frage folgendermaßen stellt: Bezieht sich Maxwells Theorie, in der sich elektromagnetische Wellen mit der Geschwindigkeit c bewegen, möglicherweise auf ein bestimmtes Bezugssystem, nämlich ein Ruhesystem, das seinen Beobachter als absolut *ruhend* auszeichnet? Wenn ja, dann sollte ein Beobachter, der sich relativ zu diesem Ruhesystem bewegt, eine von c abweichende Geschwindigkeit messen. Das Michelson-Morley-Experiment besagt eindeutig, daß es kein solches ausgezeichnetes Bezugssystem gibt. *Alle* Bezugssysteme, die sich relativ zueinander mit *gleichförmi-*

• Robert Cecil, Lord Salisbury, konnte dann 1894 in einer Mitteilung an die British Association eingestehen, daß »für mehr als zwei Generationen die hauptsächliche, wenn nicht die einzige Funktion des Wortes „Äther" darin bestanden habe, Nominativ zu dem Verb „undulieren" zu sein«.[18]

ger Geschwindigkeit bewegen, sind äquivalent. Dies gilt sowohl für mechanische Bewegungen als auch für elektromagnetische Wellen. Ein Zustand absoluter Ruhe hat also keinerlei physikalische Bedeutung.

Es sollten aber noch 18 Jahre vergehen, bis einer es wagte, jene beiden Aussagen als allgemeine Gesetze zu formulieren, die zwar durch die Theorie des Elektromagnetismus nahegelegt und durch das Experiment gestützt wurden, aber mit der Newtonschen Physik *unvereinbar* waren. Diese Gesetze sind:

1. *Das Relativitätsprinzip*: Zwei Beobachter, die sich in Inertialsystemen• mit gleichförmiger Geschwindigkeit relativ zueinander bewegen, werden für *alle Phänomene* gleichwertige (äquivalente) Beschreibungen geben. Für beide Beobachter gelten dieselben physikalischen Gesetze.
2. Zu diesen Gesetzen gehört die *Konstanz* der Lichtgeschwindigkeit im Vakuum. Diese Geschwindigkeit ist für alle Beobachter in Inertialsystemen gleich, sofern sie sich relativ zueinander in gleichförmiger Bewegung befinden.

Die Sprache, die Albert Einstein 1905 dafür gebrauchte, war weniger knapp. Er schrieb dazu,

1′. »... daß vielmehr für alle Koordinatensysteme, für welche die mechanischen Gleichungen gelten, auch die gleichen elektrodynamischen und optischen Gesetze gelten ...«
2′. »... daß sich das Licht im leeren Raum stets mit einer bestimmten, vom Bewegungszustande des emittierenden Körpers unabhängigen Geschwindigkeit *c* fortpflanze«[19].

Wir bemerken, daß sich die ursprüngliche Aussage des zweiten Postulats auf die Bewegung des emittierenden Körpers bezieht, während wir die Bewegung des Beobachters hervorgehoben haben. Einsteins erstes Postulat stellt die Äquivalenz beider Versionen sicher.

• Für einen Beobachter in einem Inertialsystem breitet sich Licht im Vakuum geradlinig aus, und kräftefreie Körper folgen geraden Bahnen. Ein Beobachter, der sich relativ zu einem Beobachter in einem Inertialsystem *dreht*, ist selbst kein inertialer Beobachter. Dieser fundamentale Unterschied wird in Kapitel 6 näher untersucht.

Referenzen

[1] Wallis, J. (1645). In: *Encyclopaedia Britannica*. 11. Auflage, siehe unter „Royal Society".
[2] Newton, I. (1672). In: *Encyclopaedia Britannica*. 11. Auflage, siehe unter „Newton".
[3] *Leonardo da Vinci*. Reynal and Company. S. 412.
[4] Tolstoy, I. *James Clerk Maxwell*. Chicago (University Press) 1981. S. 136.
[5] Siegfried, R.; Dott, R. (Hrsg.) *Humphrey Davy on Geology*. University of Wisconsin Press.
[6] *Encyclopaedia Britannica*. 11. Auflage, siehe unter „Davy".
[7] Boorse, H.; Motz, L. (Hrsg.) *The World of the Atom*. London (Basic Books) 1967. S. 317.
[8] Ibid.
[9] Ibid. S. 103.
[10] Koyré, A. *Newtonian Studies*. Chicago (University Press) 1968. S. 35.
[11] Sambursky, S. (Hrsg.) *Der Weg der Physik*. Zürich/München (Artemis) 1975. S. 569.
[12] Maxwell, J. C. *Lehrbuch der Elektricität und des Magnetismus*. Berlin (Springer) 1883.
[13] Sambursky, S. (Hrsg.) *Der Weg der Physik*. Zürich/München (Artemis) 1975. S. 567.
[14] Schilpp, P. A. *Albert Einstein als Philosoph und Naturforscher*. Braunschweig/Wiesbaden (Vieweg) 1979. S. 4.
[15] Ibid. S. 20.
[16] Galilei, G. *Dialog über die zwei hauptsächlichsten Weltsysteme*. Stuttgart (Teubner) 1982. S. 197.
[17] *Encyclopaedia Britannica*. 11. Auflage, siehe unter „aether".
[18] Ibid. Siehe unter „light".
[19] Einstein, A.; Lorentz, H. A.; Minkowski, H. *Das Relativitätsprinzip*. Stuttgart (Teubner) 1982.

Albert Einstein im Jahre 1905.

Kapitel 2

Von der Messung der Zeit

Annus Mirabilis

Das Jahr 1905 war ein denkwürdiges Jahr für die Wissenschaft. Ein völlig unbekannter Physiker veröffentlichte nicht nur eine, sondern gleich drei revolutionäre Arbeiten – Albert Einstein.

Im ersten Kapitel haben wir den 17jährigen Einstein verlassen, als er sich gerade an der Eidgenössischen Technischen Hochschule in Zürich eingeschrieben hatte. Sein weiterer Weg war damals noch keineswegs klar. Die Kurse langweilten ihn, und er wäre ohne seinen Freund Marcel Grossmann vielleicht gescheitert, dessen Vorlesungsmitschriften ihm halfen, die Prüfungen zu bestehen. Aber Einstein hatte seine Professoren verärgert, so daß er nach seinem Abschluß im Jahre 1900 keine akademische Stelle erhielt. Nachdem er sich zwei Jahre lang mit wenig interessanten Lehrtätigkeiten durchgeschlagen hatte und schweizerischer Staatsbürger geworden war, bekam er – wiederum durch Marcel Grossmanns Hilfe – eine Stelle als Beamter zweiter Klasse am Eidgenössischen Patentamt in Bern. Finanziell abgesichert und vom Hauptstrom der Physik abgeschnitten, fand Einstein die Zeit, um Erkenntnissen nachzuspüren, die die Physik in das 20. Jahrhundert führen sollten.

Die erste der drei Arbeiten wurde in der Begründung zu Einsteins Nobelpreisverleihung 1921 zitiert. Sie trägt den umständlichen Titel: *Über einen die Erzeugung und Verwandlung des Lichtes betreffenden heuristischen Gesichtspunkt*. Einstein konfrontiert darin die beiden damals akzeptierten Möglichkeiten zur Beschreibung der Energieverteilung im Raum. Nach der Newtonschen Mechanik ist die Energie eines Körpers in seinen verschiedenen *Bestandteilen* konzentriert, während sich die Energie nach Maxwells Theorie des Elektromagnetismus über das gesamte Gebiet erstreckt, das vom elektromagnetischen *Feld* eingenommen wird.

Dann kam Einsteins erstaunliche Idee, daß die klare Trennung von diskret und kontinuierlich – Teilchen und Feld – in der atomaren Welt aufgehoben sein könne. Licht, das im Wellenbild als *Feld* beschrieben wird, könnte – so Einsteins Behauptung – auch *Teilchen*eigenschaften aufweisen. Er schrieb: »... bei Ausbreitung eines von einem Punkte ausgehenden Lichtstrahls (ist) die Energie nicht kontinuierlich auf größer und größer werdende Räume verteilt, sondern es besteht dieselbe aus einer endlichen Zahl von in Raumpunkten lokalisierten Energiequanten, welche sich bewegen, ohne sich zu teilen und nur als Ganze absorbiert und erzeugt werden können.«[1]

Die Energie eines Lichtquants oder Photons ist seiner Frequenz proportional. Diese Beziehung war fünf Jahre zuvor von dem deutschen Physiker und Nobelpreisträger Max Planck (1858–1947) eingeführt worden, um den Zusammenhang zwischen der Temperatur eines Körpers und der Farbe des von ihm ausgesandten Lichtes zu beschreiben. (Ein erhitzter Körper glüht zunächst rot, dann gelb und schließlich bläulich weiß; die Lichtfrequenz steigt mit der Temperatur.) Planck hatte jedoch dieses räumliche Bild von der Lichtenergie, die sich in Form von Teilchen fortpflanzt, nicht weiterentwickelt. Einstein demonstrierte die Stärke seines Teilchenkonzeptes, indem er es auf den lichtelektrischen Effekt anwandte (siehe Exkurs 2.1 auf der nächsten Seite).

Exkurs 2.1

Der lichtelektrische Effekt

Ultraviolettes Licht hoher Frequenz, das auf eine Metalloberfläche fällt, ruft einen nach außen gerichteten Fluß von Elektronen hervor. Dies ist der lichtelektrische Effekt. Damit stößt die Vorstellung, daß die Energie des Lichtes kontinuierlich über das elektromagnetische Feld verteilt ist, auf zwei ernste Schwierigkeiten.

Zum einen sollte man nach dieser Vorstellung erwarten, daß bei einer sehr niedrigen Lichtintensität einige Zeit verstreichen müßte, bevor ein Elektron genügend Energie gesammelt hätte, um das Innere des Metalls verlassen zu können. Tatsächlich tauchen die wenigen befreiten Elektronen aber sofort nach dem Anschalten der Lichtquelle auf.

Zum anderen müßte bei einer sehr hohen Lichtintensität mehr Energie auf ein Elektron übertragen werden können, das deshalb mit größerer Energie auftauchen sollte. Tatsächlich ist die Energie der ausgesandten Elektronen jedoch unabhängig von der Lichtintensität. Vielmehr ist die Elektronenenergie durch eine ganz typische Welleneigenschaft des Lichtes festgelegt: nämlich die *Frequenz*.

All dies läßt sich mit dem Konzept von Photonen erklären. Wenn nämlich ein Photon nur als Ganzes absorbiert werden kann, ist seine gesamte Energie für ein Elektron verfügbar. Bei abnehmender Lichtintensität vermindert sich zwar die Anzahl der erzeugten Elektronen, aber sie tauchen ohne zeitliche Verzögerung auf. Mit zunehmender Intensität des Strahls – also einer höheren Zahl von Photonen – wächst der Elektronenfluß, ohne daß sich jedoch die Energie eines einzelnen Elektrons ändert. Diese Elektronenenergie wird jeweils durch die Energie eines Photons – entsprechend der Frequenz des Lichtes – aufgebracht.

Josiah Willard Gibbs.

Einsteins zweite Veröffentlichung von 1905 trägt ebenfalls einen schwerfälligen Titel: *Die von der molekularkinetischen Theorie der Wärme geforderte Bewegung von in Flüssigkeiten suspendierten Teilchen*. Im Jahre 1827 hatte der schottische Botaniker Robert Brown (1773–1858) mit einem Mikroskop Pollenkörner beobachtet, die in Wasser schwebten und nur ein bis zwei Tausendstel Zentimeter groß waren. Dabei sah er, daß sich die Körner in unaufhörlicher Bewegung befanden. Etwa 75 Jahre später machte sich Albert Einstein daran, eine allgemeine Molekulartheorie der thermischen Erscheinungen aufzustellen – ohne sich der Tatsache bewußt zu sein, daß der amerikanische Physiker Josiah Willard Gibbs (1839–1903) bereits eine solche Theorie ausformuliert hatte. Einstein sagte später im Rückblick über seine theoretische Arbeit auf diesem Gebiet:

»Mein Hauptziel dabei war es, Tatsachen zu finden, welche die Existenz von Atomen von bestimmter endlicher Größe möglichst sicherstellten. Dabei entdeckte ich, daß es nach der atomistischen Theorie eine der Beobachtung zugängliche Bewegung suspendierter Teilchen geben müsse, ohne zu wissen, daß Beobachtungen über die „Brownsche Bewegung" schon lange bekannt waren.«[2]

Der endlose Tanz der Pollenkörner ist ein beredtes Zeugnis dafür, daß Atome wirklich existieren.

Die dritte Veröffentlichung von 1905 trägt den kurzen Titel: *Zur Elektrodynamik bewegter Körper*. In dieser Arbeit gab Einstein einen Abriß seiner Speziellen Relativitätstheorie. Diese Theorie basiert auf den beiden Grundannahmen, die bereits am Ende des vorigen Kapitels vorgestellt wurden. Da Einsteins Spezielle Relativitätstheorie einen vernichtenden Angriff auf die Newtonsche Annahme einer absoluten Zeit darstellt, stehen in den folgenden Abschnitten dieses Kapitels die *Zeit* und deren *Messung* im Mittelpunkt. Wir wollen zunächst die Vorstellungen und Methoden zur Zeitmessung betrachten, die man vor Einsteins Arbeiten entwickelt hatte.

Uhren

Jeder gleichmäßig wiederkehrende Vorgang – oder genauer: jeder periodische physikalische Prozeß – kann als Uhr benutzt werden. Ein solcher Prozeß definiert nämlich eine Zeiteinheit, mit der sich die Dauer anderer Vorgänge messen läßt. Mit dem Rhythmus der Zeit sind wir von Geburt an durch den Herzschlag und das Pulsieren des Blutes vertraut. Und die Geschichte vom 17jährigen Galilei, der angeblich seinen Puls benutzte, um die Schwingungsdauer eines Leuchters im Dom zu Pisa zu bestimmen, ist nicht ohne Symbolik. Galilei stellte fest, daß die Schwingungsdauer unabhängig von der Größe des Ausschlages ist. (Das gilt exakt jedoch nur, solange der Auslenkungswinkel in bezug auf die Vertikale klein bleibt.) Man mag in dieser Entdeckung den Beginn der modernen Wissenschaft sehen, die erst möglich wurde, als man die primitiven anthropozentrischen Meßmethoden durch objektiv kontrollierbare Instrumente wie die Pendeluhren ersetzte. Diese Anwendung seiner Entdeckung soll Galilei kurz vor seinem Tod vorgeschlagen haben.

Exkurs 2.2

Die Realität von Atomen

Vorstellungen von Atomen und Molekülen gab es schon lange vorher, und bereits vor Maxwells Zeit begannen die Versuche, Wärme anhand der Energie von atomaren oder molekularen Zufallsbewegungen zu verstehen. Nichtsdestoweniger wandten Skeptiker noch zu Beginn des 20. Jahrhunderts ein, daß es keinen direkten experimentellen Beleg für die Realität der Moleküle gab. Nach einem solchen Hinweis suchte Einstein. Er fand ihn anhand der Theorie, die die Brownsche Bewegung als sichtbare Folge von Stößen zwischen kleinen Teilchen und unsichtbaren Molekülen erklärt, die eine Zufallsbewegung ausführen. Verfolgt man die Bewegungen eines solchen Teilchen innerhalb verschiedener Zeitintervalle, so sollte theoretisch im Mittel keine Richtung bevorzugt werden.

Die Theorie sagt auch vorher, daß die durchschnittliche Auslenkung eines Teilchens von seiner Anfangsposition auf genau definierte Weise mit wachsender Beobachtungszeit zunimmt. Nachdem sich diese Vorhersage im Experiment bestätigt hatte, hörte der Widerstand gegen den Atomismus auf.

Die Zykloide. Wird ein Kreis entlang einer horizontalen Linie gerollt, so durchläuft jeder Punkt auf seinem Umfang eine Kurve, die man als Zykloide bezeichnet. Diese Kurve ist auch die Lösung des sogenannten *Brachistochronen*problems, das Jean Bernoulli (1667 – 1748) im Jahre 1697 aufgestellt hat: Man verbinde zwei Punkte, die auf derselben vertikalen Ebene auf unterschiedlicher Höhe liegen, durch einen glatten Draht, auf dem eine Perle gleiten kann. Anschließend werde die Zeit gemessen, die die Perle für verschiedene Formen des Drahtes benötigt, um vom höheren zum niedrigeren Punkt zu gelangen. Bei welcher Form ergibt sich die *kürzeste Zeit*?

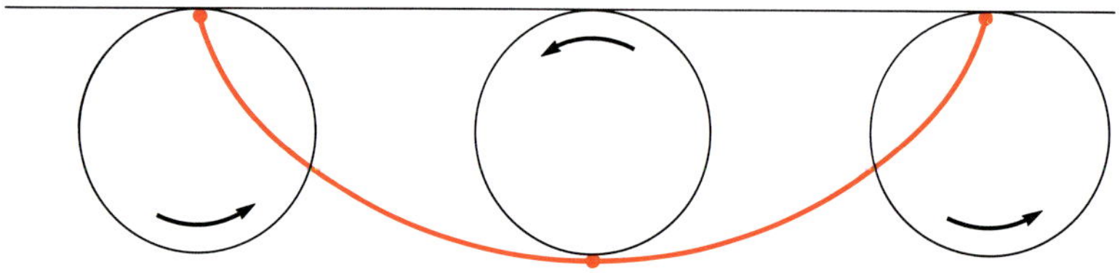

Hier setzte 1673 eine wichtige Entwicklung ein, als der berühmte holländische Wissenschaftler Christian Huygens (der durch die Entdeckung der Saturnringe und seine Wellentheorie des Lichtes bekannt ist) feststellte, wie sich bei einer Pendeluhr die Einschränkung auf kleine Auslenkungswinkel aufheben ließ. Üblicherweise befand sich das Gewicht eines Pendels am Ende einer festen Stange und bewegte sich daher entlang eines *Kreis*bogens. Huygens fand heraus, daß das Pendel auch bei größerer Auslenkung mit konstanter Schwingungsdauer ausschlug, sofern das Gewicht eine *Zykloide* beschreibt. Das ist die Kurve, die ein Punkt auf dem Umfang eines horizontal abrollenden Kreises durchläuft.

Äußere Ereignisse, die wir nicht beeinflussen können, machen das Verstreichen der Zeit deutlich: Die Sonne geht auf und unter, die Sterne bewegen sich am Firmament, die Jahreszeiten kommen und gehen. Der Tag ist ein Beispiel für ein Zeitmaß. Die Zeitspanne von einem Mittag – wenn die Sonne am höchsten Punkt steht – bis zum nächsten Mittag bezeichnet man als *Sonnen*tag. Statt der Sonne könnten wir auch einen Stern auswählen und ihn an aufeinanderfolgenden

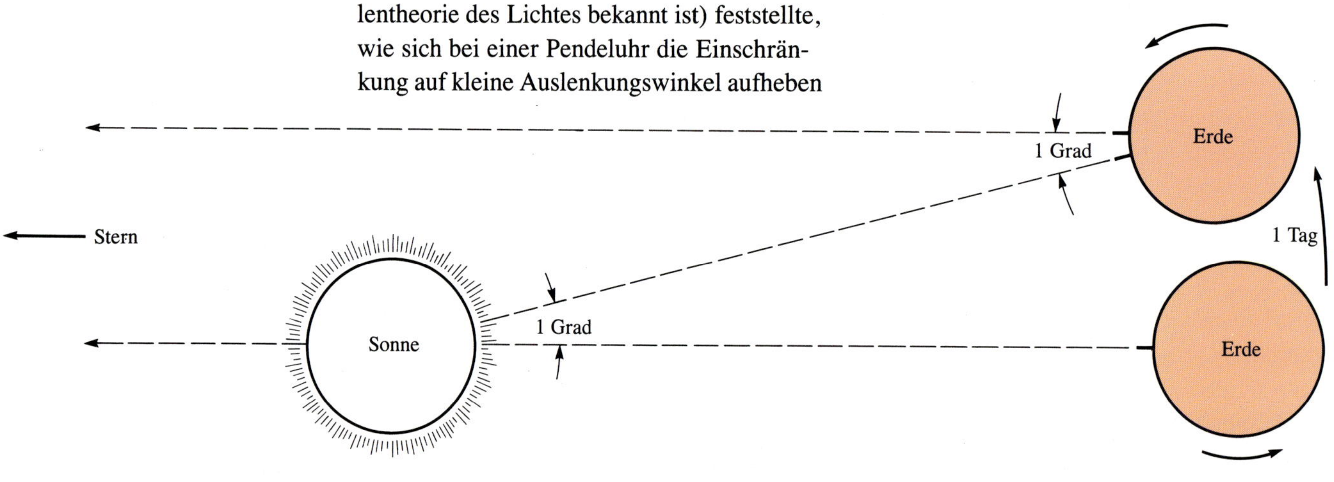

Der Sonnentag auf der Erde. In wenig mehr als 360 Tagen durchläuft die Erde einen vollen Kreis (360 Grad) um die Sonne. Sie bewegt sich deshalb an einem Tag um etwa ein Grad weiter. Angenommen, wir blicken an einem Mittag in Los Angeles in Richtung eines Sterns, der auf der Sichtlinie zur Sonne steht. Nach einem Sterntag befindet sich dieser Stern wieder am gleichen Punkt des Firmaments. Die Sonne dagegen steht etwas östlich davon. Die Erde muß sich um ein Grad mehr als 360 Grad drehen, bevor es an diesem Tag wieder genau Mittag ist. Da die Erde für eine 360-Grad-Drehung 24 Stunden = 360 × 4 Minuten benötigt, sind für dieses eine zusätzliche Grad vier Minuten erforderlich. Der Sonnentag ist deshalb um ungefähr vier Minuten länger als der Sterntag.

Nächten an seinem höchsten Punkt beobachten. Die Zeitspanne dazwischen ist ein *Stern*tag•. Die Tageslänge ist aber nicht in beiden Fällen exakt gleich: Der Sonnentag dauert etwa vier Minuten länger. Woher kommt diese Differenz? Schließlich ist die Sonne auch nur ein Stern. Der entscheidende Punkt liegt darin, daß sich die Erde zufällig gerade um *diesen* Stern – und nur ihn – bewegt. Das wollen wir uns an einem extremen Beispiel klarmachen: Ein hypothetischer Planet „Erde" laufe mit einer Periode von einem Jahr um eine „Sonne". Die Rotation dieser „Erde" erfolge im selben Sinn wie ihr Bahnumlauf und dauere einen *Stern*tag, dessen Länge ebenfalls ein Jahr betrage. Wie lang ist dann ein *„Sonnen"*-Tag?

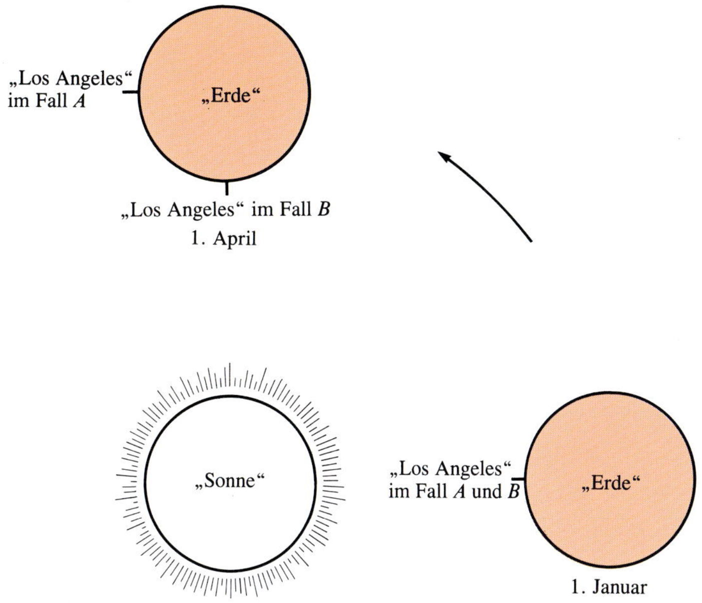

Der Sonnentag auf der „Erde". Im Fall *A* rotiert die „Erde" nicht relativ zu den Sternen. Im Fall *B* rotiert sie dagegen relativ zu den Sternen im gleichen Drehsinn, in dem sie um die „Sonne" läuft; dabei benötigt sie für eine Rotation ein Jahr.

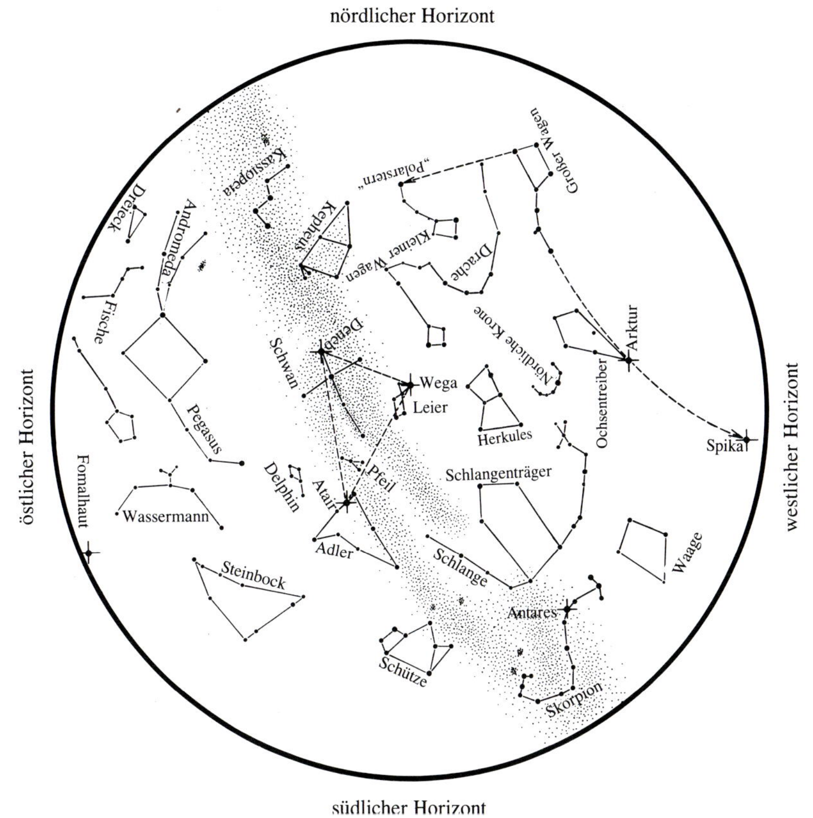

Der Nachthimmel im August. Wega befindet sich im Zentrum der Sternkarte, während der Polarstern (Polaris) mit dem Großen Wagen (Ursa Major) rechts oben steht.

Unser Ausgangspunkt sei der Mittag des 1. Januar in einer fiktiven Stadt „Los Angeles". Würde die „Erde" *nicht* relativ zu den Sternen rotieren (das entspräche dem Fall *A*

• Diese Definition weicht geringfügig von der üblichen Definition der Astronomen ab, bei der die Rotationsachse der Erde (die Verbindungsgerade der Pole) als Bezugslinie benutzt wird. Die Rotationsachse steht jedoch nicht fest im Raum, eine Tatsache, die schon dem griechischen Astronom Hipparch im zweiten Jahrhundert vor Christus bekannt war (wenn auch im Rahmen ganz anderer Begriffe). Die Rotation der Erde erzeugt am Äquator einen kleinen Wulst, an dem das Gravitationsfeld von Mond und Sonne angreifen kann – insbesondere deshalb, weil die Rotationsachse nicht senkrecht auf der Erdbahnebene steht. Dies hat zur Folge, daß die Rotationsachse ihre Richtung ständig ändert – wie ein rotierender Kreisel, der aus der vertikalen Lage ausgelenkt wird. Die Rotationsachse *präzediert*. In etwa 10000 Jahren wird sie infolge dieser Präzession nicht mehr in Richtung des heutigen Polarsterns zeigen, sondern eher zum hellen Stern Wega. Den Polarstern (Polaris) findet man am Himmel leicht anhand des Großen Wagens (Ursa Major), indem man die hintere Wagenseite fünffach verlängert; die Wega gehört zum Sternbild Leier (Lyra).

in der obigen Abbildung), so ginge die Sonne ein Vierteljahr später, am 1. April, im Osten von „Los Angeles“ unter. Die „Erde“ *rotiert* jedoch relativ zu den Sternen, wobei sie ein Jahr für eine Rotation benötigt (Fall *B*). Nach einem Vierteljahr, am 1. April, ist es deshalb in „Los Angeles“ immer noch Mittag. In der Tat bleibt es in „Los Angeles“ immer Mittag – der Sonnentag dauert unendlich lange. Diese hypothetische Beziehung zwischen „Sonne“ und „Erde“ gibt es durchaus in der Natur, zum Beispiel im System von Erde und Mond: Bei seinem monatlichen Umlauf wendet der Mond der Erde immer dieselbe Seite zu.

Unser hypothetisches Beispiel verdeutlicht eine allgemeine Regel: Ein rotierender Satellit dreht sich während eines Umlaufs um seinen Zentralkörper (während eines Jahres) relativ zu diesem Körper einmal weniger um seine eigene Achse, als es relativ zu den entfernten Sternen der Fall ist – vorausgesetzt, die Rotation erfolgt im gleichen Drehsinn wie der Bahnumlauf. Insbesondere dauert also ein Jahr von 365¼ Sonnentagen demzufolge 366¼ Sterntage; ein Sonnentag ist mithin um etwa $1/_{365}$ länger als ein Sterntag. Für einen Tag von 24 Stunden, der $24 \times 60 = 4 \times 360$ Minuten hat, ergibt sich als 365ster Teil eine Zeit von knapp vier Minuten; ein Sonnentag dauert also knapp vier Minuten länger als ein Sterntag. Genaugenommen gilt dies allerdings nur für den *mittleren Sonnentag*.

Der Sonnentag ist nicht deshalb eine problematische Zeiteinheit, weil er vom Sterntag abweicht, sondern weil es *den* Sonnentag eigentlich gar nicht gibt. Seine Länge ändert sich von Tag zu Tag. Das beruht auf zwei Gründen: Zum einen läuft die Erde nicht auf einer Kreisbahn um die Sonne, sondern, wie Kepler entdeckte, auf einer Ellipse, und dabei verändern sich innerhalb eines Umlaufs ständig Abstand und Geschwindigkeit relativ zur Sonne. Zum anderen steht die Rotationsachse der Erde nicht senkrecht auf ihrer Bahnebene, so daß sich Umlaufbewegung und Rotationsbewegung an verschiedenen Bahnpunkten auf unterschiedliche Weise überlagern. Beide Effekte zusammengenommen sind dafür verantwortlich, daß die Länge des Sonnentages im Laufe eines Jahres um etwa eine Minute variiert. Es ist deshalb zweckmäßig, den mittleren Sonnentag eines Jahres zu definieren, was gerade unserer obigen Rechnung entspricht.

Wie sieht es mit der zeitlichen Konstanz des Sterntages aus? Dazu hat die Theorie einiges zu sagen. Aus Newtons (und Einsteins) mechanischen Bewegungsgleichungen folgt, daß ein starrer rotierender Körper, der sich isoliert im Raum befindet und keinerlei äußeren Kräften ausgesetzt ist, mit konstanter Geschwindigkeit relativ zu einem Inertialsystem *rotiert*. Ein Inertialsystem ist – wie in Kapitel 1 erwähnt – ein Bezugssystem, in dem sich isolierte Körper auf Geraden *fortbewegen*. Die Erfahrung lehrt, daß es sich bei Inertialsystemen gerade um diejenigen Bezugssysteme handelt, bei denen der Hintergrund entfernter Sterne nicht rotiert. Inertialsysteme sind somit die Bezugssysteme für den Sterntag. Eine starre isolierte Erde behielte also ihre Rotationsgeschwindigkeit und somit die Länge ihres Sterntages für immer bei.

Die Erde ist natürlich keineswegs isoliert. Sie bewegt sich um die Sonne und wird vom Mond umkreist. Sie ist auch nicht völlig starr. Die Gravitationsanziehung von Mond

Die Bucht von Fundy bei Ebbe und Flut.

Mount St. Helens bei einem Ausbruch und Schäden nach einem Erdbeben in Los Angeles.

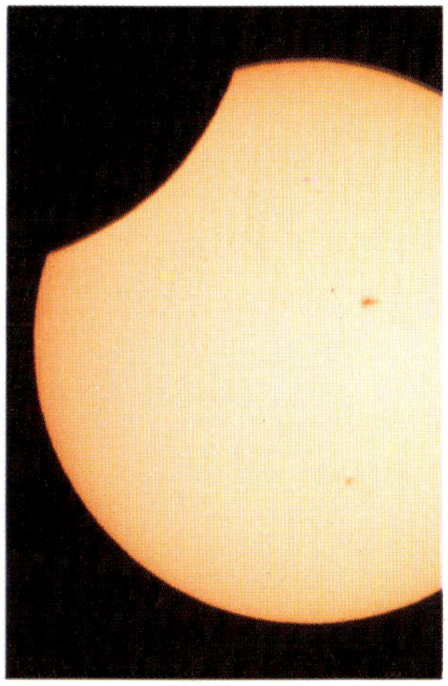

Der Beginn einer Sonnenfinsternis.

und Sonne beeinflußt die Meere und bewirkt deren Gezeiten – wobei durch Reibung Energie verbraucht wird. Wie instabil die Erdkruste ist, verdeutlichen Erdbeben und vulkanische Aktivität. Und schließlich treten im Rhythmus der Jahreszeiten enorme Veränderungen der Schnee- und Eisbedeckungen auf. Deshalb ist die Rotation der Erde, auch wenn sie die Dauer des Sterntages recht genau aufrechterhält, kein perfektes Zeitmaß. Den ersten Hinweis dafür lieferten historische Aufzeichnungen von Sonnenfinsternissen von Astronomen der Antike.

Ort und Zeitpunkt einer Finsternis lassen sich mit großer Genauigkeit aus der Newtonschen Gravitationstheorie berechnen, weil sie nur dann auftreten, wenn Erde, Mond und Sonne exakt in einer Linie stehen. So kann man zum Beispiel die Finsternisse der Antike unter der Annahme eines konstanten Sterntages rechnerisch zurückverfolgen.

Vergleicht man solche Daten mit den historischen Aufzeichnungen, so ergibt sich jedoch eine Diskrepanz. Bei einer Finsternis, die vor, sagen wir, 2000 Jahren stattfand, liegen die historischen Beobachtungsorte etwa 45 Grad weiter östlich als die vorhergesagten; das entspricht bei gegebener geographischer Breite etwa einem Achtel des Erdumfangs! Die Erdrotation, die von Westen nach Osten verläuft, muß also zu früheren Zeiten schneller gewesen sein; das heißt, der Sterntag war kürzer als heute. Wie sich herausstellt, wird ein Sterntag in einem Jahrhundert um etwa $^1/_{600}$ Sekunde länger.

Die Forderung nach einer genaueren Zeiteinheit als dem Sterntag wurde vor einigen Jahren mit den Atomuhren erfüllt (siehe Kapitel 4). Ihre extrem hohe Meßgenauigkeit hat es möglich gemacht, sogar die winzigen Veränderungen der Erdrotation durch die Verschiebung von Schnee- und Eismassen aufzuspüren. Damit sich Fehler in der Zeitmessung, die durch derartige Veränderungen auftreten, nicht summieren, werden inzwischen Schaltsekunden eingeführt, üblicherweise eine pro Jahr.

Die relativistische Zeit

Im vorigen Abschnitt über Uhren wurde die Zeit so behandelt, als sei sie überall gleich. Das schließt geographische Zeitverschiebungen – wie zwischen Amerika und Europa – nicht aus, aber die Unterschiede der Ortszeiten haben keine grundlegende, sondern nur praktische Bedeutung. Sie wurden eingeführt, damit die Ortszeiten überall ungefähr mit derselben Sonnenposition am Himmel zusammenfallen. Wenn man Uhren aber nach dem Rundfunk – mit Hilfe eines Ra-

Exkurs 2.3

Die Schaltsekunde

Dieser Artikel in der *International Herald Tribune* vom 20./21. Juni 1981 berichtet davon, daß am 30. Juni desselben Jahres eine Schaltsekunde eingefügt wurde. Normalerweise genügt es, im Dezember jeden Jahres eine solche Schaltsekunde einzufügen, um mit der Erdrotation „Schritt zu halten“. Die Schaltsekunden wurden 1972 eingeführt, um zu verhindern, daß Atomuhren relativ zur Sonnenzeit allmählich merklich vor- oder nachgehen.

June 30 Will Have An Extra Second

Reuters

WASHINGTON — June 30 will be one second longer this year to get in step with the earth's rotation, the U.S. Commerce department said.

It explained that the earth's rotation, on which solar time is based, is not as regular as man-made atomic timepieces. These clocks are used by scientists in experiments and are more constant than the earth's spin.

Since 1972 scientists have introduced so-called leap seconds to keep atomic clocks from getting ahead or behind solar time. The department said that in most years, a single leap second, added in December, is a enough for adjustment purposes. Instead of waiting until December this year, the International Time Bureau based in Paris decided to make the adjustment on June 30, just before midnight.

Der Bericht aus der *International Herald Tribune* vom 20./21. Juni 1981.

diosignals – stellt, zeigen sie auch bei Hörern, die mehrere hundert Kilometer voneinander getrennt sind, mit hoher Genauigkeit die gleiche Zeit an.

Die Situation ändert sich bei astronomischen Entfernungen. Wird ein elektromagnetisches Signal (ob Radio- oder Lichtwelle) zum Mond gesendet und dort reflektiert, so kommt es erst nach etwa 2½ Sekunden wieder zur Erde zurück. Eine deutlich größere Zeitverzögerung würde bei Signalen zum Mars auftreten und die Unterhaltung mit einem Astronauten sehr erschweren: Selbst wenn Mars an seiner erdnächsten Position stände, würde es etwa sieben Minuten dauern, bis die Antwort auf eine Frage einträfe.• Als das Rendezvous der Voyagersonde mit Saturn im November 1980 im Fernsehen übertragen wurde, kam die spannende Nachricht, daß die größte Annäherung an den Riesenplaneten nun erreicht sei. Das Signal mit dem Bild, das Voyager zu dieser Zeit aufgenommen hatte, erreichte die Erde aber erst 1½ Stunden später.

Was aber ist dann bei sehr weit voneinander entfernten Uhren darunter zu verstehen, daß eine nach einer anderen gestellt wird? Mit anderen Worten: Was heißt es, Uhren zu synchronisieren? Auf der Erde schaut man auf die Uhr an der Wand und stellt seine eigene Uhr auf dieselbe Zeit ein. Aber angenommen, die Wanduhr befindet sich in einem Raumschiff auf dem Mars und man sieht sie auf einem Fernsehbild? Wie geht man dann vor?

Betrachten wir als Beispiel eine Kontrollstation auf der Erde (E) und einen Astronauten auf dem Mars (M). Die Laufzeit eines elektromagnetischen Signals (Licht) betrage hin und zurück zehn Minuten. Das wissen sowohl E als auch M, da an beiden Standorten ein Spiegel für elektromagnetische Signale steht und jeder Beobachter somit die Laufzeit eines Signals von der Aussendung bis zur Rückkehr messen konnte. Außerdem wollen wir annehmen, daß es auch eine Fernsehverbindung zwischen beiden Beobachtern gibt und jeder die Uhr des anderen sehen kann.

Angenommen, M sieht auf dem Bildschirm die Uhr von E, als sie gerade 12.00 anzeigt. Stellt er seine eigene Uhr auch auf 12.00? Nein, denn er weiß ja, daß die Lichtwellen ihn erst nach fünf Minuten erreichen; daher stellt er seine Uhr auf 12.05. Wenn E auf dem Schirm sieht, daß M seine Uhr auf 12.05 gestellt hat, schaut er auf seine eigene Uhr, die 12.10 anzeigt. Er nickt zustimmend. Die Uhren wurden synchronisiert. Jeder Beobachter, der die Laufzeit der Signale berücksichtigt, stellt fest, daß beide Uhren dieselbe Zeit anzeigen.

Dies alles kann mit der heutigen Technologie bewerkstelligt werden. Was passiert, wenn wir in Gedanken die technologischen Grenzen weiter ausdehnen? Mars und Erde haben bei ihrer größten Annäherung eine Relativgeschwindigkeit von etwa zehn Kilometern. (Das ist nicht viel mehr als die Geschwindigkeit eines Satelliten in einer

• Selbst Telefongespräche auf der Erde sind problematisch, wenn sie über geostationäre Satelliten übertragen werden. Solche Satelliten kreisen in 36000 Kilometern Höhe über dem Äquator um die Erde, und zwar genau einmal an einem Tag; daher haben sie in bezug auf jeden Punkt der Erde eine feste Position. Frage und Antwort müssen insgesamt mindestens 144000 Kilometer durchlaufen, was eine zeitliche Verzögerung von einer halben Sekunde und mehr bedeutet. Das genügt, um den gewohnten Sprechrhythmus durcheinanderzubringen.

erdnahen Umlaufbahn.) Wir wollen diese Relativgeschwindigkeit hier vernachlässigen und annehmen, daß Erde und Mars in bezug auf einen dritten Beobachter (*R*) in einem Raumschiff durch eine feste Entfernung getrennt sind. Deshalb geben wir für das Raumschiff eine viel größere Geschwindigkeit vor, sagen wir, 1000 Kilometer pro Sekunde, was im Vergleich zur Lichtgeschwindigkeit von 300000 Kilometern pro Sekunde immer noch sehr wenig ist.

Nehmen wir jetzt an, daß *E* zu einer bestimmten Zeit auf seiner Uhr, die wir der Einfachheit halber Zeit Null nennen wollen, einen Signalpuls zum Mars sendet. Da er weiß, wie lange die Information braucht, um vom Mars zur Erde zurückzukehren, kann er seine eigene Zeit für die Ankunft des Signals auf dem Mars vermerken. Die Ankunft des Pulses ist für *E* ein *Ereignis*: etwas, das zu einer bestimmten Zeit in einer bestimmten Entfernung passiert. Dabei sind die Entfernung und die Zeit (hier die Zeit, die ein Lichtpuls von der Erde zum Mars unterwegs ist) durch die Lichtgeschwindigkeit miteinander verknüpft.

Bevor er die Erde verließ, hat *R* seine Uhr mit der von *E* synchronisiert und ist mit seinem Raumschiff zu demjenigen Zeitpunkt in Richtung Mars gestartet, an dem *E* seinen Puls aussandte – also für beide Beobachter zur Zeit Null; das Raumschiff soll von Anfang an mit der gegebenen Geschwindigkeit zum Mars fliegen. Wie beschreibt nun *R* die Ankunft des Pulses auf dem Mars als Ereignis? Da Mars diesem Beobachter immer näher kommt, hat der Lichtpuls eine geringere Distanz zu durchlaufen. Für *R* findet das Ereignis also in einer kleineren Entfernung statt als für *E*. Deshalb muß er auch eine frühere Zeit registrieren, da die Geschwindigkeit des Lichtpulses, das Verhältnis von Entfernung zu Laufzeit, für beide Beobachter *gleich* ist. (Die Beobachter befinden sich ja in gleichförmiger Relativbewegung zueinander.) Wir schließen daraus, daß zwei solche Beobachter einem entfernten Ereignis nicht dieselbe Zeit zuordnen.

Anders als bei der Differenz etwa zwischen Mitteleuropäischer und Westeuropäischer Zeit handelt es sich hier um eine *fundamentale* Zeitdifferenz, die der Physik, die Newton auf der Vorstellung einer absoluten Zeit errichtete, Grenzen setzt. Da wir für das Raumschiff eine Geschwindigkeit wählten, die klein gegenüber der Lichtgeschwindigkeit ist (im Verhältnis 1:300), haben wir uns noch nicht weit von den Newtonschen Vorstellungen entfernt. Das Raumschiff hätte erst etwa 1:300 der Entfernung Erde–Mars durchflogen, wenn der Puls den Mars erreicht; deshalb entspräche auch der relative Unterschied beider Zeiten diesem geringen Bruchteil.

Wenn wir die Handlung ein wenig abändern, erhalten wir einige nützliche Ergebnisse. Angenommen, *M* sendet ein Lichtsignal mit einer bestimmten Frequenz zur Erde. Dieses Signal wird sowohl von *E* als auch von *R* registriert, der sich relativ zu *E* und *M* bewegt. *E* mißt die elektromagnetischen Schwingungen an seinem festen Beobachtungspunkt und ermittelt so die Frequenz der Wellenzüge. Zu einem festen Zeitpunkt mißt er den Abstand zwischen aufeinanderfolgenden Wellenbergen und findet die Wellenlänge.

Wie beschreibt *R* diesen Wellenzug? Relativ zu *E* bewegt er sich auf die Wellen zu: Sie erreichen *R* also in kürzeren Zeitintervallen, das heißt, mit höherer Frequenz. Flöge *R* in die *entgegengesetzte* Richtung, also vom Mars weg, so würden die Lichtwellen in größeren Intervallen, also mit kleinerer Frequenz, bei ihm eintreffen. Dasselbe geschieht auch bei Wasser- und Schallwellen und wird als *Dopplereffekt* bezeichnet: Wenn man zum Beispiel schnell an einer Schallquelle vorbeifährt, sinkt die Frequenz der registrierten Wellen abrupt ab, sobald man sich nicht mehr auf die Quelle zu bewegt, sondern sich von ihr entfernt.

Der Dopplereffekt macht Ähnlichkeiten zwischen Licht und anderen Arten von Wellen sichtbar, aber es gibt einen prinzipiellen Unterschied. Wie im ersten Kapitel am Beispiel von Wasserwellen gezeigt wurde, registriert ein Beobachter, der sich auf entgegenkommende Wellen zu bewegt, eine höhere Wellengeschwindigkeit als ein ruhender Beobachter. Bewegt er sich hingegen in Richtung der Wellen, also von der Quelle fort, so stellt er eine geringere Geschwindigkeit fest. Er kann die Wellen sogar einholen, so daß sie für ihn dann stillstehen.

Erinnern wir uns weiter daran, daß die Geschwindigkeit einer Welle das Produkt aus Frequenz und Wellenlänge ist. Die Bewegung eines Beobachters, der sich von der Quelle entfernt, verringert sowohl die Geschwindigkeit als auch die Frequenz der Wellen, was sich mit einer von der Bewegung des Beobachters *unabhängigen* Wellenlänge vereinbaren läßt. Falls sich insbesondere der Beobachter mit den Wellen mitbewegt, die Relativgeschwindigkeit also gleich Null ist, verschwindet auch die Frequenz, weil ja keine Wellen mehr am Beobachter vorbeikommen.

Licht verhält sich *anders*. Man kann es nicht einholen, und seine Geschwindigkeit ist unabhängig von der Bewegung des Beobachters. Wir schließen daraus, daß eine Bewegung des Beobachters auf die Quelle zu die *Frequenz erhöht*, während die *Wellenlänge* proportional dazu *abnimmt*, und zwar so, daß das Produkt beider Größen immer gleich der Lichtgeschwindigkeit ist.

Um zu verstehen, wie sich diese Wellenlängenänderung ergibt, betrachten wir noch einmal den bewegten Beobachter *R*, der sich in Richtung Mars bewegt und die Wellenlänge des Lichtes bestimmen will, das von diesem Planeten ausgesandt wird. Er registriert zunächst die beiden Ereignisse, die der Beobachter *E* als verschiedene Positionen aufeinanderfolgender Wellenberge zur gleichen Zeit registriert. Für *R* hingegen finden diese Ereignisse *nicht* gleichzeitig statt, da sie sich in unterschiedlicher Entfernung von ihm abspielen. (Der Einfachheit halber nehmen wir an, daß sich der nächstgelegene Wellenberg an *R*s Position befindet.) Wir haben gelernt, daß wir dem ferneren Wellenberg eine frühere Zeit (in bezug auf den Zeitpunkt, an dem sich der nächstgelegene Wellenberg an *R*s Position befindet) zuordnen müssen. Für seine Wellenlängenmessung muß *R* also die Beobachtung des noch entfernten Wellenberges auf den *späteren* Zeitpunkt verschieben, der mit dem Beobachtungszeitpunkt des nahegelegenen Wellenberges übereinstimmt. In dieser Zeitspanne *bewegt* sich aber der entferntere Wellenberg auf *R* zu, der infolgedessen auf seiner Reise in Richtung Mars eine kürzere Wellenlänge registrieren wird als *E*. (In Wirklichkeit wird *R* natürlich weniger kompliziert vorgehen, um seine Resultate mit *E* vergleichen zu können; er mißt einfach zu einer gegebenen Zeit den Abstand aufeinanderfolgender Wellenberge.) Insofern die Wellenlängenänderung mit der *Bewegung* der Wellen verbunden ist, hat sie für Licht mit seiner unerreichbar hohen Geschwindigkeit größere Bedeutung als für langsame Wasser- und Schallwellen.

Bereits 1842 vermutete der österreichische Physiker Christian Doppler (1803–1853), daß solche Frequenzverschiebungen bei Licht auftreten, aber der Nachweis gelang erst, nachdem Sir William Huggins (1824 bis 1910) im Jahre 1868 die photographische Spektroskopie entwickelt hatte. Nun ließ sich der Dopplereffekt anwenden, um bei einigen Sternen die Geschwindigkeiten relativ zur Erde – in Richtung der Sichtlinie – zu messen. Es ist nicht überraschend, daß der Dopplereffekt zusammen mit der Aberration des Lichtes eines der Themen war, die Einstein in seiner berühmten Arbeit von 1905 behandelte.

Zeitdilatation

In Kapitel 3 wird mehr darüber zu sagen sein, wie Raum und Zeit in der Speziellen Relativitätstheorie miteinander verknüpft sind. Im Augenblick ist es wichtiger, folgende Frage über die *Zeit* zu stellen: Tickt eine bewegte Uhr mit derselben Periode wie eine ruhende Uhr gleicher Bauart? In der bisherigen Diskussion, die sich auf kleine Relativgeschwindigkeiten (im Verhältnis zur Lichtgeschwindigkeit) beschränkte, wurde stillschweigend ein Ja als Antwort angenommen. Untersuchen wir nun, was bei bewegten Uhren passiert, wenn die Beschränkung auf kleine (nichtrelativistische) Geschwindigkeiten aufgehoben wird.

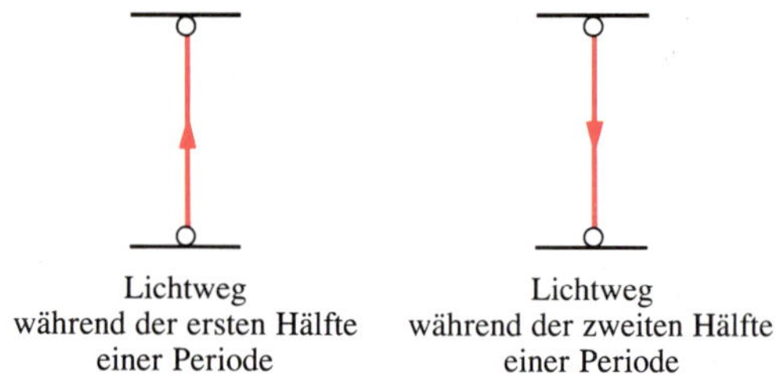

Die ruhende Lichtuhr.

Um uns nicht in den praktischen Details der Konstruktion von Uhren zu verlieren, bauen wir uns in Gedanken eine ideale Uhr, die mit Licht arbeitet: Sie besteht aus zwei exakt parallelen Spiegeln mit vollständig reflektierenden Oberflächen, zwischen denen sich ein Lichtpuls hin und her bewegt. Die Zeit, die das Licht benötigt, um von einem Spiegel zum anderen und wieder zurückzulaufen, sei eine *Periode*, also ein Schlag unserer perfekten Lichtuhr. (Die Zeit für einen einfachen Weg beträgt dann eine halbe Periode.) Da die Spiegel vollständig reflektieren, bewegt sich der Lichtpuls stetig hin und zurück und stellt somit eine ewig tickende Uhr dar. Alle Beobachter können identische Uhren bauen, indem sie ihre Spiegelsysteme vergleichen und sicherstellen, daß der Abstand zwischen den parallelen Spiegeln immer exakt derselbe ist.

Nehmen wir jetzt an, daß zwei Beobachter *E* und *R* identische Uhren dieser Bauart konstruieren und sorgfältig im Laboratorium aufeinander abstimmen (so daß sie synchronisiert sind). Danach nimmt *R* seine Uhr mit in ein Raumschiff (der fernen Zukunft), dessen Geschwindigkeit relativ zu *E* einen großen Bruchteil der Lichtgeschwindigkeit erreichen kann. Die Spiegeloberfläche seiner Uhr justiert *R* parallel zur Bewegungsrichtung des Raumschiffes. Was *R* betrifft, so verhält sich für ihn im Raumschiff alles genauso wie im Laboratorium, solange sich das Raumschiff gleichförmig bewegt. Der Lichtpuls läuft senkrecht zu den Spiegeloberflächen hin und her, und die Uhr tickt wie zuvor.

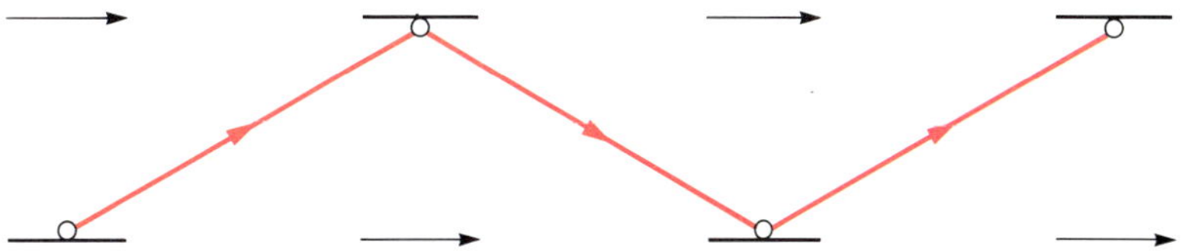

Wie der Beobachter *E* auf der Erde die Lichtausbreitung zwischen den Spiegeln einer bewegten Lichtuhr im Raumschiff sieht.

Das gilt jedoch nicht für den Beobachter *E* auf der Erde. Während *R* beobachtet, wie der Lichtpuls von einem Punkt des unteren Spiegels *direkt* zu dem senkrecht darüberliegenden Punkt des oberen Spiegels läuft, sieht *E*, wie sich *R*s gesamte Apparatur in der Zeitspanne bewegt, in der das Licht zum oberen Spiegel unterwegs ist; sagen wir, die Apparatur verschiebt sich nach rechts. Über den Punkt des oberen Spiegels, an dem der Puls auftrifft, sind sich *E* und *R* zwar einig, aber da sich die Apparatur bewegt, ist dieser Punkt des Spiegels nun für *E* nicht mehr dort, wo er sich befand, als das Licht den unteren Spiegel verließ. (Das ist analog zum in Kapitel 1 diskutierten Beispiel des Flugzeugs, das durch den Wind abgetrieben wird.) Der Lichtpuls bewegt sich relativ zu *E* auf einer schrägen Geraden nach rechts oben und durchläuft somit eine *Strecke, die größer ist als der senkrechte Abstand zwischen den Spiegeln*. Deshalb stimmen *E* und *R* nicht darin überein, wie weit der Puls zwischen den Reflexionen gelaufen ist. Wir wissen aber, daß der Puls für beide dieselbe Geschwindigkeit besitzt. Infolgedessen sind sie sich auch darin nicht einig, wie lange der Puls unterwegs war, das heißt, wie groß die Periode der Uhr ist. Für *E* hat die Uhr von *R* eine größere Periode als seine eigene – *R*s Uhr tickt *langsamer*.

Allerdings sieht *R* die Situation anders. Relativ zu ihm bewegt sich *E* nach links. Während *E* behauptet, sein Lichtpuls bewege sich senkrecht zwischen den Spiegeln, sieht *R*, wie *E*s Puls einen längeren Weg entlang einer schrägen Geraden nach links oben durchläuft. *R* behauptet deshalb, daß *E*s Uhr *langsamer* ticke.

Wenn sich zwei Beobachter in gleichförmiger, unbeschleunigter Relativbewegung zueinander befinden (wobei sich die Geschwindigkeit also weder vergrößert noch verringert noch ihre Richtung ändert) und beide identische Uhren besitzen, wird jeder von beiden feststellen, daß die Uhr des anderen langsamer läuft. Einsteins Relativitätsprinzip besagt, daß solche Beobachter gleichberechtigt sind und somit eine objektive Tatsache registrieren, die jeder beliebige andere Beobachter unter denselben Umständen feststellen würde.

Aber könnte sich nicht eine anders konstruierte Uhr (zum Beispiel eine mechanische) abweichend verhalten? Nein, denn das würde dem Relativitätsprinzip widersprechen. Wenn wir behaupten, daß nur Relativbewegungen von Bedeutung sind, meinen wir damit, daß *R* in seinem gleichförmig bewegten Raumschiff nichts unternehmen kann, um die Geschwindigkeit zu ermitteln, mit der er und sein Raumschiff fliegen; für ihn ist es nicht möglich festzustellen, ob es eine solche Bewegung überhaupt *gibt* – genau wie bei

Galileis Beobachter, der sich auf einem gleichförmig fahrenden Schiff unter Deck aufhält. Nehmen wir einmal an, zwei Uhren unterschiedlicher Bauart werden auf der Erde synchronisiert und dann auf ein Raumschiff gebracht, das sich danach gleichförmig mit hoher Geschwindigkeit von der Erde entfernt. Hätte diese Bewegung auf die Uhren eine unterschiedliche Wirkung, so daß sie aus ihrer Synchronisation gebracht würden, dann könnte R anhand dieser Differenz feststellen, daß er sich bewegt. Damit aber wäre das Relativitätsprinzip verletzt. Kurzum, nach diesem Prinzip müssen alle bewegten Uhren auf gleiche Weise langsamer gehen. Hier handelt es sich nicht um eine Eigenschaft spezieller Apparate, sondern um eine Eigenschaft der *Zeit selbst*.

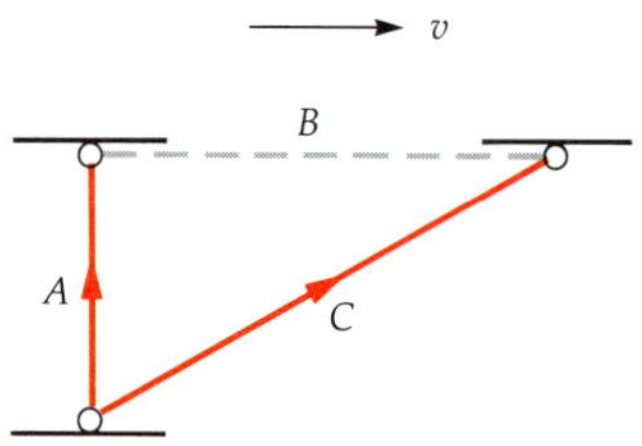

$A^2 + B^2 = C^2$

Nun gut, eine relativ zum Beobachter bewegte Uhr läuft langsamer. Aber um welchen Betrag? Angenommen, eine Lichtuhr, die relativ zum Beobachter ruht, tickt mit der Periode T. In der Hälfte dieser Zeit durchläuft der Lichtpuls mit der Geschwindigkeit c den kürzesten, senkrechten Abstand zwischen den Spiegeln – nennen wir ihn A. Dieselbe Uhr werde nun beobachtet, während sie sich mit der Geschwindigkeit v bewegt. Wie wir gesehen haben, besitzt die bewegte Uhr eine größere Periode, die wir mit T' bezeichnen wollen. In der Hälfte dieser Zeit durchquert der Lichtpuls mit der Geschwindigkeit c eine schräge Linie zwischen den Spiegeln, für die wir das Symbol C einführen wollen. Da sowohl A als auch C mit Lichtgeschwindigkeit durchlaufen werden, ist das Verhältnis dieser Strecken gleich dem Verhältnis der zugehörigen Laufzeiten. (Bei einer festen Geschwindigkeit wird in der doppelten Zeit die doppelte Entfernung durchlaufen.) In Symbolen ausgedrückt:

$$\frac{A}{C} = \frac{T}{T'}. \tag{2.1}$$

Während der Lichtpuls die Strecke C durchläuft, verschieben sich die Spiegel der Uhr mit der Geschwindigkeit v über eine Distanz, die wir mit B bezeichnen. Das Verhältnis zweier Strecken, die in derselben Zeit durchlaufen werden, ist gleich dem Verhältnis der entsprechenden Geschwindigkeiten. (In einer vorgegebenen Zeitspanne wird bei doppelter Geschwindigkeit die doppelte Entfernung überwunden.) In Symbolschreibweise:

$$\frac{B}{C} = \frac{v}{c}. \tag{2.2}$$

Betrachten wir nun drei Punkte, an denen unser Lichtpuls die reflektierenden Platten der Lichtuhr berührt: den Startpunkt auf dem unteren Spiegel, den bei ruhender Uhr direkt darüberliegenden Punkt auf dem oberen Spiegel und den Punkt, in dem der Puls bei bewegter Uhr am oberen Spiegel reflektiert wird. Diese drei Punkte sind durch drei Strecken A, B und C verbunden, die zusammen ein rechtwinkliges Dreieck bilden. Wie wir in Kapitel 1 festgestellt haben, gilt für diese drei Längen der Satz des Pythagoras•:

$$A^2 + B^2 = C^2. \tag{2.3}$$

• Wir benutzen hier Großbuchstaben, um Verwechslungen mit dem Symbol c für die Lichtgeschwindigkeit auszuschließen.

Für unsere Zwecke ist es nützlicher, diese Gleichung auf beiden Seiten durch C^2 zu dividieren, mit dem Ergebnis

$$\left(\frac{A}{C}\right)^2 + \left(\frac{B}{C}\right)^2 = 1,$$

dann auf beiden Seiten $(B/C)^2$ abzuziehen, also

$$\left(\frac{A}{C}\right)^2 = 1 - \left(\frac{B}{C}\right)^2,$$

und hieraus schließlich A/C zu erhalten, indem wir auf beiden Seiten die Quadratwurzel ziehen:

$$\frac{A}{C} = \sqrt{1 - \left(\frac{B}{C}\right)^2}.$$

Wenn wir nun A/C und B/C gemäß (2.1) und (2.2) durch das Verhältnis der entsprechenden physikalischen Größen ersetzen, erhalten wir:

$$\frac{T}{T'} = \sqrt{1 - \left(\frac{v}{c}\right)^2}$$

oder, indem wir auf beiden Seiten den Kehrwert bilden:

$$\frac{T'}{T} = \frac{1}{\sqrt{1 - (v/c)^2}} = \gamma. \qquad (2.4)$$

Das ist der exakte Faktor für die Verlängerung oder Dilatation, die die Periode einer bewegten Uhr bei einer Geschwindigkeit v (relativ zum Beobachter) erfährt. Der Buchstabe Gamma wird als Symbol für diesen wichtigen Faktor benutzt, der die Auswirkungen der Relativbewegung ausdrückt.

Obwohl diese Formeln nicht explizit in Kapitel 1 erwähnt sind, ist $1/\gamma$ implizit in Verbindung mit den Flugzeugen aufgetreten, die sich mit der Eigengeschwindigkeit c unter dem Einfluß eines Strahlstromes (Jetstreams) mit der Geschwindigkeit v bewegen: Der Faktor $1/\gamma$ entspricht gerade dem Verhältnis der Rundflugzeiten senkrecht und parallel zum Strahlstrom. Was in der Flugzeuganalogie über das Verhältnis der Rundflugzeiten bei kleinem v/c gesagt wurde, läßt sich jetzt folgendermaßen formulieren: Für kleine v/c weicht γ um $\frac{1}{2}(v/c)^2$ von Eins ab; steht v beispielsweise für die Bahngeschwindigkeit der Erde, so entspricht diese Abweichung einem Verhältnis von Eins zu 200 Millionen oder 0,000000005. Die Tabelle auf der nächsten Seite enthält weitere Beispiele, die verständlich werden lassen, warum die relativistische Zeitdehnung im täglichen Leben keine Rolle spielt. Erst wenn die Geschwindigkeiten einen großen Bruchteil der Lichtgeschwindigkeit erreichen, fällt die Zeitdilatation stark ins Gewicht. Derart hohe Geschwindigkeiten treten regelmäßig in physikalischen Laboratorien auf, allerdings nur bei atomaren Teilchen. Besitzen solche Teilchen Eigenschaften, die sich zur Zeitmessung nutzen lassen? Eignen sie sich als schnell bewegte Uhren? Alle Lebewesen werden mit einer natürlichen inneren Uhr geboren, die unaufhaltsam über die Jahre des Lebens tickt. Auch atomare Teilchen können eine solche Uhr in sich tragen.

Die Gammafaktoren für verschiedene Geschwindigkeitsbereiche

bewegtes Objekt	v	v/c	Gamma (γ)
Auto	100 km/h	0,00000009	1,000000000
Concorde	2 000 km/h	0,000002	1,000000000
Gewehrkugel	1 km/sek	0,000003	1,000000000
Fluchtgeschwindigkeit von der Erde	11 km/sek	0,000037	1,000000001
Bahngeschwindigkeit der Erde	30 km/sek	0,0001	1,000000005
10 Prozent der Lichtgeschwindigkeit	30 000 km/sek	0,1	1,005
50 Prozent der Lichtgeschwindigkeit	150 000 km/sek	0,5	1,155
		0,9	2,294
		0,98	5,025
		0,988	6,474
		0,99	7,089
		0,999	22,37
		0,9992	25,00
Müonen am CERN		0,9994	28,87
		0,9999	70,71
		0,999999	707,10
		0,99999999	7071,00

Teilchenuhren

Viele Atome und subatomare Teilchen sind instabil. Sie *zerfallen* nach einer gewissen Zeitspanne spontan in andere Teilchen. Zum Beispiel zerfällt die häufigste Form von Uranatomen, das Isotop ^{238}U, über eine Reihe von Zwischenprodukten schließlich in Blei. Dieser Zerfall ist ein Beispiel natürlicher *Radioaktivität*. Das ^{238}U zerfällt sehr langsam. Ein einzelnes Atom bleibt mit 50prozentiger Wahrscheinlichkeit etwa 4,5 Milliarden Jahre bestehen. Anders ausgedrückt: Nach 4,5 Milliarden Jahren ist die Hälfte der ursprünglichen Uranmenge in einen anderen Stoff zerfallen. Diese Zeit von 4,5 Milliarden Jahren nennt man die *Halbwertszeit* von Uran 238. Nach einer weiteren Halbwertszeit (also nach insgesamt neun Milliarden Jahren) ist von den übrig gebliebenen Atomen wiederum die Hälfte zerfallen und somit nur noch ein Viertel der ursprünglichen Menge übrig. Nach einer dritten Halbwertszeit ist nur noch ein Achtel der Anfangsmenge vorhanden, und so fort. Indem man für die Uranatome einer Erzprobe mißt, welcher Anteil in Blei zerfallen ist, läßt sich das Alter des Erzes bestimmen. Auf diese Weise definieren radioaktive Atome oder Teilchen eine Zeiteinheit und stellen somit eine Art atomarer Uhren dar.

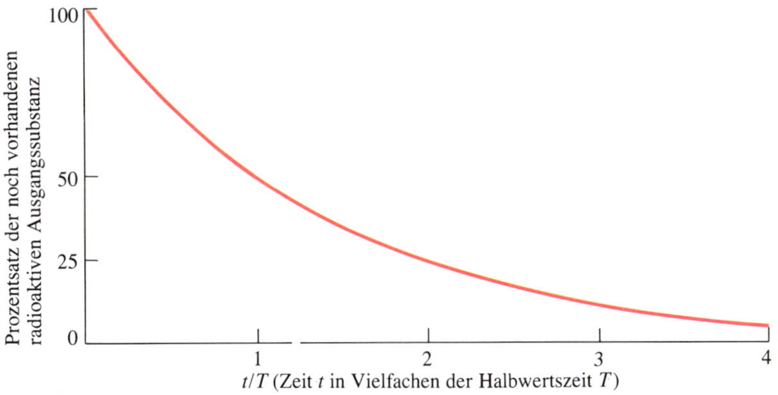

Ein anderes instabiles Teilchen ist das µ-Meson oder Müon. Es wurde unter anderem von den Physikern Carl Anderson und Seth Neddermeyer in den Jahren 1936 bis 1938 entdeckt. Diese positiv oder negativ geladenen Müonen kamen zum Vorschein, als man die kosmische Strahlung untersuchte. Dabei handelt es sich um Atomkerne (hauptsächlich von Wasserstoff), die annähernd mit Lichtgeschwindigkeit durch den interstellaren Raum rasen. Ständig trifft kosmische Strahlung auf die Erde, wo sie den oberen Teil der Atmosphäre mit einem Energiefluß „bombardiert", der ungefähr so hoch ist wie der Energiefluß, den die Erde vom Licht der Sterne empfängt. Die kosmische Strahlung dringt nicht ungehindert durch die Atmosphäre, sondern prallt auf Luftmoleküle und erzeugt dabei viele Sekundärteilchen, die ständig auf den Erdboden herabregnen. Den größten Anteil der Sekundärteilchen, die den Boden erreichen, stellen die Müonen.

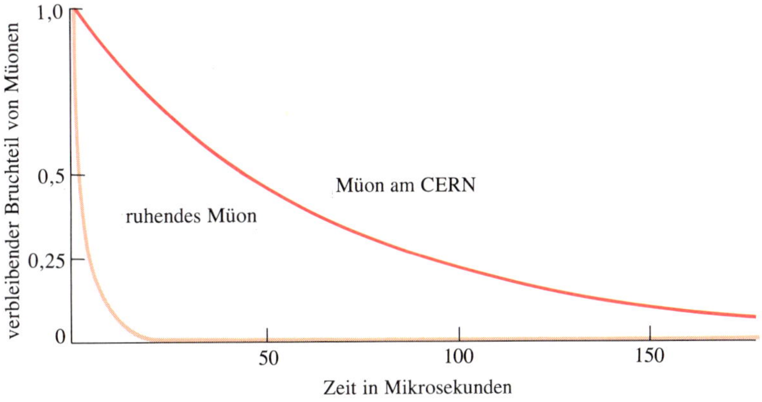

Zerfallskurven für beschleunigte Müonen am CERN und für ruhende Müonen.

Obwohl ein Müon 206mal so schwer ist wie ein Elektron, sind sich beide Teilchen sehr ähnlich. Allerdings sind Müonen instabil. Die negativ geladenen zerfallen in Elektronen (und andere Teilchen, die man Neutrinos

Müonspeicherring am CERN.

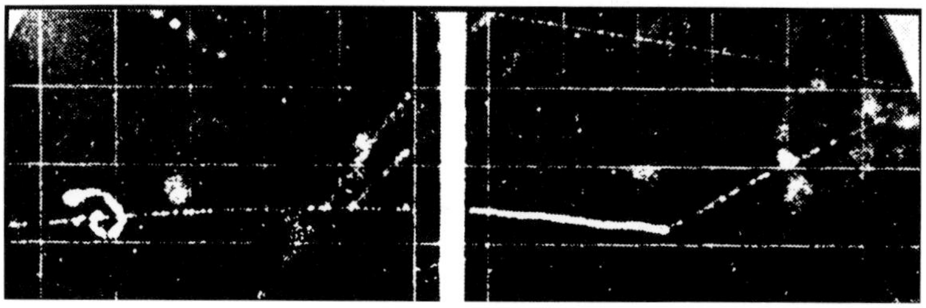

Zerfall eines Mesons. Diese Nebelkammeraufnahme zeigt ein nach rechts fliegendes positiv geladenes Meson, das eine Aluminiumplatte durchdrungen und dabei den größten Teil seiner Energie verloren hat und schließlich unter Aussendung eines Positrons zerfällt. Das Meson mußte abgebremst werden, um seine ionisierende Wirkung zu erhöhen, durch die es in der Nebelkammer eine helle Spur erzeugt.

nennt und die viel schwerer nachzuweisen sind). Die Halbwertszeit beträgt dabei 1,5 Millionstel Sekunden (1,5 Mikrosekunden, abgekürzt µs). Positiv geladene Müonen erzeugen ein Teilchen mit Namen Positron, auf das wir später noch zurückkommen werden. Wegen ihrer kurzen Halbwertszeit sind Müonen eine Teilchenuhr mit sehr kleiner Zeiteinheit.

Heutzutage kann man nach Bedarf Müonen im Labor erzeugen, indem man Atome mit schnellen Protonen (Wasserstoffkernen) beschießt, die in einem Beschleuniger auf hohe Geschwindigkeiten gebracht wurden. Da die Müonen elektrisch geladen sind, können sie von einem Magnetfeld abgelenkt werden. Sie lassen sich deshalb mit Hilfe von starken Elektromagneten in einem kreisförmigen Vakuumtunnel speichern; deren Magnetfelder halten die Müonen im Tunnel auf einer Kreisbahn, bis sie zerfallen.

Am Europäischen Kernforschungszentrum (CERN) in Genf hat man 1976 ein klassisches Experiment mit Müonen durchgeführt. Die Teilchen wurden mit der riesigen Geschwindigkeit von 99,94 Prozent der Lichtgeschwindigkeit in einen Speicherring eingespeist. Rund um den Ring waren Zähler aufgestellt, mit denen die bei Müonzerfällen erzeugten Elektronen registriert wurden. Auf diese Weise wurde die Zerfallsrate (die Anzahl der Zerfälle pro Zeiteinheit) und damit die Halbwertszeit der schnellen Müonen gemessen. Die erwähnte Halbwertszeit von 1,5 Mikrosekunden bezieht sich auf ruhende Müonen. Für die Müonen im CERN-Experiment ergab sich hingegen eine Halbwertszeit von 44 Mikrosekunden – etwa 30mal mehr. In der Tabelle auf Seite 50 finden wir für eine Geschwindigkeit von 0,9994*c* einen γ-Wert von etwa 29. Benutzt man die genauen experimentellen Werte, so sieht man, daß das CERN-Experiment die Vorhersage der Relativitätstheorie innerhalb eines Fehlers von zwei Promille bestätigte.

Bevor diese Genauigkeit erreicht wurde, hatte der Nachweis von Müonen *auf Meereshöhe* gezeigt, daß die Zeitdilatation Realität ist: Die primäre kosmische Strahlung erzeugt Müonen in der Atmosphäre in einer Höhe von etwa 15 Kilometern. Bei einer Halbwertszeit von 1,5 Mikrosekunden wäre nach etwa 0,5 Kilometern die Hälfte der Müonen verschwunden – selbst wenn ihre Geschwindigkeit nahe an die Lichtgeschwindigkeit herankäme (300 000 Kilometer pro Sekunde oder 0,3 Kilometer pro Mikrosekunde). Allenfalls ein Milliardstel der Müonen könnte den Erdboden erreichen – viel weniger, als man tatsächlich feststellt. Die einzig vernünftige Erklärung für ihr zahlreiches Auftreten lautet: Schnelle Müonen altern langsamer (leben länger bis zum Zerfall) als ruhende.

Ein Müon, das sich von seinem Entstehungsort in der Atmosphäre schnell dem Erdboden nähert, lebt um einen Faktor γ länger, der seiner Geschwindigkeit entspricht. (Der Einfachheit halber vernachlässigen wir hier die Tatsache, daß das elektrisch geladene Müon Energie auf Luftmoleküle überträgt und sich dabei durch eine Art Reibung verlangsamt.) Der γ-Faktor könnte zum Beispiel 25 betragen, entsprechend $v/c = 0{,}9992$ (siehe Tabelle), und dem Müon eine Halbwertszeit von $25 \times 1{,}5 = 37{,}5$ Mikrosekunden verleihen. Nehmen wir in einem Gedankenexperiment an, wir bewegen uns mit einem solchen Müon *mit*. Das Müon hat dann eine Halbwertszeit von 1,5 Mikrosekunden, da es sich relativ zu uns in Ruhe befindet. Jetzt bewegt sich aber die *Erdoberfläche* mit hoher Geschwindigkeit auf uns zu. Das Müon hat alle Chancen zu zerfallen, bevor sich die Erde um 0,5 Kilometer genähert hat. Es ist somit sehr unwahrscheinlich, daß dieses Müon noch existiert, nachdem die Erde 15 Kilometer zurückgelegt hat. In Wirklichkeit hat dieses Müon sehr wohl ausgezeichnete Chancen, den Beobachter auf dem Erdboden zu erreichen. Was ist hier mit dem Relativitätsprinzip passiert? Die Auflösung dieses scheinbaren Paradoxons ist in den Eigenschaften des *Raumes* zu finden.

Der relativistische Raum

Eine Uhr, die sich in *schneller Bewegung* relativ zu einem Beobachter befindet, zeigt eine *andere Zeit*einheit an. Auf seinem Weg durch die Atmosphäre scheint ein Müon für einen Beobachter auf der Erde eine ruhende Strecke von 15 Kilometern Länge zurückzulegen, aber dieselbe Strecke befindet sich relativ zu einem Beobachter, der mit dem Müon mitfliegt, in *schneller Bewegung*. Wird dieser Beobachter dann vielleicht auch einen *anderen Abstand* messen – einen kleineren Abstand? Versuchen wir herauszufinden, um wieviel kleiner dieser Abstand sein müßte.

Der Anteil der Müonen, die auf dem Flug durch die Atmosphäre zerfallen, ist eine objektive Gegebenheit, die verschiedene Beobachter also nur übereinstimmend beschreiben können. Dieser Bruchteil ergibt sich aus der Anzahl von Halbwertszeiten, die innerhalb der gegebenen Flugzeit verstrichen sind. Wir wollen diese Anzahl aus der Sicht des ruhenden Beobachters am Erdboden und des mit dem Müon bewegten Beobachters ermitteln. Für den ruhenden Beobachter betrage die Flugstrecke eines senkrecht einfallenden Müons l, so daß sich die Flugzeit bei einer Geschwindigkeit v als Quotient l/v ergibt. Wir dividieren diese Zeit durch die Halbwertszeit γT des bewegten Müons (wobei T die Halbwertszeit des ruhenden Müons bezeichnet) und erhalten die Anzahl $(l/\gamma \times (1/vT)$ der Halbwertszeiten.

Der Beobachter, der sich mit dem Müon mitbewegt, sieht die Erde mit der Geschwindigkeit v auf sich zukommen, so daß sie die Zeit l'/v benötigt, um den Abstand l' zum Beobachter zu durchlaufen. Das Verhältnis aus dieser Zeit und der Halbwertszeit des ruhenden Müons beträgt dann $l' \times (1/vT)$. Damit die Anzahl der Halbwertszeiten für beide Beobachter übereinstimmt, muß es zu einer *Verkürzung* (*Kontraktion*) der Länge in Bewegungsrichtung kommen, das heißt:

$$l' = l/\gamma = \sqrt{1 - \left(\frac{v}{c}\right)^2}\, l. \tag{2.5}$$

Was wir hier mathematisch formuliert haben, wollen wir nun in knappen Worten zusammenfassen. Hier kommt es auf das Verhältnis von Flugzeit zur Lebensdauer des Müons an. Da der mitbewegte Beobachter eine (um den Faktor $1/\gamma$) kürzere Lebensdauer mißt, muß für ihn die Flugdauer um denselben Faktor kürzer sein. Dies trifft auch auf die durchlaufene Strecke zu, da die entscheidende Geschwindigkeit für beide Beobachter v beträgt. Eine Strecke, die sich bewegt, ist also um den Faktor $1/\gamma$ verkürzt.

Wir können diese Betrachtung am Beispiel illustrieren, indem wir für γ den schon früher benutzten Wert $\gamma = 25$ ansetzen, der einer Geschwindigkeit von annähernd Lichtgeschwindigkeit (0,3 Kilometer pro Mikrosekunde) entspricht. Vom bewegten Müon aus betrachtet, durchläuft die Erde eine Entfernung von $^{15}/_{25} = 0{,}6$ Kilometern und benötigt hierfür $^{0,6}/_{0,3} = 2$ Mikrosekunden; das sind $^{2}/_{1,5} = ^{4}/_{3}$ Halbwertszeiten des *ruhenden* Müons. Von der Erde aus beurteilt, benötigt das fliegende Müon $^{15}/_{0,3} = 50$ Mikrosekunden, um den Erdboden zu erreichen, was $^{50}/_{37,5} = ^{4}/_{3}$ Halbwertszeiten des *schnellen* Müons entspricht. Das Relativitätsprinzip steht auf festem Boden.

Wir wären auch zu diesem Ergebnis gekommen, wenn wir das Gedankenexperiment mit der Lichtuhr noch einen Schritt weitergeführt hätten. Als *R* in seinem Raumschiff eine Lichtuhr aufbaute, stellte er die Spiegel parallel zur Bewegungsrichtung ein. Nehmen wir nun an, er hat noch eine zweite Uhr mitgenommen, die mit der ersten synchronisiert ist und deren Spiegel *senkrecht* zur Bewegungsrichtung stehen. Wir wissen, daß die Synchronisation nach dem Relativitätsprinzip noch aufrecht erhalten bleibt, wenn das Raumschiff die Erde verlassen hat und sich gleichförmig mit hoher Geschwindigkeit bewegt. Was geht dann vor?

Von der Erde aus beobachtet, laufen die Lichtpulse der zweiten Uhr zwischen den Spiegeln in Bewegungsrichtung des Raumschiffes vor und zurück. Betrachten wir einen Lichtpuls, der den vorauseilenden vorderen Spiegel gerade verlassen hat und sich auf den hinteren, ihm entgegenkommenden Spiegel zu bewegt. Die Laufzeit ist dann kürzer als bei der ruhenden Uhr. Nach der Reflexion läuft der Puls hinter dem vorauseilenden Spiegel her und braucht entsprechend länger, um ihn zu erreichen. Dies entspricht den Flugzeiten eines Flugzeugs, das einmal mit dem Wind und einmal gegen den Wind fliegt. Wir wissen bereits, daß die Rundflugzeit senkrecht zum Wind (nennen wir sie T') verglichen mit der Rundflugzeit parallel zum Wind (T'') um einen Faktor $1/\gamma$ kürzer ist. Das heißt, T'' ist um einen Faktor γ länger als T'. Wäre die Geschichte damit bereits zu Ende, so hinge der Lauf einer bewegten Lichtuhr von ihrer räumlichen Orientierung zur Bewegungsrichtung ab! Das aber käme einer Verletzung des Relativitätsprinzips gleich. Dieser Widerspruch wird durch die *Längenkontraktion* in Bewegungsrichtung – hier also die Verkürzung des Abstandes zwischen den Spiegeln – aufgehoben. Dadurch, daß sich dieser Abstand um den Faktor $1/\gamma$ reduziert, verkürzt sich die Laufzeit T'' um denselben Faktor. Damit ist $T'' = T'$, so wie es sein sollte.•

Wir wollen noch einmal betonen, daß die Längenkontraktion in Richtung der Bewegung erfolgt. Als wir die Lichtuhr mit den Spiegeln parallel zur Bewegungsrichtung betrachteten, haben wir den Wert einer Länge *senkrecht* zu dieser Richtung, das heißt hier die Größe des Abstandes zwischen den Spiegeln, nicht zur Diskussion gestellt. Implizit haben wir damit etwas Richtiges angenommen: Das Relativitätsprinzip wäre verletzt, wenn Relativbewegungen auch Längen senkrecht zur Bewegungsrichtung verändern würden.••

Die relativistische Raum-Zeit

Wie wir gerade gesehen haben, folgt aus der Relativität der Zeit – der Tatsache, daß jedes Zeitmaß nur relativ zu einem Beobachter definiert ist – eine analoge Relativität für räumliche Maßstäbe. Die Newtonschen Begriffe von einer absoluten Zeit und einem absoluten Raum werden bei Geschwindigkeiten nahe der Lichtgeschwindigkeit völlig unbrauchbar. Vielleicht erzeugt dies beim Leser ein leises Unbehagen, da man annehmen möchte, daß zwei inertiale Beobachter, die verschiedene Sichtweisen *derselben Realität* besitzen, doch über irgend etwas Übereinstimmung erzielen sollten. Wir wissen aber schon, daß dies auch der Fall ist. Sie messen beide dieselbe Lichtgeschwindigkeit und dieselben Längen senkrecht zur Relativbewegung. Es *fehlt* uns jedoch noch eine fundamentale Beziehung, mit der wir sowohl *absolute* Eigenschaften als auch das Verhalten von Meßgrößen *relativ* zum Beobachter ableiten können. Den Ausgangspunkt, den wir hierfür brauchen, liefert uns das Verhalten bewegter Uhren:

$T'/T = \gamma$ oder $T/T' = 1/\gamma$.

• Hier haben wir es mit einer relativistischen Wiederholung einer Episode aus der Zeit vor Einstein zu tun. Um zu erklären, warum das Michelson-Morley-Experiment nicht den Nachweis einer Relativbewegung Erde–Äther erbrachte, schlug 1889 der irische Physiker George Fitzgerald folgende Hypothese vor: Die Längen bewegter Körper sind um einen Faktor $1/\gamma$ in Richtung der Bewegung kontrahiert. Später erkannte man, daß der negative Ausgang eines analogen Experiments mit Laufstrecken unterschiedlicher Länge auch eine Zeitdilatation erforderte. Einsteins Relativitätstheorie machte solche speziellen Hypothesen überflüssig.

•• An dieser Stelle sei der Leser aufgefordert, die Argumentationskette mit Lichtuhr und Müon unter der Annahme zu wiederholen, daß sich auch Längen senkrecht zur Bewegungsrichtung in Abhängigkeit von der Relativgeschwindigkeit ändern.

Quadrieren wir die letzte Gleichung, so finden wir

$$\left(\frac{T}{T'}\right)^2 = 1 - \left(\frac{v}{c}\right)^2.$$

Wir multiplizieren dies auf beiden Seiten mit $(cT')^2$ und erhalten

$$(cT)^2 = (cT')^2 - (vT')^2.$$

(Das ist gerade die Beziehung, die aus dem Satz des Pythagoras folgt und die wir bei der Diskussion der Lichtuhr benutzt haben!) Wir können nun vT' mit der Strecke L' identifizieren, die die *bewegte* Uhr in der Zeit T' durchläuft. Die *ruhende* Uhr bewegt sich während der Zeit T natürlich nicht, was einer Strecke $L = 0$ entspricht. Setzen wir $L^2 = 0$ und $L'^2 = (vT')^2$ in die letzte Gleichung ein, so wird daraus

$$(cT)^2 - L^2 = (cT')^2 - L'^2. \qquad (2.6)$$

Hier haben wir eine Größe gefunden, die für beide Beobachter übereinstimmt, sie ist weder nur Raummaß noch allein Zeitmaß, sondern ein Maß für *Raum-Zeit*.

Wir sehen darin eine *allgemeine* Aussage, die für je zwei Beobachter B und B' gilt, die sich gleichförmig zueinander bewegen. Beide Beobachter benutzen ihre Uhr und ihr räumliches Bezugssystem, um jedem Ereignis eine Zeit und eine Entfernung zuzuordnen. (Wir gehen davon aus, daß B und B' dieselben Maßeinheiten für die räumlichen beziehungsweise zeitlichen Intervalle benutzen. Wir vereinbaren, daß ein Ereignis mit $T = 0$, $L = 0$ in bezug auf B von B' mit $T' = 0$ und $L' = 0$ charakterisiert wird.) Im allgemeinen Fall ist cT ungleich cT' und L ungleich L' – beides sind eben relative Größen. Aber beide Beobachter sind sich über die Differenz aus den Quadraten dieser Größen (Gleichung 2.6) einig. Diese Differenz ist *absolut*. Wir werden im folgenden sehen, daß diese absolute Größe alles enthält, was wir bisher gelernt haben (und sogar noch mehr).•

Die Lichtgeschwindigkeit

Zunächst beinhaltet Gleichung 2.6 die Absolutheit der Lichtgeschwindigkeit. Wenn ein Beobachter B feststellt, daß eine Relativbewegung mit Lichtgeschwindigkeit c erfolgt, so beschreibt er das mit $L = cT$ (die durchlaufene Entfernung ist gleich der Geschwindigkeit c multipliziert mit der benötigten Zeit); damit ergibt aber $L^2 - (cT)^2$, das heißt, die linke Seite von (2.6), gerade Null. Folglich verschwindet auch die rechte Seite, was besagt, daß der Beobachter B' eine Entfernung vom Betrag $L' = cT'$ registriert. Er findet damit ebenfalls die Geschwindigkeit c.

Die Zeit

Betrachten wir als nächstes die Zeitdilatation. (Dabei werden wir die Argumentation zur Herleitung von Gleichung 2.4 umkehren.)

• Der Leser, der dies unbesehen glauben will, kann die folgenden Seiten überschlagen und zum nächsten Abschnitt übergehen. Die dort hergeleitete Beziehung 2.11 und ihr Kontext werden jedoch im dritten Kapitel gebraucht.

Die Uhr des Beobachters B befinde sich am Ort $L = 0$. Für Beobachter B', der sich relativ zu B mit der Geschwindigkeit v bewege, ist die Position von Bs Uhr durch $L' = vT'$ gegeben. Setzen wir dies alles in (2.6) ein, so finden wir:

$$
\begin{aligned}
(cT)^2 &= (cT')^2 - (vT')^2 \\
&= (cT')^2 - \left(\frac{v}{c}cT'\right)^2 \\
&= \left[1 - \left(\frac{v}{c}\right)^2\right](cT')^2,
\end{aligned}
$$

woraus sofort $T' = \gamma T$ folgt.

Der Raum

Um die relativistischen Aspekte räumlicher Maßstäbe zu behandeln, müssen wir zunächst feststellen, daß die Gerade, entlang der sich B und B' relativ zueinander bewegen, eine bestimmte Richtung im Raum auszeichnet. Jede Strecke der Länge L kann dann in bezug auf diese Richtung in zwei Komponenten zerlegt werden: eine Projektion parallel zur Bewegungsrichtung (deren Länge wir $L_{\parallel}$ nennen wollen) und eine Projektion senkrecht dazu (deren Länge wir $L_{\perp}$ nennen). Die drei Strecken (L, $L_{\parallel}$ und $L_{\perp}$) bilden ein rechtwinkliges Dreieck mit

$$L^2 = L_{\parallel}^2 + L_{\perp}^2$$

nach dem Pythagorassatz; analog gilt:

$$L'^2 = L'^2_{\parallel} + L'^2_{\perp}.$$

Damit läßt sich Gleichung 2.6 auf folgende Weise umformulieren:

$$(cT)^2 - L_{\parallel}^2 - L_{\perp}^2 = (cT')^2 - L_{\parallel}'^2 - L_{\perp}'^2.$$

Die Relativbewegung der beiden Beobachter bewirkt die zeitliche Änderung von Entfernungen *entlang* der Bewegungsrichtung. Deshalb können wir obige Gleichung in zwei unabhängige Teile aufspalten; der eine davon betrifft die Zeit und die Abstände parallel zur Bewegungsrichtung:

$$(cT)^2 - L_{\parallel}^2 = (cT')^2 - L_{\parallel}'^2, \qquad (2.7)$$

der andere die Abstände senkrecht zur Bewegungsrichtung:

$$L_{\perp}^2 = L_{\perp}'^2.$$

Die zweite Beziehung drückt eine Tatsache aus, die wir bereits kennen: Beide Beobachter messen senkrecht zur Richtung der Relativbewegung dieselben Längen.

Um mit der Zeit und den Längen in Bewegungsrichtung besser hantieren zu können, sei daran erinnert, daß die Differenz aus den Quadraten zweier Zahlen gleich dem Produkt aus ihrer Summe und ihrer Differenz ist. Zum Beispiel ist

$$(5)^2 - (4)^2 = (5 + 4) \times (5 - 4),$$

was in der Tat $9 = (3)^2$ ergibt, ganz im Sinne der Pythagoräischen Relation zwischen den Zahlen 3, 4 und 5. Ersetzen wir nun diese Zahlen allgemein durch Symbole, so gilt die binomische Formel:

$$a^2 - b^2 = (a + b) \times (a - b), \tag{2.8}$$

so daß wir beispielsweise schreiben können

$$1 - \left(\frac{v}{c}\right)^2 = \left(1 + \frac{v}{c}\right) \times \left(1 - \frac{v}{c}\right).$$

Wir wenden jetzt die binomische Formel 2.8 auf beide Seiten von (2.7) an und erhalten:

$$(cT + L_\parallel)\,(cT - L_\parallel) = (cT' + L_\parallel')\,(cT' - L_\parallel'). \tag{2.9}$$

Zu beachten ist, daß $L_\parallel{}^2 = L_\parallel \times L_\parallel$ mathematisch sowohl einen positiven als auch einen negativen Wert für $L_\parallel$ zuläßt. Wir können deshalb frei vereinbaren, daß einem positiven Wert eine Auslenkung nach rechts und einem negativen Wert eine Auslenkung nach links in Richtung der Relativbewegung entsprechen soll.

Beginnen wir die Diskussion von (2.9) für den Fall, daß sich beide Beobachter *nicht* relativ zueinander bewegen; sie sind dann effektiv *identisch*. In diesem Fall ist $cT = cT'$ und $L_\parallel = L'_\parallel$ und mithin $cT + L_\parallel = cT' + L'_\parallel$ und $cT - L_\parallel = cT' - L'_\parallel$, was sicherlich Gleichung 2.9 erfüllt.

Diese Relation bleibt aber auch dann gültig, wenn wir kompensierende numerische Faktoren einführen, und zwar

$$\begin{aligned} cT + L_\parallel &= V'\,(cT' + L_\parallel') \\ cT - L_\parallel &= \frac{1}{V'}\,(cT' - L_\parallel'). \end{aligned} \tag{2.10}$$

In der Tat: Multiplizieren wir die rechten Seiten miteinander, so ergeben die zusätzlichen Faktoren zusammen $V' \times (1/V') = 1$. Dividieren wir beide Seiten von (2.10) durcheinander, so erhalten wir mit

$$\frac{cT + L_\parallel}{cT - L_\parallel} = V'^2\,\frac{cT' + L_\parallel'}{cT' - L_\parallel'} \tag{2.11}$$

eine Gleichung, die sich noch als sehr nützlich herausstellen wird.

Um die Bedeutung von V' zu verstehen, nehmen wir an, daß sich der Beobachter B' relativ zu B mit der Geschwindigkeit v bewegt (für positive v sei die Relativbewegung von B' nach rechts gerichtet, für negative v nach links). Dann beschreibt B die Positionsänderung von B' durch $L_\parallel = vT = (v/c)cT$, wogegen B' seine Position mit $L'_\parallel = 0$ bezeichnet. Setzen wir dies in Gleichung 2.11 ein (wobei wir Zähler und Nenner links durch den Faktor cT teilen und rechts den Faktor cT' kürzen), so erhalten wir

$$\frac{1 + (v/c)}{1 - (v/c)} = V'^2 \tag{2.12}$$

oder

$$V' = \sqrt{\frac{1 + (v/c)}{1 - (v/c)}}. \qquad (2.13)$$

Damit erweist sich V' als ein Maß für die Relativbewegung, das zwar mit der Relativgeschwindigkeit zusammenhängt, aber damit nicht identisch ist (mehr darüber folgt in Bälde). Ohne Relativbewegung ($v = 0$) liefert (2.13) wie erwartet das einfache Ergebnis $V' = 1$.

Die Gleichungen 2.10 beziehen Bs Raum- und Zeitmaße auf die von B'. Nach dem Relativitätsprinzip sind beide Beobachter gleichberechtigt, so daß es möglich sein muß, die Maße im gestrichenen System von B' anhand der entsprechenden Maße im System von B auszudrücken:

$$\begin{aligned} cT' + L_{\|}' &= V\,(cT + L_{\|}), \\ cT' - L_{\|}' &= \frac{1}{V}\,(cT - L_{\|}); \end{aligned} \qquad (2.14)$$

dabei wird V auf ähnliche Weise wie in (2.13) mit Hilfe der relativen Geschwindigkeit von B bestimmt. Bewegt sich B' relativ zu B mit der Geschwindigkeit v, so hat B relativ zu B' die Geschwindigkeit $-v$; das heißt, wenn sich B' in bezug auf B nach rechts bewegt, verschiebt sich Bs Position relativ zu B' mit einer Geschwindigkeit vom selben Betrag nach links. Daher muß gelten

$$V = \sqrt{\frac{1 - (v/c)}{1 + (v/c)}} = \frac{1}{V'}, \qquad (2.15)$$

was sich auch ergibt, wenn wir aus den Gleichungen 2.10 die Maße in B's System durch die in Bs ausdrücken. Alles bestens.

Die Längenkontraktion

Die bisherigen Rechnungen führen uns zur Längenkontraktion bei Relativbewegungen. Wir benötigen dazu eine Beziehung zwischen L und L', die wir erhalten, wenn wir die beiden Gleichungen 2.10 subtrahieren und durch 2 dividieren:

$$L_{\|} = \frac{1}{2}\left(V' - \frac{1}{V'}\right)cT' + \frac{1}{2}\left(V' + \frac{1}{V'}\right)L_{\|}'. \qquad (2.16)$$

Der Ausdruck $\frac{1}{2}(V' + (1/V'))$ läßt sich wie folgt vereinfachen:

$$\frac{1}{2}\sqrt{\frac{1 + (v/c)}{1 - (v/c)}} + \frac{1}{2}\sqrt{\frac{1 - (v/c)}{1 + (v/c)}}$$

$$= \frac{1}{\sqrt{1 - (v/c)^2}} = \gamma, \qquad (2.17)$$

was leicht nachgeprüft werden kann; man multipliziere beide Seiten mit:

$$\sqrt{1 - (v/c)^2} = \sqrt{1 + (v/c)} \times \sqrt{1 - (v/c)}.$$

Betrachten wir nun eine Strecke in Richtung der Relativbewegung. Der Beobachter B befindet sich bezüglich dieser Strecke in Ruhe und bezeichnet ihre Länge mit l, während B' aufgrund seiner Relativbewegung zur Zeit T'

als Länge dieser Strecke den Wert l' mißt. Wenn wir nun die Gleichung 2.16 für die *beiden* Enden der Strecke anwenden und dann die Ergebnisse subtrahieren, ergibt die Differenz für die beiden $L_{\|}$-Werte l, für die beiden $L'_{\|}$-Werte l' und für die T'-Werte Null. Es folgt deshalb (wenn man (2.17) einbezieht):

$$l = \gamma\, l'$$

oder

$$l' = (1/\gamma) l,$$

worin wir wieder die Kontraktion von Längen bei Relativbewegungen erkennen.

Wir haben nun gesehen, wie die Raum- und Zeitmaße, die nur relativ zu einem Beobachter definiert sind, aus *einer* absoluten Größe folgen: der einem raum-zeitlichen Ereignis zugeordnete Wert von $(cT)^2 - L^2$ ist für alle Beobachter *gleich*.

Eine Reise zur Wega

Die Raum-Zeit-Geschichte, die nun folgt, ist nicht in allen Punkten wahr. Das liegt nicht etwa daran, daß sie in der Zukunft spielt – mit der Zeit ändert sich vieles – sondern es beruht darauf, daß wir einige praktische Einzelheiten weggelassen haben, um den zentralen Punkt nicht zu verschleiern.

Das Raumschiff *Argo*[3] startet in einer fernen Zukunft zu einer abenteuerlichen Reise, die den 26 Lichtjahre (Lj) entfernten Stern Wega• zum Ziel hat. Zum Zeitpunkt des Starts steht die Wega am Himmelsnordpol. An Bord befinden sich 49 Argonauten, einer weniger als geplant: Im letzten Moment war Kastor, der Zwillingsbruder des Pollux, auf der Erde zurückgeblieben. Die Reise beginnt, nachdem das Raumschiff eine Geschwindigkeit von $v = 0{,}998c$ (etwa ein Prozent weniger als die Lichtgeschwindigkeit) erreicht hat, und nach etwas mehr als 26 Jahren ist die Entfernung zur Wega – 26 Lichtjahre – zurückgelegt. (Die Lichtgeschwindigkeit beträgt ja gerade ein Lichtjahr pro Jahr.) Die Rückkehr erfordert etwa dieselbe Zeit, so daß mit einer Gesamtdauer der Exkursion von etwa 52 Jahren zu rechnen ist. Bei der Rückkehr der Argonauten sind alle Erdbewohner, auch Kastor, um 52 Jahre gealtert. Die *Argo* hat sich jedoch relativ zu den Erdbewohnern mit der Geschwindigkeit $v = 0{,}998c$ bewegt, was ziemlich genau $\gamma = 6{,}5$ entspricht (siehe die Tabelle auf Seite 50). Jeder Argonaut, auch Pollux, ist also nur um $^{52}/_{6,5} = 8$ Jahre gealtert!

Wie sieht die Sache für die Argonauten aus? Die Reisestrecke von 26 Lichtjahren, die sie mit einer Geschwindigkeit entsprechend $\gamma = 6{,}5$ durchfliegen, hat aus ihrer Sicht nur eine Länge von $^{26}/_{6,5} = 4$ Lichtjahren. Ihre Reise zur Wega dauert also vier Jahre. Nach weiteren vier Jahren treffen sie im Sonnensystem ein und sind also insgesamt um acht Jahre gealtert. Aber Herkules, der für seine gewaltigen Körperkräfte gerühmt wird, protestiert: »Wir sahen die *Erde* nahezu mit

• Schon 1983 war bekannt geworden, daß Wega von kalter Materie umgeben ist, wobei es sich um ein Planetensystem in einem früheren Entwicklungsstadium als dem unseren handeln könnte.[4] Nun wurde es möglich, hinzufahren und nachzuschauen.

Lichtgeschwindigkeit fortfliegen und zurückkehren. Die anderen müssen deshalb viel langsamer gealtert sein als wir!« Hat Herkules recht? Wenn sich die Zwillinge Kastor und Pollux wieder begegnen, sind sie dann gleichaltrig? Oder, falls nicht, wer ist dann älter?

Dieser scheinbare Widerspruch zwischen beiden Sichtweisen verdeutlicht auf recht drastische Weise eine Tatsache, die Einstein bereits 1905 erkannte. Wenn sich zwei Beobachter mit anfänglich synchronisierten Uhren zunächst voneinander entfernen und dann wieder aufeinander zu bewegen, erfährt dabei mindestens *einer* der beiden eine Beschleunigung. Oberflächlich betrachtet, könnte jeder feststellen, daß der andere sich relativ zu ihm bewegt und zu dem Schluß kommen, daß bei einem erneuten Zusammentreffen die Uhr des jeweils anderen nachgehe. Das erscheint paradox. Es sieht so aus, als beruhe dieses „Paradoxon“ auf dem Konzept der Speziellen Relativitätstheorie, daß gleichförmig bewegte Beobachter gleichberechtigt sind und deshalb eine gleichwertige Beschreibung der Phänomene abgeben. Ein Beobachter im Raumschiff befindet sich jedoch nicht in gleichförmiger unbeschleunigter Bewegung, denn er kann nach dem Erreichen seines Ziels nur durch Beschleunigen die Flug*richtung* umkehren. Die Spezielle Relativitätstheorie gilt zwar auch für beschleunigte Beobachter, doch hat das invariante Raum-Zeit-Maß in diesem Fall nicht mehr die einfache Form von Gleichung 2.6. (Das ist analog zum Satz des Pythagoras, der nur für rechtwinklige Dreiecke in der Ebene die einfache Form von Gleichung 1.2 hat.) Die Sichtweisen der beiden Beobachter sind also *nicht* äquivalent. Tatsächlich stellt sich bei korrekter Rechnung heraus, daß der Argonaut Pollux nach der Rückkehr jünger ist als sein zu Hause gebliebener Zwillingsbruder Kastor.•

Die verschiedenen Sichtweisen von Erdbewohnern und Argonauten werden im nächsten Kapitel näher diskutiert.

• Es gibt noch einen traurigen Nachtrag zu unserer Geschichte. Als Kastor schließlich verschied, starb der noch junge Pollux vor Kummer. Ihre Namen wurden den Zwillingsplaneten verliehen, die man im Wega-System entdeckt hatte. Ich weiß nicht, ob die Argonauten auf diesen Planeten intelligentes Leben fanden. Das weiß nur Zeus.

Referenzen

[1] Einstein, A. *Über einen die Erzeugung und Verwandlung des Lichtes betreffenden heuristischen Gesichtspunkt.* In: *Annalen der Physik.* Bd. 37 (1905) S. 132–148.

[2] Schilpp, P. A. *Albert Einstein als Philosoph und Naturforscher.* Braunschweig/Wiesbaden (Vieweg) 1979.

[3] Bulfinch, T. *The Age of Fable.* Thomas Y. Crowell (1970) S. 130.

[4] *Science* 221 (1983) S. 846.

Graf von Rumford (1753 – 1814).

Kapitel 3

$E = mc^2$

Die menschliche Seite

Im Jahre 1909 fand Albert Einstein, der damals noch immer am Eidgenössischen Patentamt in Bern arbeitete, einen Brief in der amtlichen Post. Aber hören wir, was er selbst dazu erzählt hat:

»Eines Tages erhielt ich im Berner Patentamt ein großes Couvert, aus dem ein nobles Papier herauskam, auf dem in pittoreskem Druck (ich glaube sogar auf Lateinisch) etwas stand, das mich unpersönlich und wenig interessant anmutete und sofort in den amtlichen Papierkorb flog. Später erfuhr ich, daß dies eine Einladung zur Calvinfeier war nebst Ankündigung, daß ich an der Genfer Universität den Ehrendoktor bekommen sollte.« (1909 feierte diese Universität den 350ten Geburtstag ihres Gründers Johann Calvin und verlieh aus diesem Anlaß mehr als hundert Ehrendoktortitel. Da ihr Einladungsschreiben unbeantwortet geblieben war, veranlaßten die Honoratioren der Universität einen Freund Einsteins, diesen zum Besuch der Zeremonie zu überreden.)

»So fuhr ich am angesagten Tag ab und traf Abends einige Züricher Professoren im Restaurant des Gasthofes, wo wir wohnten. ... Jeder von ihnen erzählte nun, in welcher Eigenschaft er da war. Als ich schwieg, erging die Frage an mich, und ich mußte gestehen, daß ich keine blasse Ahnung habe. Die andern wußten aber Bescheid und weihten mich ein. Am nächsten Tag sollte ich im Festzug marschieren und hatte nur Strohhut und Straßenanzug bei mir. Mein Vorschlag, mich davon zu drücken, wurde mit Entschiedenheit abgelehnt, und diese Feier verlief entsprechend drollig, was meine Mitwirkung anlangte. Das Fest endete mit dem opulentesten Festessen, dem ich in meinem ganzen Leben beigewohnt habe. Da sagte ich zu einem Genfer Patrizier, der neben mir saß: ›Wissen Sie, was Calvin gemacht hätte, wenn er noch da wäre?‹ Als er verneinte und mich um die Meinung fragte, sagte ich: ›Er würde einen großen Scheiterhaufen errichtet und uns alle wegen sündhafter Schlemmerei verbrannt haben.‹ Der Mann sprach kein Wort mehr ...«[1]

Einsteins Arbeiten hatten 1909 natürlich längst Aufmerksamkeit erregt, aber er selbst war in der Wissenschaft noch weithin unbekannt, obwohl er begonnen hatte, mit Physikern aus der Forschung zu korrespondieren. Bei einem dieser Briefwechsel ging es um die weltberühmte Formel. die als Titel über diesem Kapitel steht. Im Februar 1908 beklagte sich Einstein in einem Brief an den deutschen Physiker (und späteren Nobelpreisträger) Johannes Stark darüber, daß Stark beim »Zusammenhang von träger Masse und Energie« Einsteins Priorität übersehen habe. Stark antwortete bereits zwei Tage später und beteuerte seine Verehrung für Einstein. Daraufhin schrieb Einstein drei Tage später zurück:

»Wenn es mir schon vor Empfang Ihres Briefes leid tat, daß ich mich durch eine kleinliche Regung jene Äußerung über Priorität in der bewußten Sache diktieren ließ, zeigte mir Ihr ausführlicher Brief erst recht, daß meine Empfindlichkeit übel angebracht war. Die Leute, denen es vergönnt ist, zum Fortschritt der Wissenschaft etwas beizutragen, sollten sich die Freude über die Früchte gemeinsamer Arbeit nicht durch solche Dinge trüben lassen.«[2]

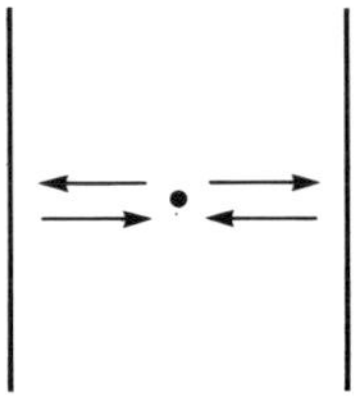

Ruhende parallele Spiegel. Die Lichtquelle befindet sich in der Mitte zwischen den beiden Spiegeln; die Pfeile deuten die Ausbreitungsrichtung des Lichtes an.

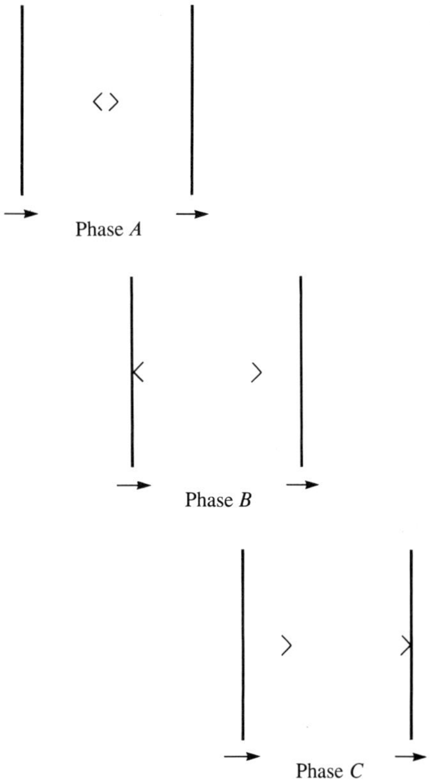

Bewegte parallele Spiegel.
Phase *A*: Kurz nach der Aussendung der Lichtpulse.
Phase *B*: Beim ersten Auftreffen.
Phase *C*: Beim zweiten Auftreffen.
Die räumliche Verschiebung der Spiegel ist hier übertrieben groß dargestellt.

Ebenfalls im Jahre 1908 teilte ein früherer Professor von Einstein aus Zürich, Hermann Minkowski, der Öffentlichkeit mit, daß sich eine neue Weltsicht ankündige, die Albert Einstein als erster klar erkannt habe. (Minkowski soll darüber hinaus schon vorher angemerkt haben, er hätte niemals erwartet, daß gerade *dieser* Student so tiefgründige Gedanken entwickeln würde.) Seinen Vortrag mit dem Titel *Raum und Zeit*, den Minkowski bei der 80. Versammlung Deutscher Naturforscher und Ärzte hielt, begann er mit folgenden Worten:

»Die Anschauungen über Raum und Zeit, die ich Ihnen entwickeln möchte, sind auf experimentell-physikalischem Boden erwachsen. Darin liegt ihre Stärke. Ihre Tendenz ist eine radikale. Von Stund an sollen Raum für sich und Zeit für sich völlig zu Schatten herabsinken und nur noch eine Art Union der beiden soll Selbständigkeit bewahren.«[3] Das war übertrieben, aber denkwürdig.

c für Lichtgeschwindigkeit

Gleichzeitigkeit

Einsteins Relativitätstheorie hat die absolute Zeit gestürzt – die Newtonsche Vorstellung einer Zeit, die für alle Beobachter übereinstimmt, unabhängig davon, wie weit sie voneinander entfernt sind und wie schnell sie sich relativ zueinander bewegen. In Kapitel 2 kamen bereits einige Aspekte der Relativität der Zeit zur Sprache. Um weitere Folgerungen aus den Einsteinschen Vorstellungen zu ziehen, wollen wir zur Anordnung der exakt parallelen, vollständig reflektierenden Spiegel zurückkehren, die wir als Lichtuhr betrachtet hatten. Aber jetzt setzen wir die Lichtquelle genau zwischen die Spiegel, und nun sollen gleichzeitig *zwei* Lichtpulse in entgegengesetzte Richtungen ausgesandt werden, die jeweils senkrecht auf einen der Spiegel treffen.

Betrachten wir zunächst, was ein Beobachter wahrnimmt, der in bezug auf die Spiegel ruht. Die beiden Lichtpulse werden gleichzeitig ausgesandt und legen in gleichen Zeiten gleiche Entfernungen zurück, so daß die Pulse für den ruhenden Beobachter *gleichzeitig* bei beiden Spiegeln eintreffen. Nach der Reflexion bewegen sich beide Pulse wieder in Richtung Quelle und kommen dort gleichzeitig an. So weit, so gut.

Betrachten wir jetzt einen zweiten Beobachter, der sich mit konstanter Geschwindigkeit senkrecht zu den Spiegeln und parallel zur Bewegungsrichtung der Pulse bewegt.• Relativ zu ihm bewegt sich der Apparat entlang einer Geraden, die durch die Lichtpulse definiert ist. Der Leser weiß bereits, was passiert: Der eine Puls bewegt sich auf einen Spiegel zu, der näher kommt, und erreicht diesen Spiegel, bevor der andere Puls auf den davoneilenden Spiegel trifft. Die beiden Pulse erreichen die Spiegel also nicht zur selben Zeit – für den bewegten Beobachter finden beide Ereignisse *nicht* gleichzeitig statt. (Welcher Spiegel zuerst erreicht wird, hat keine prinzipielle Bedeutung. Beobachter mit entgegengesetzter Bewegungsrich-

• Nachdem wir diese Art von Vorgängen schon etliche Male durchgespielt haben, verzichten wir auf einen pseudorealistischen Zusammenhang, also auf die Vorstellung von Beobachtern in Raumschiffen. Einstein selbst hat die Relativbewegung am Beispiel eines Beobachters populär gemacht, der in einem Zug fährt, wobei der Zug annähernd Lichtgeschwindigkeit erreichen kann.

tung nehmen gerade die umgekehrte Reihenfolge wahr.)

Gehen wir einen Schritt weiter. Der Puls, der zunächst auf den entgegenkommenden Spiegel traf, kehrt seine Bewegungsrichtung um und läuft nun auf die vorauseilende Quelle zu. Umgekehrt kommt der Puls, der anfangs hinter dem sich entfernenden Spiegel herlief, jetzt auf die herannahende Quelle zu. Alles verhält sich umgekehrt wie vorher, und beide Pulse erreichen ihren Ausgangspunkt zur selben Zeit, also *gleichzeitig*. Der bewegte Beobachter stellt insofern dasselbe fest wie der ruhende.

Wir können aus diesem Beispiel die folgende Schlußfolgerung ziehen:

1. Ereignisse, die aus der Sicht eines bestimmten Beobachters am *gleichen* Raumpunkt gleichzeitig stattfinden, tun dies auch aus der Sicht jedes anderen Beobachters, der sich relativ zum ersten Beobachter gleichförmig bewegt.
2. Ereignisse, die aus der Sicht eines bestimmten Beobachters an *verschiedenen* Raumpunkten gleichzeitig stattfinden, sind aus der Sicht eines beliebigen anderen Beobachters, der sich relativ zum ersten Beobachter gleichförmig bewegt, im allgemeinen *nicht* mehr gleichzeitig.

Raum und Zeit sind untrennbar miteinander verknüpft. Wie weit gehen diese Verwicklungen?

Kausalität

»Schließen Sie Ihre Wetten ab. Die Pferde starten. Der Gewinner lautet ...« Hier haben wir ein Beispiel dafür, daß Ereignisse eine festgelegte zeitliche Reihenfolge aufweisen. Die Pferde laufen eben *nicht* durch die Ziellinie, *bevor* sie das Startgatter verlassen. Haben wir aber nicht gerade gelernt, daß sich die zeitliche Reihenfolge zweier Ereignisse beim Übergang zu einem anderen Beobachter ändern kann? Bedeutet dies, daß wir zunächst das Ende des Rennens beobachten und dann mit der Kenntnis des Siegers unsere Wetten abschließen können? Hat uns Einstein den Weg zu sofortigem Reichtum gewiesen? Beileibe nicht.

Das frühere Ereignis (die Pferde starten) wird mit dem späteren Ereignis (der Gewinner erreicht das Ziel) durch die Bewegung eines physikalischen Objektes verknüpft (ein laufendes Pferd). Diese Bewegung läßt sich von Anfang bis Ende verfolgen. Jeder Beobachter kann diese Bewegung registrieren, welche Relativgeschwindigkeit er auch immer haben mag, und stets wird er die gleiche Reihenfolge der Ereignisse feststellen. Wir haben es hier mit zwei Ereignissen zu tun, die *kausal* verknüpft sind: Eine Wirkung (das Pferd zerreißt das Zielband) besitzt eine bestimmte zeitlich vorangehende *Ursache* (das Pferd startet).

Ganz anders liegen die Dinge in unserer Anordnung mit den parallelen ruhenden Spiegeln, zwischen denen sich eine Lichtquelle befindet. Beim *gleichzeitigen* Auftreffen der Lichtpulse auf die beiden Spiegel kann es sich nicht um Ereignisse handeln, zwischen denen eine kausale Beziehung besteht: Dazu müßte sich ein physikalischer Einfluß *instantan* von einem Punkt zum anderen ausbreiten, und das ist ja unmöglich. Gleichwohl *gibt* es eine Zeitdifferenz für den Beobachter, der sich relativ zur Apparatur bewegt. Könnte sich ein physikalisches Objekt in dieser Zeitspanne vom früheren zum späteren Ereignis bewegen? Nein. Das läßt sich auf elegante Weise anhand von Formeln demonstrieren. In Kapitel 2 hatten wir für zwei relative Größen, nämlich den zeitlichen Abstand T und den räumlichen Abstand L zwischen zwei Ereignissen, eine raumzeitliche Kombination

$$(cT)^2 - L^2$$

betrachtet, die absolute Bedeutung hat. Ihr Wert ist für alle (inertialen) Beobachter gleich. Eine solche *Differenz* zweier positiver Größen kann mathematisch sowohl positiv als auch negativ sein, je nachdem, welche von beiden größer ist. Natürlich kann sich auch Null ergeben.

Betrachten wir zwei Ereignisse, die in kausaler Beziehung zueinander stehen. Der räumliche Abstand L kann dann im Zeitintervall T von einem Objekt durchlaufen werden, das sich mit einer Geschwindigkeit v bewegt, die kleiner oder höchstens gleich der Lichtgeschwindigkeit ist. Der Abstand $L = vT$ kann also nur kleiner oder höchstens gleich cT sein. Ist v kleiner als c, so ist L kleiner als cT und $(cT)^2 - L^2$ ist *positiv*. Für v gleich c erhalten wir $L = cT$ und für $(cT)^2 - L^2$ somit *Null*; wir sind diesem Fall bereits bei Bewegungen mit Lichtgeschwindigkeit begegnet. Die Tatsache, daß die Differenz $(cT)^2 - L^2$ absolut ist, bedeutet insbesondere, daß ihr positiver oder verschwindender Wert für alle Beobachter von kausal verknüpften Ereignissen gleich ist. Wir erkennen wiederum, daß ein Kausalzusammenhang zwischen zwei Ereignissen vom Beobachter unabhängig ist.

Betrachten wir jetzt zwei Ereignisse, die für einen Beobachter zur selben Zeit, aber an verschiedenen Raumpunkten stattfinden. Das

Zeitintervall zwischen diesen gleichzeitigen Ereignissen beträgt also $T = 0$, wohingegen ihr räumlicher Abstand L nicht verschwindet. Somit wird $(cT)^2 - L^2$ *negativ*. Die Tatsache, daß dieser Wert nicht positiv ist und nicht verschwindet, besagt, daß die beiden Ereignisse *nicht* kausal verknüpft sind. Wie sieht das für einen zweiten Beobachter aus, der sich relativ zum ersten bewegt und für den beide Ereignisse *nicht* gleichzeitig stattfinden? Wir brauchen keine Rechnungen mehr aufzustellen. Da $(cT)^2 - L^2$ absolut (konstant) ist, muß dieser Beobachter denselben negativen Wert finden. Auch das Fehlen einer kausalen Beziehung zwischen zwei Ereignissen gehört also zu den beobachterunabhängigen Eigenschaften.

Raum und Zeit sind auf eine sehr geregelte Weise miteinander verknüpft. Wenn ein inertialer Beobachter feststellt, daß zwei Ereignisse in kausaler Beziehung zueinander stehen und folglich ein positives Zeitintervall T zwischen Ursache und Wirkung liegt, dann kommen auch alle anderen inertialen Beobachter zu diesem Ergebnis. Das bedeutet, daß sich beim Übergang zum Bezugssystem eines anderen Beobachters die zeitliche Reihenfolge zwischen Ursache und Wirkung nicht umkehren kann und ein negatives T somit unmöglich ist. Wäre nämlich ein negatives T möglich, so müßte es im Übergangsbereich auch einen Beobachter geben, für den $T = 0$ wäre; damit aber würde $(cT)^2 - L^2$ negativ, was bei kausal verknüpften Ereignissen ja gerade *nicht* der Fall ist. Besteht zwischen zwei Ereignissen jedoch *keine* Kausalbeziehung, so daß $(cT)^2 - L^2$ in der Tat *negativ ist*, dann spricht nichts dagegen, daß verschiedene Beobachter auch unterschiedliche Werte für T feststellen können: positive, negative oder verschwindende; unter diesen Bedingungen gibt es nämlich keine *physikalische* Grundlage, durch die eine bestimmte Reihenfolge der Ereignisse festgelegt würde. Die Symmetrie zwischen positivem und negativem Wert spiegelt eine große innere Harmonie wider.

Die Relativgeschwindigkeit

Als größtmögliche physikalische Geschwindigkeit unterliegt auch die Lichtgeschwindigkeit den bisherigen Betrachtungen über Kausalität. Der Leser ist vielleicht noch nicht restlos davon überzeugt, daß diese Geschwindigkeit wirklich eine absolute obere Grenze darstellt. Es fällt schwer, sich von den gewohnten Newtonschen Vorstellungen zu lösen, die unserer alltäglichen Erfahrung entsprechen. Betrachten wir zum Beispiel ein Auto, das mit einer Geschwindigkeit von 60 Kilometern pro Stunde fährt, während ein anderes Auto mit 80 Kilometern pro Stunde entgegenkommt. Natürlich sieht dann jeder Fahrer den anderen Wagen mit einer Relativgeschwindigkeit von $60 + 80 = 140$ Kilometern pro Stunde vorbeifahren. Wenn nun zwei Superraketen mit den Geschwindigkeiten von $0{,}6c$ beziehungsweise $0{,}8c$ in entgegengesetzter Richtung aneinander vorbeifliegen, müßte ihre Relativgeschwindigkeit dann nicht $0{,}6c + 0{,}8c = 1{,}4c$ betragen? Ganz und gar nicht.

Wie wir gesehen haben, sind die Newtonschen Begriffe von Raum und Zeit für Geschwindigkeiten nahe der Lichtgeschwindigkeit nicht mehr anwendbar. Zwangsläufig muß das dann auch für Newtons Vorstellung von Geschwindigkeit zutreffen, denn sie besagt, wie schnell der Raum in der Zeit durchquert wird. Soweit ist noch alles klar. Was uns für die spezielle Situation einer geradlinigen Bewegung in entgegengesetzte Richtungen noch fehlt, sind Antworten auf die folgenden Fragen:

1. Wenn man die einzelnen Geschwindigkeiten, mit der sich zwei Körper in entgegengesetzter Richtung aneinander vorbeibewegen nicht mehr addieren darf, um die Relativgeschwindigkeit zu erhalten, wie soll man dann verfahren?

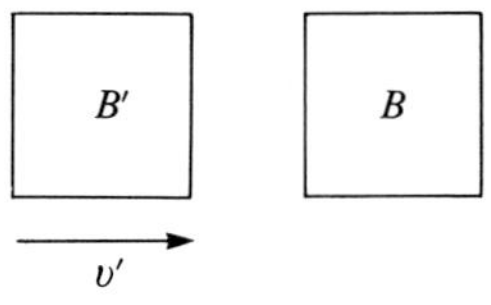

2. Ergibt sich für die Relativgeschwindigkeit zweier bewegter Objekte, von denen sich eines mit Lichtgeschwindigkeit c bewegt, tatsächlich ebenfalls c?

Um diese Fragen zu beantworten, greifen wir die Diskussion über den Zusammenhang der Raum-Zeitmaße verschiedener Beobachter wieder auf, die wir in Kapitel 2 begonnen hatten. Der Beobachter B' bewege sich mit der Geschwindigkeit υ' relativ zu B (in Kapitel 2 haben wir diese Geschwindigkeit mit υ bezeichnet, doch hier benötigen wir dieses Symbol anderweitig). Die Raum- und Zeitmaße der beiden Beobachter sind (gemäß Gleichung 2.11) durch die Beziehung

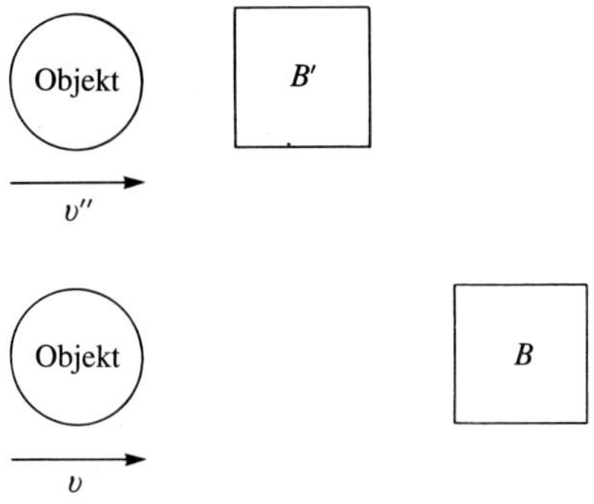

$$\frac{cT + L_{\|}}{cT - L_{\|}} = V'^2 \frac{cT' + L'_{\|}}{cT' - L'_{\|}}, \tag{3.1}$$

miteinander verknüpft; dabei ist:

$$V' = \sqrt{\frac{1 + (\upsilon'/c)}{1 - (\upsilon'/c)}}.$$

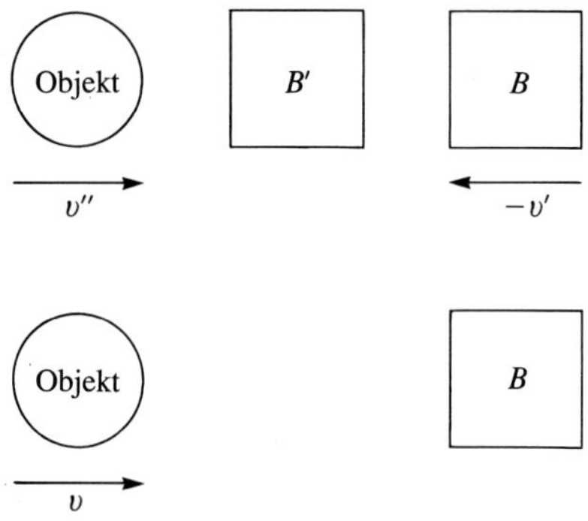

Betrachten wir jetzt ein Objekt, das sich mit der Geschwindigkeit υ'' relativ zu B' bewegt. Aus der Sicht von B' durchläuft dieses Objekt in der Zeit T' eine Entfernung L', die $L'_{\|} = \upsilon'' T' = (\upsilon''/c)cT'$ beträgt. Wenn wir diesen Ausdruck auf der rechten Seite von (3.1) für $L'_{\|}$ in Zähler und Nenner einsetzen und den Faktor cT' kürzen, erhalten wir:

$$\frac{cT' + L'_{\|}}{cT' - L'_{\|}} = \frac{1 + (\upsilon''/c)}{1 - (\upsilon''/c)} = V''^2.$$

Wie schnell bewegt sich das betrachtete Objekt relativ zu B'? Es durchläuft in der Zeit T mit einer Geschwindigkeit υ die Entfernung $L_{\|}$, die durch $L_{\|} = \upsilon T = (\upsilon/c)cT$ gegeben ist. Also folgt:

$$\frac{cT + L_{\|}}{cT - L_{\|}} = \frac{1 + (\upsilon/c)}{1 - (\upsilon/c)} = V^2.$$

Setzen wir beide Ergebnisse in (3.1) ein, so finden wir:

$$V^2 = V'^2 V''^2, \tag{3.2}$$

das heißt,

$$V = V'V'',$$

und daraus können wir den Wert für υ ermitteln.

Schön und gut, aber was hat dies mit der Relativgeschwindigkeit zweier bewegter Objekte zu tun? Genau dies: Wie zuvor bewege sich ein Objekt mit der Geschwindigkeit v'' relativ zu B'; zusätzlich bewegt sich ein zweites Objekt, der Beobachter B, mit der Geschwindigkeit $-v'$ relativ zu B' ($-v'$ ist das Negative der Geschwindigkeit von B' zu B). Sind v' und v'' beide *positiv*, so haben wir den Fall zweier sich *entgegengesetzt* bewegender Objekte vor uns. Die gewünschte Relativgeschwindigkeit ist dann die Geschwindigkeit des ersten Objektes relativ zum Beobachter B (dem zweiten Objekt) und mithin durch die Größe v gegeben. Interessieren wir uns für die Relativgeschwindigkeit zweier Objekte, die sich in *dieselbe* Richtung bewegen, so müssen wir nur $-v'$ durch v' ersetzen.

Wir wollen uns an dieser Stelle einen Augenblick Zeit nehmen, um die verschiedenen Bewegungsmaße v/c und V näher zu betrachten. Wir wissen bereits, daß $V = 1$ ist, sofern $v/c = 0$ ist. Wenn v/c anwächst und sich dem Grenzwert Eins nähert, wird – wie wir aus dem Verhalten des Nenners in der Beziehung für V ersehen können – V immer größer und schließlich unendlich groß. Bei Bewegungen in entgegengesetzter Richtung ist v/c negativ, und wir ersehen aus dem Zähler von V^2, daß sich V Null nähert, falls v/c dem Wert -1 zustrebt. Der vollständige Wertebereich der Größe v/c, von -1 bis $+1$, entspricht also einem V zwischen Null und unendlich. Für einen beliebigen V-Wert in diesem Intervall können wir den entsprechenden Wert von v/c berechnen.

Um dies explizit vorzuführen, beginnen wir mit:

$$V^2 = \frac{1 + (v/c)}{1 - (v/c)},$$

multiplizieren beide Seiten mit $1-(v/c)$ und erhalten:

$$V^2 - \frac{v}{c}V^2 = 1 + \frac{v}{c}.$$

Addieren wir auf beiden Seiten $(v/c)V^2$ und subtrahieren 1, so finden wir:

$$V^2 - 1 = \frac{v}{c}(V^2 + 1),$$

und daraus ergibt sich schließlich:

$$\frac{v}{c} = \frac{V^2 - 1}{V^2 + 1}. \tag{3.3}$$

Wir sehen also: Wenn V und somit auch V^2 von Null ausgehend zunimmt, den Wert 1 durchläuft und gegen unendlich geht, dann wächst v/c vom Anfangswert -1 auf Null und strebt schließlich dem Wert $+1$ zu – ganz so, wie es sein sollte.

Was ergibt sich daraus für das Beispiel der Superraketen, deren Geschwindigkeiten $v'/c = 0{,}6$ und $v''/c = 0{,}8$ betragen?

Bestimmen wir zunächst die entsprechenden Werte von V' und V'':

$$V'^2 = \frac{1+0{,}6}{1-0{,}6} = \frac{1{,}6}{0{,}4} = 4; \text{ also } V' = 2$$

$$V''^2 = \frac{1+0{,}8}{1-0{,}8} = \frac{1{,}8}{0{,}2} = 9; \text{ also } V'' = 3.$$

Hieraus finden wir für V den Wert:

$$V = V'V'' = 2 \times 3 = 6.$$

Schließlich erhalten wir aus (3.3) für die Relativgeschwindigkeit V:

$$\frac{v}{c} = \frac{36-1}{36+1} = \frac{35}{37} = 0{,}946 \text{ (näherungsweise).}$$

Diese Relativgeschwindigkeit ist hoch, aber *nicht* höher als die Lichtgeschwindigkeit.

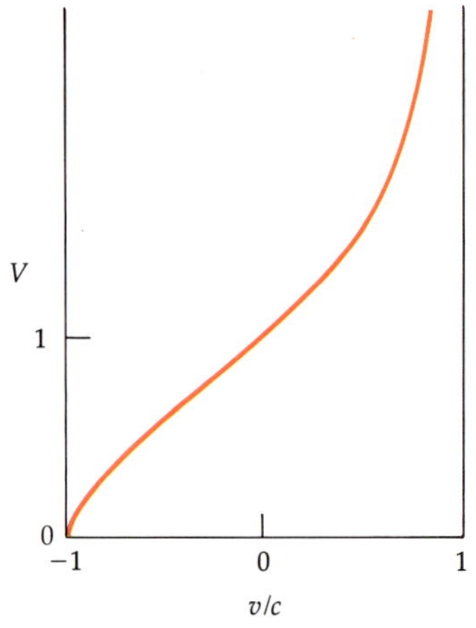

Ein anderes Ergebnis war nicht möglich. Sofern wir für v'/c und v''/c physikalische Werte haben, die im Intervall von -1 bis $+1$ liegen, ergeben sich als zugehörige Werte für V' und V'' Zahlen zwischen Null und unendlich. Als Produkt von V' und V'' liegt V ebenfalls in diesem Bereich. Setzen wir die möglichen V in die Gleichung 3.3 ein, so ergibt sich für v/c ein Wert innerhalb des physikalischen Intervalls von -1 bis $+1$. Die Antwort auf unsere erste Frage von oben lautet also:

Antwort 1: Man darf nicht v' und v'' addieren, sondern muß V' und V'' multiplizieren.

Dies führt uns zur zweiten Frage. Angenommen, das Objekt mit der Geschwindigkeit v'' bewegt sich mit Lichtgeschwindigkeit (nach rechts): $v''/c = 1$. Ergibt sich für v/c dann ebenfalls der Wert Eins, egal wie groß v'/c auch sein mag? Ja (mit der einzigen Ausnahme $v'/c = -1$). Für $v''/c = 1$ wird V'' unendlich. Die Multiplikation mit einem beliebigen Wert von V' ändert nichts an dem Wert Unendlich – mit *Ausnahme* von $V' = 0$, was $v'/c = -1$ entspricht. Wir begegnen hier einem Produkt aus Null und Unendlich, das nicht eindeutig definiert ist. (Um diesem Produkt eine Bedeutung zu verleihen, muß man genau festlegen, wie die Grenzwerte Null und Unendlich erreicht werden.) Die Bedingung $v''/c = 1$ und $v'/c = -1$ entspricht physikalisch zwei Photonen, die in die *gleiche* Richtung fliegen. Nun setzt der Begriff der Relativgeschwindigkeit voraus, daß sich ein Beobachter im Prinzip wenigstens mit einem der Objekte mitbewegen kann, um die Geschwindigkeit des anderen zu messen. Das ist aber gerade unmöglich, wenn sich *beide* Objekte mit Lichtgeschwindigkeit bewegen; der Begriff der Relativgeschwindigkeit wird sinnlos. Daß die mathematische Mehrdeutigkeit gerade an der Stelle erscheint, wo das physikalische Konzept seine Bedeutung verliert, ist stimmig. Hier haben wir es mit zwei Seiten einer Medaille zu tun.

Der Blick auf Photonen, die sich in die gleiche Richtung bewegen, legt es nahe, ein numerisches Beispiel zu untersuchen, das physikalisch *sinnvoll* ist. Nehmen wir das Auto, das mit einer Geschwindigkeit von 80 Kilometern pro Stunde fährt und ein anderes Auto überholt, das sich in gleicher Richtung mit 60 Kilometern pro Stunde bewegt. Dann entfernt es sich mit einer Relativgeschwindigkeit von $80-60=20$ Kilometern pro Stunde. Wie steht es mit einer Rakete, die mit einer Geschwindigkeit von $0{,}8c$ an einer zweiten Rakete vorbeisaust, die mit $0{,}6c$ fliegt? Hat sie eine Relativgeschwindigkeit von $0{,}8c - 0{,}6c = 0{,}2c$? Diese Antwort scheint vielleicht annehmbar, da die Geschwindigkeit beruhigend weit unter der Lichtgeschwindigkeit liegt. Gehen wir der Sache nach.

Es gilt nach wie vor $v''/c = 0{,}8$ und $V'' = 3$. Jedoch beträgt v'/c jetzt $-0{,}6$. Wir wissen bereits aus Gleichung 2.15, daß bei einer Umkehrung des Vorzeichens von v anstelle von V der Kehrwert $1/V$ auftritt. Mithin erhalten wir $V' = \frac{1}{2}$ und $V = V'V'' = \frac{1}{2} \times 3$. Das ergibt $V^2 = \frac{9}{4}$ und

$$\frac{v}{c} = \frac{(9/4) - 1}{(9/4) + 1} = \frac{9 - 4}{9 + 4}$$

$$= \frac{5}{13} = 0{,}385 \text{ (näherungsweise).}$$

Das entspricht nahezu dem *doppelten* Newtonschen Wert.

Dieses Ergebnis steht mit unserer zweiten Frage in Zusammenhang.

Antwort 2: Beträgt die Geschwindigkeit eines Objektes c, so ist seine Geschwindigkeit auch relativ zu jedem anderen bewegten Objekt gleich c.

Auch bei Objekten, die sich mit Geschwindigkeiten weit unterhalb der Lichtgeschwindigkeit bewegen, nähert sich die Relativgeschwindigkeit in der Tendenz mehr dem schnelleren als dem langsameren Objekt an. Rechnungen im Rahmen der Newtonschen Theorie sollten für zwei in entgegengesetzter Richtung bewegte Objekte eine zu hohe Relativgeschwindigkeit ergeben, während der Wert bei gleicher Bewegungsrichtung für diese Objekte zu niedrig herauskommt. Um dies explizit auszuführen, kehren wir zu Gleichung 3.2 zurück, die ausgeschrieben wie folgt aussieht:

$$\frac{1 + (v/c)}{1 - (v/c)} = \frac{1 + (v'/c)}{1 - (v'/c)} \cdot \frac{1 + (v''/c)}{1 - (v''/c)}$$

$$= \frac{[1 + (v'/c)(v''/c)] + [(v'/c) + (v''/c)]}{[1 + (v'/c)(v''/c)] - [(v'/c) + (v''/c)]} .$$

Wenn wir Zähler und Nenner durch $1 + (v'/c)(v''/c)$ teilen, finden wir darin den Ausdruck für die Relativgeschwindigkeit wieder:

$$v = \frac{v' + v''}{1 + (v'/c)(v''/c)} . \qquad (3.4)$$

Demnach ist die Relativgeschwindigkeit v ganz offensichtlich für entgegengesetzte Bewegung ($v'v''$ positiv) kleiner als $v' + v''$ und für gleichgerichtete Bewegung ($v'v''$ negativ) größer als $v' + v''$. Im Geltungsbereich der Newtonschen Mechanik sind sowohl v'/c als auch v''/c *sehr* viel kleiner als Eins, und das gilt erst recht für deren Produkt; dann ist die Relativgeschwindigkeit sehr genau durch die Summe $v' + v''$ gegeben. Vielleicht reizt es den Leser, Gleichung 3.4 auf die numerischen Beispiele anzuwenden und insbesondere auch nachzuprüfen, daß aus $v''/c = 1$ oder $v'/c = 1$ stets $v/c = 1$ folgt.

m für Masse

Alles paßt zusammen: Wir haben vorausgesetzt, daß nichts schneller ist als Licht, und bekommen genau das wieder bei unseren Berechnungen heraus. Aber *warum* kann nichts die Lichtgeschwindigkeit überschreiten? Nach Newton wird ein Körper durch eine von außen einwirkende Kraft beschleunigt, wobei die Impulsänderung des Körpers (pro Zeiteinheit) gleich der Kraft ist. Dabei ist der *Impuls* als das Produkt aus *Masse* und *Geschwindigkeit* definiert. Bleibt die Kraft konstant, so nimmt der Impuls stetig zu – der Körper wird gleichförmig beschleunigt, und seine Geschwindigkeit sollte schließlich die Lichtgeschwindigkeit überschreiten. Aber dies passiert nicht; offenbar verlieren einige der Konzepte der Newtonschen Mechanik ihre Gültigkeit, wenn die Geschwindigkeit sich der Lichtgeschwindigkeit nähert.

Erhaltungssätze

Um eine konsistente relativistische Mechanik zu finden, sehen wir uns vor die Aufgabe gestellt, Einsteins relativistische Konzepte sinnvoll mit Newtons Mechanik zu verknüpfen. Woher wissen wir aber, was aus der Newtonschen Mechanik übernommen werden kann und was verworfen werden muß? Die Antwort ist in grundlegenden Verallgemeinerungen von Newtonschen Gesetzen zu finden, die in ihrer universellen Gültigkeit über die klassische Mechanik hinausgehen. Die Rede ist von *Erhaltungssätzen* und hier insbesondere von den Gesetzen über die Erhaltung von Impuls und Energie.

Die Impulserhaltung steckt implizit in Newtons drei Bewegungsgesetzen:

1. Jeder Körper, auf den keine Kräfte wirken, bewegt sich mit konstanter Geschwindigkeit und somit mit konstantem Impuls; der Impuls bleibt erhalten.
2. Eine gegebene Kraft erzeugt pro Zeiteinheit eine Impulsänderung, die gleich dieser Kraft ist.
3. Die Kräfte, die zwei Körper wechselseitig aufeinander ausüben, sind entgegengesetzt gleich. Die Impulsänderung des einen Körpers ist also das Negative der Impulsänderung des anderen Körpers. Damit bleibt die Summe beider Impulse konstant – das heißt erhalten.

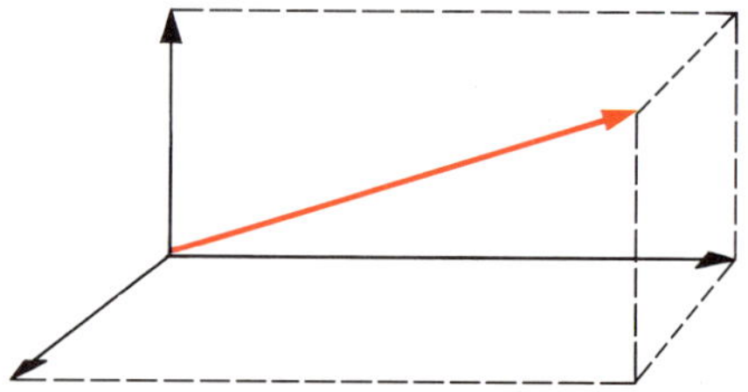

Der Impuls ist wie die Geschwindigkeit eine gerichtete Größe; er weist in Bewegungsrichtung. Der Erhaltungssatz gilt dabei auch separat für jede der *drei* senkrechten Raumrichtungen, in die die Bewegung zerlegt werden kann (vergleiche die obenstehende Abbildung). Dagegen ist die *Energie* eine ungerichtete Größe, die sich nicht in unabhängige Komponenten zerlegen läßt. Obwohl wir den Energiebegriff erst noch im einzelnen diskutieren müssen, sei hier bereits erwähnt, daß die Bewegungsenergie eines Körpers ein Maß für die Größe seines Impulses ist, der durch die Geschwindigkeit des Körpers bestimmt wird. Bei einem Körper, auf den keine Kräfte wirken und der sich daher mit konstanter Geschwindigkeit bewegt, ist die Energie konstant.

Wir wollen im folgenden die Impulserhaltung bei elastischen Stößen betrachten. Stellen wir uns also zwei Körper vor, die sich aufeinander zu bewegen, zusammenstoßen – und dabei irgendwie deformiert werden – und schließlich zurückprallen und sich wieder voneinander entfernen. Wir sprechen von einem *elastischen Stoß*, wenn die *gesamte* Bewegungsenergie der Körper vor dem Stoß wieder in Bewegungsenergie umgewandelt wird – wenn die Körper also nicht etwa anfangen zu glühen oder innerlich zu vibrieren. Ein gutes Beispiel dafür ist der Zusammenstoß zweier Billardkugeln auf einem völlig glatten Tisch. Ein perfekt elastischer Stoß wird aber erst auf atomarer Ebene erreicht. Die Beobachtung von elastischen Stößen zwischen Elektronen und Licht, wie sie der amerikanische Physiker Arthur Compton 1923 beschrieb (1927 bekam er für seine Entdeckung den Nobelpreis), belegte unmißverständlich den Teilchencharakter des Lichtes: Photonen existieren wirklich – wie 1905 von Albert Einstein vorhergesehen.

Ein Duell

Angenommen, zwei streitende Beobachter B und B' sind bei einem Duell durch eine gewisse Entfernung voneinander getrennt und befinden sich relativ zueinander in Ruhe. Sie feuern zur gleichen Zeit gleich schwere Geschosse – Kugeln oder atomare Teilchen – aufeinander ab, die mit derselben Geschwindigkeit fliegen. Aufgrund der unfehlbaren Zielgenauigkeit der Duellanten treffen sich die Geschosse auf halbem Weg•, prallen voneinander ab und kehren zum jeweiligen Schützen zurück. Der Gesamtimpuls beträgt vor dem Stoß Null, da sich gleiche Massen mit gleicher Geschwindigkeit in entgegengesetzte Richtungen bewegen. Nach dem Stoß hat sich die Bewegungsrichtung der Geschosse umgekehrt. Wie groß ist jetzt deren Geschwindigkeit? Der Impuls bleibt erhalten und beträgt damit auch nach dem Stoß Null. Auch die Bewegungsenergie muß erhalten sein, da es sich um einen elastischen Stoß handeln soll. Das ist der Fall, wenn die Geschwindigkeiten nach dem Stoß den *gleichen Betrag* haben wie davor. Das bedeutet, die Geschwindigkeiten der Geschosse haben nach dem Stoß einfach ihre jeweilige Richtung umgekehrt.

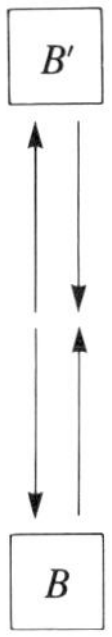

Die ruhenden Duellanten vor und nach dem Zusammenprall der Geschosse.

Beim nächsten Duell befinden sich die Gegner zu Beginn in größerer Entfernung. Aus der Sicht eines neutralen Beobachters bewegen sie sich auf parallelen Geraden mit gleicher Geschwindigkeit aufeinander zu, während sie nach den festgelegten Regeln jeweils gleichzeitig aufeinander schießen. Jetzt ist es nicht mehr so einfach, richtig zu zielen. Jeder feuert sein Geschoß senkrecht zur Bewegungsrichtung ab, so daß sich beide Projektile auf einem Weg bewegen, der

Die bewegten Duellanten vor und nach dem Zusammenprall der Geschosse.

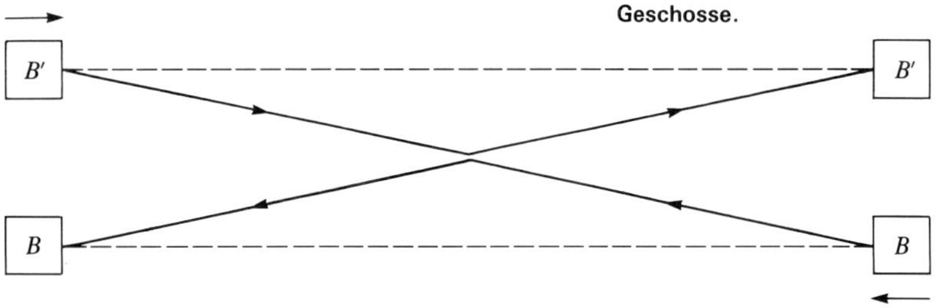

• Warum passiert so etwas nie in einem Western? Obwohl entschieden *nicht* elastisch, ereignet sich ein frontaler Stoß dieser Art in *Logan's Run*[4], einer Erzählung, die von einer zukünftigen Gesellschaft ohne Zukunft handelt.

sich aus zwei Komponenten zusammensetzt: der Transversalbewegung (senkrecht zu den parallelen Geraden) und der Bewegung des abfeuernden Duellanten (parallel zu diesen Geraden). Beide Geschosse fliegen daher in diagonaler Richtung und treffen sich auf halbem Wege in der Mitte zwischen den parallelen Geraden, auf denen sich die Duellanten bewegen. Beim Stoß wird die Bewegungskomponente parallel zu diesen Geraden nicht verändert, aber bei der senkrechten Komponente kehrt sich die Bewegungsrichtung um. Deshalb treffen beide Geschosse zur gleichen Zeit wieder bei den Schützen ein.

Energie und Impuls sind erhalten, wie man sofort aus der Symmetrie zwischen beiden Duellanten ersieht. Zunächst einmal sind die Geschwindigkeiten der Geschosse vor und nach dem Stoß gleich, so daß die Energie erhalten ist. An der Bewegung parallel zur Bewegungsrichtung der Duellanten ändert sich durch den Stoß nichts; mithin bleibt diese Komponente des Gesamtimpulses konstant. Konzentrieren wir uns jetzt auf die Bewegung senkrecht dazu, wie sie ein neutraler Beobachter zwischen den Duellanten bei den Geschossen wahrnimmt. Entlang dieser senkrechten Richtung nähern sich die Projektile vor dem Stoß mit gleicher Geschwindigkeit und entfernen sich nach dem Stoß wieder mit gleichem und unverändertem Geschwindigkeitsbetrag. (Auch ihre Gesamtgeschwindigkeiten, in die auch die Bewegungen der beiden Duellanten eingehen, stimmen im Betrag überein.) Wie im Falle der ruhenden Duellanten beträgt der Impuls in bezug auf die senkrechte Richtung vor und nach dem Stoß Null und bleibt erhalten.

Bringt das überhaupt etwas Neues? Ja, wenn wir die folgende Frage stellen: Wie sieht dies alles für einen der Beteiligten aus, zum Beispiel für *B*? Er beobachtet, wie sich sein Geschoß von ihm entfernt und auf derselben Geraden wieder zurückkommt, nicht anders, als wenn sich beide Duellanten relativ zueinander in Ruhe befänden. *B*′, der zweite Duellant, der sich relativ zu *B* schnell bewegt, feuert jetzt aber zuerst!• Foul!

Warum beobachtet *B*, daß *B*′ zuerst feuert? Natürlich gibt es bei einem relativistischen Duell Zeitprobleme: Was für den neutralen Beobachter gleichzeitig erscheint, kann *B*, der sich relativ zu ihm bewegt, anders beurteilen. Um die spezielle *Reihenfolge* der Schüsse zu verstehen, wie sie *B* beobachtet, müssen wir uns an zwei Aspekte der Relativität erinnern, die in Kapitel 2 im Hinblick auf die Zeit beziehungsweise den Raum vorgestellt wurden.

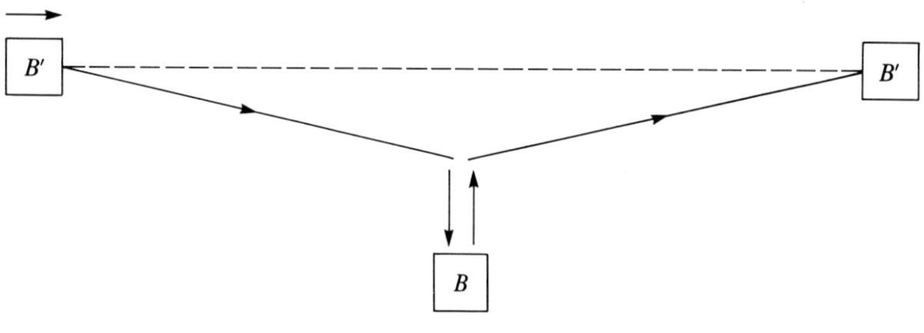

Das gesamte Duell aus der Sicht des Beobachters *B*.

• Das bedeutet nicht, daß der Beobachter *B sieht*, wie sein Gegner zuerst feuert. Wir sprechen nämlich von einer Zeit, bei der bereits die Laufzeit des Signals abgezogen ist, das dem Beobachter die Information über den Abschuß bringt. Beträgt die Geschwindigkeit des bewegten Beobachters *B*′ annähernd *c*, so kommt dieses Signal erst kurz vor dem Geschoß selbst an. Später wird noch mehr über den Unterschied zwischen Sehen und Beobachten zu sagen sein.

1. Die Uhr von B' läuft relativ zu B langsamer. Ihre Periode ist um den Faktor der Zeitdilatation

$$\gamma = \frac{1}{\sqrt{1 - (v/c)^2}}$$

verlängert, wobei v die Geschwindigkeit bedeutet, mit der sich B' relativ zu B bewegt. Diese Zeitdilatation gilt für alle physikalischen Prozesse im System von B'.
2. Alle drei Beobachter (B, B' und der neutrale Beobachter) geben für Längen *senkrecht* zur Richtung ihrer Relativbewegung stets dieselben Beträge an.

Für die gleiche transversale Entfernung benötigt das von B' abgefeuerte Geschoß, von B aus betrachtet, eine γfach längere Zeit als das von ihm (B) selbst abgeschossene Projektil. Mit anderen Worten: Was die Bewegung in senkrechter Richtung betrifft, so ist das Geschoß von B' langsamer als das von B; seine Geschwindigkeit ist um den Faktor $1/\gamma$ geringer. Um dies in eine Formel zu fassen, wollen wir die Transversalgeschwindigkeiten der Geschosse mit u (für Bs Geschoß) und u' (für B's Geschoß) bezeichnen. Damit ist

$$u' = u/\gamma = u\sqrt{1 - (v/c)^2}\,.$$

Für den neutralen Beobachter ereignet sich der Stoß in der Mitte zwischen den Geraden, auf denen sich B und B' bewegen. Da es sich um eine transversale Entfernung handelt, kommt B zum selben Ergebnis. Sollen nun beide Geschosse gleichzeitig an diesem Punkt eintreffen, so muß das *langsamere* Geschoß von B' *länger* unterwegs sein: B' muß zuerst feuern.

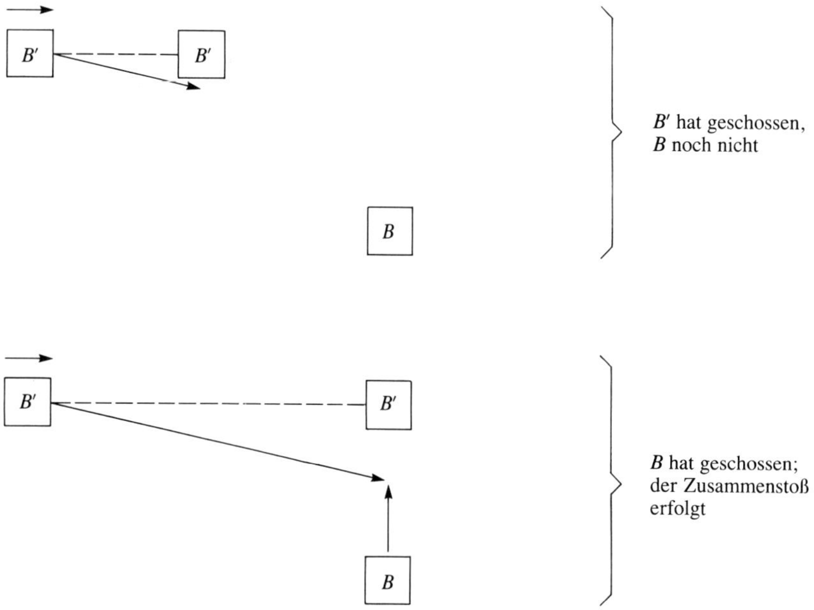

Die Anfangsphasen des Duells aus der Sicht von *B*.

Wie funktioniert dann die Impulserhaltung in senkrechter Richtung? Auch für den neutralen Beobachter bleibt richtig, daß der Stoß (auf halber Strecke zwischen den Beobachtern B und B') die Transversalgeschwindigkeit von jedem Geschoß umkehrt. Damit wechselt auch der gesamte Transversalimpuls das Vorzeichen, egal wie groß er vor dem Stoß gewesen sein mag. Dieser Gesamtimpuls kann also nur dann erhalten bleiben, wenn er gleich *Null* ist. Unter welchen Bedingungen kann das gelten? Die Transversalgeschwindigkeiten beider Geschosse sind ja nicht mehr gleich, denn das Geschoß von B' ist um einen Faktor $1/\gamma$ langsamer. Erinnern wir uns: Der Impuls ist gleich *Masse* mal *Geschwindigkeit*. Der Transversalimpuls

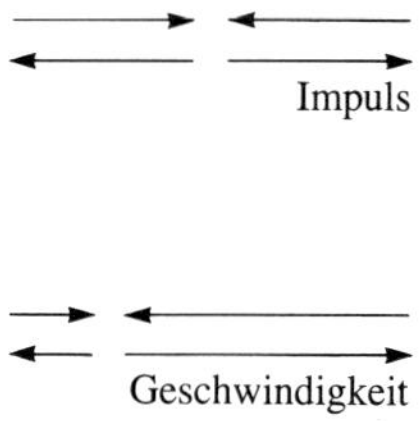

könnte beim Geschoß von B' konstant bleiben, wenn eine Massenzunahme die Geschwindigkeitsabnahme kompensiert: Da sich die Transversalgeschwindigkeit des Geschosses von B' relativ zu der von Bs Geschoß um eine Faktor $1/\gamma$ verringert, muß dessen *Masse* um den Faktor γ *größer* werden. Nur so ist die Gleichheit der entgegengesetzt gerichteten Impulse gewährleistet.

Relativistische Masse

Angenommen, die Transversalgeschwindigkeiten u und u' seien *sehr* klein im Vergleich zu v und somit zu c. Die gesamte Geschwindigkeit des Geschosses von B' ist dann kaum von der Relativgeschwindigkeit v zwischen B und B' zu unterscheiden, während die Geschwindigkeit von Bs Geschoß praktisch verschwindet. Schlußfolgerung: Die Masse eines Körpers, der sich mit der Geschwindigkeit v bewegt (Geschoß von B'), ist um einen Faktor γ *größer* als die Masse des ruhenden Körpers (Geschoß von B). Als Gleichung geschrieben:

$$m = \gamma m_0 = \frac{m_0}{\sqrt{1 - (v/c)^2}}.$$

Hier bezeichnet m_0 die Masse des ruhenden Körpers, die man verständlicherweise als *Ruhemasse* bezeichnet.

Wir können zu guter Letzt nun auch die Frage beantworten, die der Widerspruch zwischen Newtonscher Mechanik und der Existenz einer oberen Geschwindigkeitsgrenze c aufwirft. In der Tat wird eine Kraft, die ständig auf einen Körper einwirkt, den Impuls dieses Körpers bis ins Unendliche erhöhen. Solange die Geschwindigkeit im Verhältnis zur Lichtgeschwindigkeit klein ist, weicht die Masse kaum von m_0 ab (weil γ sehr nahe bei Eins liegt), so daß die Impulsänderung einen proportionalen Zuwachs der Geschwindigkeit verursacht. Wenn sich jedoch die Geschwindigkeit dem Wert c angenähert hat und infolgedessen nicht mehr viel größer werden kann, erhöht sich der Impuls trotzdem weiter, weil die *Masse* zunimmt. Der Impuls kann sogar unbeschränkt wachsen, während v sich immer mehr der Lichtgeschwindigkeit nähert. (Siehe dazu die Werte von γ in der Tabelle auf Seite 50.)

Das läßt sich intuitiv besser verstehen, wenn man die Masse als Maß für die *Trägheit* begreift: als den Widerstand, den ein Körper seiner Beschleunigung durch eine äußere Kraft entgegensetzt. Während sich die Geschwindigkeit der Lichtgeschwindigkeit nähert, bewirkt die zunehmende Massenträgheit, daß die Kraft den Körper immer ineffektiver beschleunigt, so daß die Geschwindigkeit des Lichtes *unerreichbar* bleibt (obwohl die Kraft weiterhin wirkt).

Dieses von der Newtonschen Voraussage abweichende Verhalten in der Nähe der Lichtgeschwindigkeit bedarf einer experimentellen Bestätigung. In den ersten Jahren unseres Jahrhunderts waren für entsprechende Beobachtungen an schnellen atomaren Teilchen nur die Betastrahlen zugänglich: die schnellen Elektronen, die von einigen Substanzen mit natürlicher Radioaktivität ausgesandt werden. Um zu untersuchen, wie sich die Elektronenmasse mit der Geschwindigkeit ändert, wurde die Ablenkung von Betastrahlen in elektrischen und magnetischen

Feldern (bekannter Stärken) bestimmt. Die ersten Ergebnisse waren zwar noch sehr ungenau, ließen jedoch bereits erkennen, daß sich die Masse mit der Geschwindigkeit erhöht. Diese Zunahme schien aber nicht dem von Einstein vorhergesagten Faktor γ zu entsprechen. Das Blatt wendete sich um 1910, als die Daten sich dem Einsteinschen Wert näherten; mit der Entwicklung von Beschleunigern für Elektronen und andere Teilchen ergab sich schließlich eine überwältigende Übereinstimmung. Wir werden nach der Diskussion des Energiebegriffes wieder darauf zurückkommen.

E für Energie

Das Gesetz von der *Energieerhaltung* hat sich in der Physik sehr langsam durchgesetzt. Ein klarer Begriff von der mechanischen Energie und ihrer Erhaltung tauchte ziemlich spät auf, obwohl Christian Huygens bereits im Januar 1669 der Royal Society einen Artikel über elastische Stöße zugesandt hatte, in dem er explizit davon Gebrauch machte, daß Impuls und Energie – wie wir heute sagen – erhalten bleiben. Zweifellos hatte Huygens solche Überlegungen schon früher angestellt, aber bei dieser Arbeit (die im Rahmen eines Wettbewerbs entstand) war ihm Sir Christopher Wren um einen Monat zuvorgekommen. (Wren ist heute vor allem als Architekt bekannt; er hat die Londoner Kirchen nach der Feuersbrunst von 1666 wieder aufbauen lassen.) Ungeachtet dieser Arbeiten herrschte noch im gesamten 18. und bis hinein ins 19. Jahrhundert Verwirrung im Hinblick auf die Bewegungsgrößen, die wir heute *Impuls* und *kinetische Energie* (Bewegungsenergie) nennen. Diese Verwirrung wurde noch dadurch erhöht, daß sich die Bezeichnung Energie vom lateinischen Wort mit der Bedeutung *Kraft* ableitet.

Arbeit

Das moderne Energiekonzept beginnt mit dem Begriff der *Arbeit*. Darin ist eine alltägliche Erfahrung präzise ausgedrückt: Es kostet Anstrengung, einen Körper gegen eine Kraft zu bewegen. Das populärste Beispiel ist das Heben eines Gewichtes. Läßt man ein Gewicht los, so fällt es unabhängig von seiner Masse mit einer festen Beschleunigung, die wir g nennen, auf den Erdboden zurück. (Das gilt genau genommen nur, solange der Luftwiderstand keine Rolle spielt. Papierflugzeuge sind also auszunehmen.) Der numerische Wert von g beträgt 9,81 Meter pro Quadratsekunde. (Daß die Sekunde im Nenner zweimal als Faktor auftritt, liegt daran, daß eine Beschleunigung eine Geschwindigkeitsänderung pro Zeit ist, also eine Änderung von Weg/Zeit pro Zeit.) Die auf einen Körper wirkende Schwerkraft, sein *Gewicht*, ist das Produkt aus seiner Masse m und der Fallbeschleunigung g, also mg. Die Arbeit, die beim Heben eines Körpers um die Höhe h aufgebracht wird, ist das Produkt aus der Kraft, gegen die „gearbeitet" werden muß (das Gewicht mg), und der Strecke, um die der Körper bewegt wird (h). Die Größe mgh ist der Betrag an Energie, der dem Körper durch Änderung seiner Lage (durch Heben) zugeführt wird. Diese Energie ist potentiell wieder verfügbar, wenn der Körper an *Höhe verliert*, und heißt deshalb *potentielle Energie*.

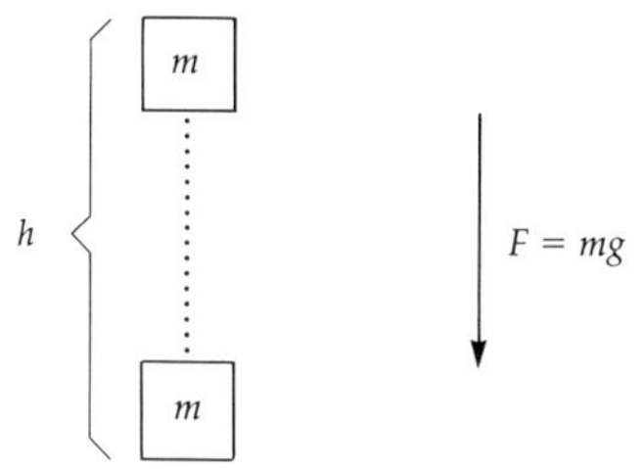

Wenn ein Körper mit konstanter Beschleunigung g fällt, erhöht sich seine Geschwindigkeit direkt proportional zu diesem konstanten

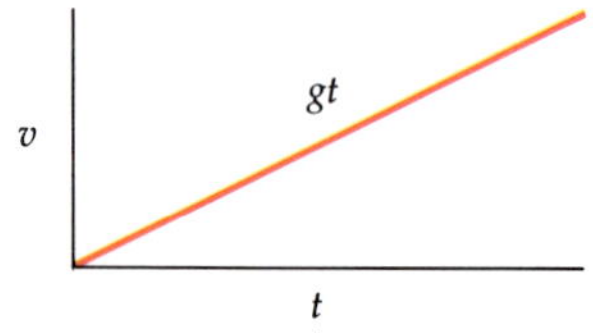

Faktor. Ein Körper, der anfangs ruhte, erreicht nach der Zeit *t* die Geschwindigkeit $v = gt$. Das ist zugleich die Geschwindigkeit, mit der sich die Höhe über dem Bogen zum Zeitpunkt *t* verringert. Wäre *v* konstant, so ergäbe sich die durchfallene Höhe als Produkt aus Geschwindigkeit und verstrichener Zeit. Diese Geschwindigkeit ist aber *nicht* konstant: Ausgehend vom Anfangswert Null (Ruhelage) nimmt sie stetig zu. Als durchschnittlicher Wert ergibt sich die *Hälfte* der Endgeschwindigkeit, weshalb der Körper in der Zeit *t* die Entfernung

$$h = \tfrac{1}{2}(gt) \times t, \text{ also } \tfrac{1}{2}\, gt^2$$

zurücklegt. Galilei hat diese Beziehung anhand von Experimenten abgeleitet, bei denen er Körper auf einer schiefen Ebene herabgleiten ließ. Durch diesen Kunstgriff wurde die effektiv wirkende Schwerkraft auf kontrollierbare Art und Weise herabgesetzt, was die Fallzeit bei gegebener Höhe hinreichend verlängerte, um sie mit den noch sehr einfachen Meßinstrumenten bestimmen zu können.•

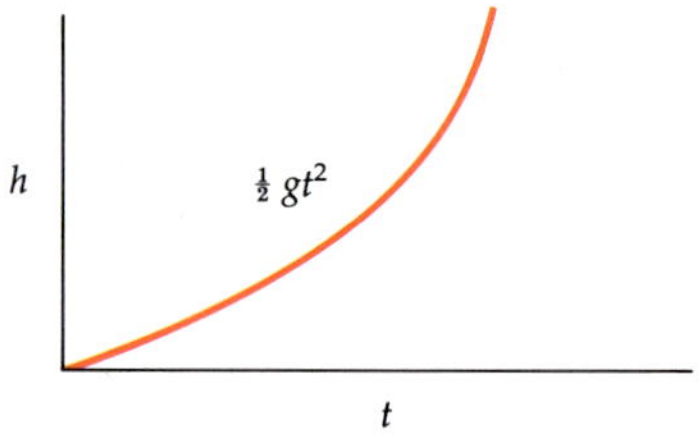

Die Arbeit, die beim Heben eines Körpers verrichtet wurde – sprich: die potentielle Energie – verwandelt sich beim Fall wieder in Bewegungsenergie. Diese Energie ergibt sich somit aus *mgh*, und wenn wir *h* gemäß der vorigen Gleichung einsetzen, folgt:

$$mgh = \tfrac{1}{2}m(gt) \times (gt) = \tfrac{1}{2}mv^2,$$

wobei $v = gt$ die Geschwindigkeit des Körpers darstellt, nachdem seine potentielle Energie in *kinetische Energie* verwandelt ist. In der Tat ist $\frac{1}{2}mv^2$ gerade die Newtonsche kinetische Energie eines Körpers der Masse *m*, der sich mit der Geschwindigkeit *v* bewegt. (Dabei spielt es keine Rolle, wie diese Geschwindigkeit erreicht wurde.)•• Fällt ein Körper, so geht potentielle Energie in kinetische über. Diese Umwandlung verläuft in die andere Richtung, wenn ein Geschoß nach oben abgefeuert wird (kinetische Energie) und schließlich auf einer bestimmten Höhe zur Ruhe kommt (potentielle Energie), bevor es auf die Erde zurückfällt. Das Schwingen eines Pendels ist ein stetiger, periodisch sich wiederholender Austausch von potentieller und kinetischer Energie, wobei die Summe aus beiden konstant bleibt.

Betrachten wir diesen Austausch zwischen potentieller und kinetischer Energie etwas genauer. Angenommen, beim zurückschwingenden Pendel bewegt sich das Gewicht um eine kleine *Strecke* weiter, die gleich seiner (momentanen) *Geschwindigkeit* multipliziert mit einem kurzen *Zeitintervall* ist, so verwandelt sich potentielle in kinetische Energie. Diese Änderung der kinetischen Energie ist gleich dem Produkt aus der *Kraft* und der zurückgelegten *Strecke* und kann deshalb als Produkt der drei Größen Kraft, Geschwindigkeit und Zeit dargestellt werden. Das Produkt aus der *Kraft* (Impuls-

• Es ist sehr wahrscheinlich, daß diese Experimente der wahre Kern der berühmten Legende sind, daß Galilei Fallversuche am Schiefen Turm von Pisa gemacht habe.

•• Die quadratische Abhängigkeit der kinetischen Energie von der Geschwindigkeit *v* kann im Straßenverkehr eine Frage des Überlebens sein. Beim Abbremsen eines Autos wird die kinetische Energie des Wagens durch Reibung in Wärme verwandelt. Die erzeugte Wärme ist proportional zum Bremsweg. Somit nimmt der Bremsweg mit dem *Quadrat* der Geschwindigkeit zu: Bei 100 Kilometern pro Stunde ist er viermal so lang wie bei 50 Kilometern pro Stunde.

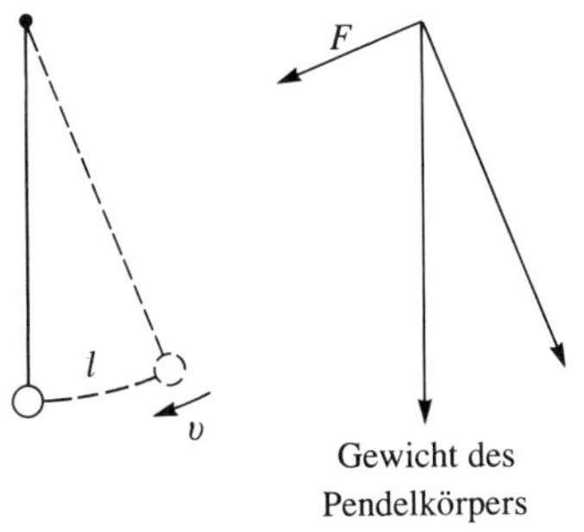

Der Austausch von potentieller und kinetischer Energie. Schwingt das Pendelgewicht zurück, so kann die nach unten gerichtete Schwerkraft in zwei Komponenten zerlegt werden: eine Komponente F' entlang der Bewegungsrichtung des Pendels (das die Geschwindigkeit v besitze) und eine zweite, dazu senkrechte Komponente, die durch den Zug des Fadens oder der Stange ausgeglichen wird, an dem das Gewicht befestigt ist. In dem kurzen Zeitintervall t, in dem das Gewicht die kleine Strecke $l = vt$ durchläuft, wird potentielle Energie in kinetische Energie umgewandelt. Diese kleine Änderung der kinetischen *Energie* ist gleich Fl und kann auch anhand der entsprechenden kleinen *Impuls*änderung $p = Ft$ dargestellt werden: $Fl = (Ft)v = pv$.

änderung pro Zeit) und dem kleinem *Zeit*intervall entspricht der Impulsänderung. Für die Änderung der *kinetischen Energie* können wir also einfach das Produkt aus *Impuls*änderung und *Geschwindigkeit* schreiben. Dieser Zusammenhang gilt allgemein bei kleinen Änderungen von kinetischer Energie und Impuls.

Aus dieser Beziehung können wir wieder den Newtonschen Ausdruck $\frac{1}{2}mv^2$ für die kinetische Energie herauslesen; vor allem aber läßt sich dieser Zusammenhang auch auf das Lichtteilchen, das Photon, anwenden. Da sich dieses Teilchen mit konstanter Geschwindigkeit c bewegt, ergeben sich kleine Änderungen seiner kinetischen Energie E also aus den zugehörigen kleinen Änderungen des Impulses p mal dem konstanten Faktor c. Summieren wir alle die kleinen Änderungen auf, so finden wir, daß die Energie E eines Photons mit seinem Impuls p durch die Gleichung

$$E = pc$$

verknüpft ist. Diese Beziehung gilt für jedes Teilchen, das sich mit Lichtgeschwindigkeit c bewegt.

Schon Maxwell, der Licht nicht als Teilchen betrachtete, war sich darüber im klaren, daß ein elektromagnetischer Wellenzug Energie und Impuls trägt und daß beide über die obige Gleichung verknüpft sind. Das kommt in seiner Vorstellung zum Ausdruck, daß elektromagnetische Wellen – Licht – einen Druck auf Körper ausüben. Der Impuls von Lichtwellen wird bei einem Kometen deutlich, der sich dem sonnennächsten Punkt seiner Bahn nähert und dort einen ausgeprägten Schweif hat. Der Schweif zeigt immer von der Sonne weg. Er besteht aus Gas und kleinen Staubteilchen, die von der intensiven Sonnenstrahlung aus dem Kometenkern gelöst und mit einer Kraft weggeschoben werden, die die Gravitationsanziehung der Sonne übersteigt. (Allerdings spielt hier auch der Sonnenwind, ein Teilchenstrom aus der Sonne, eine Rolle.) An dieser Stelle stoßen wir auf etwas Interessantes: Die Energie eines Photons beträgt $E = pc$, und sein Impuls – das Produkt aus Masse m und Geschwindigkeit c – ist $p = mc$. Kombiniert ergibt das:

$$E = mc^2, \qquad (3.5)$$

Der Komet Mrkos, 1957.

also gerade die Formel, die wir haben wollten. Sie gilt jedoch vorerst nur, falls E die Bewegungsenergie eines Teilchens ist, das sich mit Lichtgeschwindigkeit bewegt. Bevor wir behaupten können, daß die Formel $E = mc^2$ universelle Gültigkeit besitzt, müssen wir den Anwendungsbereich für E erweitern und andere Energieformen einbeziehen. Beginnen wir mit der Wärmeenergie.

Wärme

In den Spekulationen des 18. Jahrhunderts schien die Welt von Fluida erfüllt, einer Art unsichtbarer Flüssigkeiten: Es gab ein elektrisches Fluidum – genau genommen zunächst sogar zwei, weil man an zwei Arten von Elektrizität glaubte, Glas- und Harzelektrizität. (Benjamin Franklin trat für nur *ein* Fluidum ein, das positive und negative Elektrizität erklären sollte.) Beim Magnetismus nahm man zwei Fluida an, ein australes und ein boreales, wohingegen die Wärme mit nur einem Wärmestoff, dem sogenannten *Caloricum*, erklärt wurde. Ein heißer Körper sollte eine größere Menge von diesem Stoff enthalten als ein kalter; das Mehr an Wärmestoff mußte anderswo entzogen worden sein, denn man nahm an, daß die Gesamtmenge des Caloricums erhalten bleibt. Dann kam eines Tages ein Abenteuerer daher, der amerikanische Konservative Benjamin Thompson und spätere Graf von Rumford (siehe Exkurs 3.1).

Im Jahre 1798 legte er seine *Untersuchung betreffend die Quelle der Wärme, welche durch Reibung erzeugt wird* der Royal Society vor; diese Arbeit stützte sich auf Experimente in München, wo Rumford in seiner Funktion als bayrischer Kriegsminister das

Exkurs 3.1

Benjamin Thompson, Graf von Rumford

Thompson wurde 1753 in Woburn, Massachusetts, geboren und war bereits mit 14 Jahren wissenschaftlich so beschlagen, daß er eine Sonnenfinsternis exakt vorhersagen konnte. Durch seine frühe Heirat kam er ins heutige Concord in New Hampshire; damals war das eine Stadt, um die Massachusetts und New Hampshire kämpften und die unter zwei Namen bekannt war: Rumford beziehungsweise Bow. Thompson hatte enge Verbindungen zum königlichen Gouverneur von New Hampshire, die es ihm ratsam erscheinen ließen, Amerika zu verlassen, nachdem die Briten 1776 Boston räumen mußten. In London angekommen, machte er im Staatsdienst schnell Karriere und wurde überdies Mitglied der Royal Society. Thompsons vielseitige Tätigkeiten hat ein Mitreisender auf einem Schiff nach Europa in seinen Schriften festgehalten: Edward Gibbon, der auf dem Weg nach Lausanne war, um dort seine *Geschichte des Verfalls und Unterganges des Römischen Reiches* zu vollenden. Er charakterisierte Thompson als „Mr. Secretary-Colonel-Admiral-Philosopher Thompson".

Nachdem er die Bekanntschaft des zukünftigen Kurfürsten von Bayern gemacht hatte, ging Thompson nach München, wo er elf Jahre lang Kriegsminister, Polizeiminister und Schatzmeister war und dennoch Zeit für seine wissenschaftliche Tätigkeit fand. Ein Anflug von Nostalgie zeigte sich in der Wahl

Ausbohren von Kanonen geleitet hatte: »Ich war sehr beeindruckt, wie schnell das Metall eine beträchtliche Hitze erreicht und wie die beim Bohren entstehende Metallspäne sogar noch heißer wird.« Er beobachtete, wie die Pferde, die stetig gegen den Reibungswiderstand des Metalls anarbeiteten, ständig eine gleichbleibende Wärmezufuhr bewirkten. Der Vorrat an Wärme schien unerschöpflich zu sein. Rumford erkannte, daß »etwas, das jeder isolierte Körper grenzenlos zu liefern vermag, kein materieller Stoff sein konnte«. Im darauffolgenden Jahr untersuchte er dann bei Wasser, das gefroren und danach wieder erhitzt wurde, wie sich das Gewicht verhält. Dabei wurden dem Wasser beträchtliche Wärmemengen zugeführt beziehungsweise entzogen. Obwohl Rumfords Messungen (für seine Zeit) sehr präzise waren, konnte er keine Gewichtsänderungen feststellen; das Caloricum war gewichtslos.

Dies hätte man auch verstehen können, wenn man Wärme als eine Form der „Bewegung der Bestandteile von erhitzten Körpern“ angesehen hätte. Diese Vorstellung war nicht einmal neu•, aber es war das erste Mal, daß es einen *experimentellen* Hinweis dafür gab.

War dies das Ende des Caloricums? Keineswegs. Das lag zum Teil daran, daß man zu jener Zeit noch nicht den Unterschied zwischen der Wärme materieller Körper und der Wärmestrahlung machen konnte. (Heute wissen wir, daß Wärmestrahlung elektromagnetische Strahlung ist.) Gegen die Vorstellung von Wärme als Ausdruck der inneren Bewegung bei Körpern ließ sich dann

• In seinen *Opticks* fragt Newton: »Wirkt Licht ... nicht ... auf Körper ... indem es sie erhitzt und ihre Teile in vibrierende Bewegung versetzt, was sich dann als Wärme äußert?«

seines Titels (Sir Benjamin Thompson, Earl of Rumford), als man ihn 1791 in den Adel des Heiligen Römischen Reiches erhob. Später richtete er einen Lehrstuhl an der Harvard-Universität ein und stiftete die Rumford-Medaille der American Academy of Arts and Sciences in Boston.

Die Gründung der Royal Institution in London (1799) geht auf frühere Erfolge des Grafen von Rumford im Bildungswesen zurück. In München waren die zahlreichen Bettler ein ernsthaftes soziales Problem gewesen. Rumford hatte eines Tages etwa 2500 von ihnen aufsammeln und zu einer neu eingerichteten sozialen Werkstätte bringen lassen, wo sie Unterkunft und Verpflegung bekamen. Dort brachte man ihnen bei, wie man sich durch Arbeit seinen Lebensunterhalt verdienen kann, was die öffentlichen Kassen entlastete. Rumford wirkte auf einen neuen Grundsatz hin: »Bisher wurde allgemein angenommen, daß man lasterhafte und verkommene Menschen erst zu den Tugenden führen müsse, um sie glücklich zu machen. Warum sollte man diese Reihenfolge nicht umkehren? Wieso also sie nicht zuerst glücklich machen und danach tugendhaft?«

Die Münchener verdanken ihm ihren berühmten Englischen Garten, in dem man schnell vergißt, daß man sich im Herzen einer Millionenstadt befindet. Die Münchner Bürger ehren Rumford mit einer Statue, vor der an jedem 4. Juli ein Kranz niedergelegt wird. Amerikanische Konsulatsangehörige glänzen bei dieser Gelegenheit meist durch Abwesenheit.

leicht einwenden, daß der Wärmetransport durch ein Vakuum auf diese Weise in keinem Falle erklärt werden kann. Durch Rumfords (und ähnliche) Experimente war der Glaube an einen unbeobachtbaren Stoff, den die Mehrheit der Wissenschaftler teilte, nicht zu erschüttern, solange man nicht zwischen Wärme und Wärmestrahlung unterschied und die Experimente anscheinend nur die Annahme nötig machten, daß jede Substanz eine *unbegrenzte* Menge an *gewichtslosem* Wärmestoff enthält.•

Energieerhaltung

Das Ende des Caloricums kam erst in den vierziger Jahren des 19. Jahrhunderts (und auch dann nur sehr schleppend). Es bedurfte aufwendiger Experimente, um zu zeigen, daß sich thermische, elektrische und chemische Energie jeweils in einem festen Verhältnis ineinander umwandeln. Das Hauptverdienst beim experimentellen Nachweis der Energieerhaltung gebührt James Prescott Joule (siehe Exkurs 3.2), auch wenn es Vorläufer gab (1842 schrieb der deutsche Arzt J. Robert Mayer: »Kraft [Energie] kann nicht vernichtet werden; sie vermag nur ihre Form zu verändern.«) Heute erinnert die Bezeichnung Joule für die mechanische Energieeinheit an dieses Verdienst. Dabei entspricht ein Joule der Arbeit, die verrichtet wird, wenn man sich um eine Strecke von einem Meter gegen eine Kraft bewegt, die einer Masse von einem Kilogramm eine Beschleunigung von einem Meter pro Quadratsekunde erteilen würde. Ein Joule ist auch die elektrische Energie, die ein Strom von einem Ampère verbraucht, wenn er eine Sekunde lang durch einen Widerstand von einem Ohm fließt (Georg Simon Ohm war der Entdecker der Proportionalität zwischen Strom und Spannung). Die Kilokalorie (im Alltag oft verkürzt als Kalorie bezeichnet und der Schrecken all derer, die eine Schlankheitsdiät machen), ist die Wärmemenge, die die Temperatur von einem Kilogramm Wasser um ein Grad Celsius erhöht; sie beträgt etwa 4200 Joule oder 4,2 Kilojoule.

Die Vorstellung von der Energieerhaltung wurde also schließlich allgemein akzeptiert: Energie kann zwar in vielen Formen in Erscheinung treten, aber weder erzeugt noch vernichtet werden. Ein modernes Beispiel für die Aussagekraft des Energiesatzes tauchte Anfang der dreißiger Jahre unseres Jahrhunderts bei Experimenten mit Betastrahlen auf: Elektronen, die bei radioaktiven Zerfällen emittiert werden, schienen die Energieerhaltung zu verletzen: Die Elektronen trugen nur einen Bruchteil der verfügbaren Energie. Um den Satz von der Erhaltung der Energie zu retten, wurde ein neues Teilchen postuliert, das Neutrino. Man nahm an, daß es zusammen mit dem Elektron emittiert wird und die fehlende Energie trägt. Diese Energie war demnach nur deshalb nicht in Erscheinung getreten, weil das Neutrino nicht nachgewiesen werden konnte. Etwa 25 Jahre später *wurde* das Neutrino nachgewiesen und die Gültigkeit des Ener-

• Die Chemiker hatten ihr *Phlogiston* zu dieser Zeit schon weitgehend aufgegeben; dazu schrieb Antoine Laurent Lavoisier (1743–1794): »Die Chemiker haben aus dem Phlogiston ein verschwommenes Prinzip gemacht ... das sich infolgedessen jeder Erklärung anpaßt, zu der es bemüht wird. Manchmal hat es Gewicht, manchmal nicht; manchmal besteht es nur aus Feuer, manchmal aus Feuer verbunden mit Erde; manchmal kann es die Poren der Gefäßwände durchdringen, manchmal nicht. Es handelt sich wahrlich um eine Proteusnatur, die jeden Augenblick ihre Gestalt wechseln kann.«[5]

Exkurs 3.2

James Prescott Joule

Joule wurde am Heiligen Abend des Jahres 1818 in der Nähe der englischen Industriestadt Manchester als Sohn einer Brauerfamilie geboren. Joule, der zeitweise durch den großen Chemiker John Dalton unterrichtet wurde, machte im Alter von 22 Jahren den ersten Versuch, eine Einheit für den elektrischen Strom einzuführen. (Unsere moderne Einheit ist nach Ampère benannt.) Im darauffolgenden Jahr 1841 sandte Joule eine Arbeit an die Royal Society, in der er bekanntgab, daß ein elektrischer Strom Wärme entwickelt, wobei die Wärmemenge proportional zum Produkt aus dem Widerstand des Leiters und dem Quadrat des Stromes ist. Wir sprechen daher auch heute noch von Joulescher Wärme. Bei seinen Experimenten erzeugte Joule den elektrischen Strom durch chemische Prozesse in Batterien. Er beobachtete, daß chemische Energie in elektrische Energie verwandelt wird und schließlich als Wärme in Erscheinung tritt. Über das sogenannte mechanische Wärmeäquivalent berichtete er dann erstmals auf einer wissenschaftlichen Versammlung im irischen Cork. Aber dort erregte das Thema kein besonderes Aufsehen – wie Joule selbst vermerkt hat. Später erhielt er jedoch die Königliche Medaille und die Copley-Medaille der Royal Society für seine bahnbrechenden Leistungen.

James Prescott Joule (1818 – 1889).

In der Westminsterabtei erinnert eine Gedenktafel daran, daß Joule das Gesetz von der Erhaltung der Energie aufgestellt und das mechanische Wärmeäquivalent bestimmt hat.

giesatzes bestätigt. Experimente mit Neutrinos gehören mittlerweile zur Routine in Hochenergielaboratorien, und inzwischen gibt es auch Vorschläge für die technische Nutzung dieser Teilchen.

Weitere Erhaltungssätze

In den vierziger Jahren des letzten Jahrhunderts erkannte Michael Faraday aufgrund seiner Experimente, daß Elektrizität weder

In diesem Labor am CERN benutzt man schwere kompakte Blöcke, um alle Strahlungen außer den Neutrinos abzuschirmen.

erzeugt noch vernichtet werden kann. Normalerweise sind materielle Körper insgesamt elektrisch neutral: Sie üben keine elektrischen Kräfte aufeinander aus – jedenfalls keine signifikanten. Wenn eine positive elektrische Ladung erzeugt wird, ob durch Reibung oder mit den ausgefeilten Methoden der Technik, dann entsteht gleichzeitig eine negative Ladung vom gleichen Betrag, so daß sich beide neutralisieren. Berücksichtigen wir alle positiven und negativen Vorzeichen in der Ladungsbilanz der Natur, so erkennen wir, daß insgesamt keine elektrische Ladung erzeugt worden ist. Kombiniert ergeben diese Ladungen stets einen Zustand vollständiger Neutralität; es bleibt keine Ladung übrig.

Was Faraday nur mit begrenzter Genauigkeit demonstrieren konnte, ist ein Grundpfeiler der Maxwellschen Theorie – diese Theorie *fordert die Erhaltung der elektrischen Ladung*. Sie hat sich in vielen präzisen Experimenten bestätigt, und der Erfolg ihrer Vorhersagen, beispielsweise im Fall der elektromagnetischen Wellen, bildet das Fundament für diesen Erhaltungssatz.

Ein Kollektor für Sonnenenergie.

Das Gesetz von der *Erhaltung der Masse*, das Lavoisier eingeführt hatte, bekam einen festen Platz in der atomaren Theorie der chemischen Reaktionen, deren erste Grundlagen John Dalton Anfang des 19. Jahrhunderts entwickelte. Um ein Beispiel mit runden Zahlen zu geben: Acht Kilogramm Sauerstoff (O_2) verbinden sich mit einem Kilogramm Wasserstoff (H_2) zu neun Kilogramm Wasser (H_2O). Einen indirekten Test für das Gesetz von der Erhaltung der Masse gab es bereits in den letzten Tagen des Caloricums: Aufgrund von Messungen bei verschiedenen chemischen Reaktionen, die Wärme verbrauchen oder freisetzen, hatte man erneut geschlossen, daß der Wärmestoff gewichtslos sein müsse. Mit anderen Worten: Die *Gesamtmasse* der an der Reaktion beteiligten Stoffe hatte sich *nicht* geändert. Um 1908 war die Erhaltung der Masse mit einer experimentellen Genauigkeit von Eins zu zehn Millionen bestätigt.

Masse und Energie

Im Alltag begegnen wir vielen Beispielen für eine Umwandlung von Lichtenergie in andere Formen von Energie: Bei einem Körper, der der Sonne ausgesetzt ist, erhöht sich die Temperatur – er gewinnt an *thermischer* Energie. Ist dieser Körper ein grünes Blatt, so wird *chemische* Energie erzeugt. Und die Sonnenenergie ist deshalb so vielversprechend, weil hier *elektrische* oder *mechanische* Energie direkt aus der reichlich vorhandenen Sonnenstrahlung erzeugt werden kann. Was wir über die Lichtenergie wissen, wollen wir nun weiter anwenden – im Vertrauen darauf, daß es für *alle* Energieformen zutrifft.

Beginnen wir mit einem lichtabsorbierenden Körper, der sich in Ruhe befindet. Zwei Lichtstrahlen gleicher Frequenz fallen aus entgegengesetzten Richtungen auf diesen Körper. Man braucht sich im Prinzip nur zwei Photonen vorzustellen, eines in jedem Strahl. Die Photonen bewegen sich in entgegengesetzter Richtung, und sie übertragen die gleiche Energie• auf den Körper. Nach Gleichung 3.5 haben die Photonen die gleiche Masse und Geschwindigkeit (c). Damit sind ihre Impulse entgegengerichtet gleich, und ihr Gesamtimpuls beträgt *Null*. Die Absorption der beiden Photonen ändert also nichts am Impuls des Körpers. Befand er sich

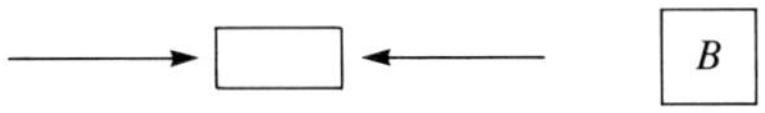

anfänglich in Ruhe, so ruht der Körper weiterhin, nachdem die Photonen ihre Energie und ihren Impuls auf ihn übertragen haben.

Nehmen wir an, die Photonen bewegen sich in horizontaler Richtung auf die senkrechten Seiten des ruhenden Körpers zu, dann besitzen weder die Photonen noch der Körper vor oder nach der Absorption eine senkrechte Geschwindigkeitskomponente (sie bewegen sich horizontal oder gar nicht).

Wie beschreibt ein anderer Beobachter diesen Absorptionsvorgang, wenn er sich mit der Geschwindigkeit $-v$ in vertikaler Rich-

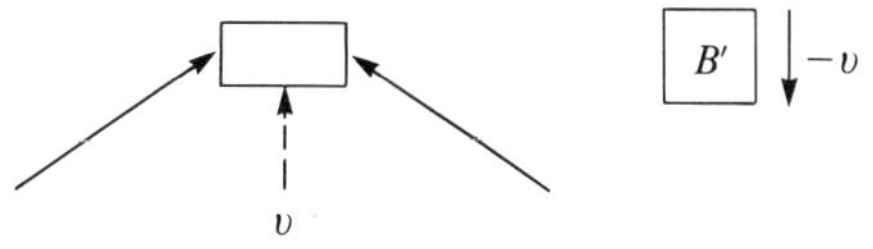

tung bewegt? Relativ zu ihm bewegen sich Körper und Photonen mit gemeinsamer Geschwindigkeit v in vertikaler Richtung. Welche Rechnung wird dieser Beobachter für Energie- und Impulserhaltung aufmachen? Beantworten wir diese Frage mit Hilfe der Symbole für Energie und Masse: Seien E und $\bar{E}$ die Energien des Körpers vor und nach der Absorption, ε die Energie eines Photons, m und $\bar{m}$ die Massen des Körpers vor und nach der Absorption, dann ist ε/c^2 die Masse jedes Photons.

Die Erhaltung der Energie besagt dann:

$$\bar{E} = E + 2\varepsilon$$

oder anders ausgedrückt:

$$\bar{E} - E = 2\varepsilon;$$

die Energie des Körpers hat sich also um die Energie der beiden Photonen erhöht.

Die Impulserhaltung in vertikaler Richtung beinhaltet dann:

$$\bar{m}v = mv + 2(\varepsilon/c^2)v.$$

Der gemeinsame Faktor läßt sich herauskürzen, so daß wir schreiben können:

• Erinnern wir uns: Die Energie eines Photons ist durch seine Frequenz bestimmt.

$$\bar{m} - m = 2(\varepsilon/c^2). \qquad (3.6)$$

Die Masse des Körpers hat also um die Massen der beiden Photonen zugenommen. Aus dieser Gleichung läßt sich die Photonenenergie eliminieren:

$$\bar{m} - m = \frac{1}{c^2}(2\varepsilon) = \frac{1}{c^2}(\bar{E} - E);$$

und jetzt sehen wir, daß die *Zunahme der Energie* eines Körpers eine proportionale *Zunahme der Masse* bewirkt, wobei der Proportionalitätsfaktor durch $1/c^2$ gegeben ist. Wir können auch die Emission von Photonen betrachten, die ein Körper abstrahlt. Dann verursacht die *Abnahme der Energie* des Körpers eine dazu proportionale *Abnahme der Masse*.

Üblicherweise bezeichnet man diese Änderungen mit δ, dem kleinen griechischen Buchstaben Delta. Wir können unsere Ergebnisse dann wie folgt ausdrücken:

$$\delta m = \frac{1}{c^2}\,\delta E$$

und

$$\delta E = \delta m c^2.$$

Die Massenänderung eines Körpers bewirkt also eine dazu proportionale Energieänderung, wobei als Proportionalitätsfaktor das Quadrat der Lichtgeschwindigkeit, c^2, in der Gleichung auftritt.

Wir wissen, daß die Masse eines Körpers, der sich mit der Geschwindigkeit v bewegt, mit seiner Ruhemasse m_0 zusammenhängt:

$$m = \frac{m_0}{\sqrt{1 - (v/c)^2}}.$$

Unter den eben geschilderten Bedingungen bleibt die Geschwindigkeit eines Körpers auch nach der Absorption oder Emission von Energie unverändert. Die Massenänderung δm muß also von der Änderung der Ruhemasse herrühren:

$$\delta m = \frac{\delta m_0}{\sqrt{1 - (v/c)^2}},$$

und Entsprechendes gilt für die Energie:

$$\delta E = \frac{\delta m_0 c^2}{\sqrt{1 - (v/c)^2}}.$$

Wir können unsere Fragestellung nun umkehren. Wie verhält sich die Energie eines bewegten Körpers, wenn seine Ruhemasse konstant bleibt und sich seine *Geschwindigkeit* ändert? Damit fragen wir nach der kinetischen Energie, also der Energie, die erforderlich ist, um einen Körper aus dem Zustand der Ruhe auf eine bestimmte Geschwindigkeit zu bringen. Das ist natürlich auch die Energie, die frei wird, wenn der

Körper zunächst diese Geschwindigkeit hat und zum Stillstand gebracht wird.

Wir beginnen wie zuvor mit einem ruhenden Körper, wobei wir aber die beiden Photonen durch zwei Objekte ersetzen, deren Geschwindigkeit v kleiner ist als c. Wir wollen diese Objekte *Teilchen* nennen, um Verwechslungen mit dem absorbierenden (oder emittierenden) Körper zu vermeiden. Diese Teilchen besitzen die gleiche Masse und fliegen aus entgegengesetzten Richtungen mit gleicher Geschwindigkeit auf den Körper zu. Nach dem Aufprall kommen sie zur Ruhe, wobei ihre – wiederum übereinstimmenden – kinetischen Energien auf den Körper übertragen werden. Da uns jetzt die Energie E_{kin} und die Masse m der fliegenden Teilchen interessieren, wollen wir die entsprechenden Eigenschaften des ruhenden Körpers umbenennen: seine Energie in W und seine Masse in M. Der Satz von der Energieerhaltung liest sich dann so:

$$\bar{W} - W = 2E_{\text{kin}}.$$

Jetzt schauen wir uns wieder die Impulserhaltung an, wie sie sich für einen relativ zum Körper bewegten Beobachter darstellt. Diesmal nehmen wir aber an, daß seine Relativgeschwindigkeit (die wir mit u bezeichnen wollen, um Verwechslungen mit den Teilchengeschwindigkeiten v zu vermeiden) so klein sei, daß die verschiedenen Massen gleich den Ruhemassen bei $u = 0$ sind. Die Masse nach dem Stoß ist dann die Summe aus der Masse $\bar{M}$ des *ruhenden* Körpers und der *Ruhe*masse $2m_0$ der beiden Teilchen:

$$(\bar{M} + 2m_0)\,u = Mu + 2mu.$$

Kürzen wir den gemeinsamen Faktor u aus der Gleichung für die Impulserhaltung heraus, so finden wir:

$$\bar{M} + 2m_0 = M + 2m,$$

$$\bar{M} - M = 2(m - m_0). \qquad (3.7)$$

Wir können nun den Zusammenhang zwischen Massen- und Energieänderung des ruhenden Körpers benutzen und erhalten:

$$\bar{M} - M = \frac{1}{c^2}(\bar{W} - W) = \frac{1}{c^2}(2E_{\text{kin}})$$

$$= 2\left(\frac{1}{c^2}\,E_{\text{kin}}\right).$$

Ein Vergleich mit (3.7) liefert uns das gewünschte Ergebnis:

$$m - m_0 = \frac{1}{c^2}\,E_{\text{kin}},$$

und das heißt:

$$E_{\text{kin}} = mc^2 - m_0c^2. \qquad (3.8)$$

Wir sehen, daß eine Energieänderung $\delta E = E_{\text{kin}}$ nötig ist, um den Körper aus der Ruhe auf die Geschwindigkeit v zu bringen, was eine Massenänderung $\delta m = m - m_0$ bewirkt, so daß wie zuvor $\delta m = (1/c^2)\delta E$ oder $\delta E = \delta mc^2$ ist.

Die Abhängigkeit der kinetischen Energie von der Geschwindigkeit v wird explizit, wenn wir die Beziehung $m = \gamma m_0$ benutzen:

$$E_{kin} = \gamma m_0 c^2 - m_0 c^2 = \left(\frac{1}{\sqrt{1-(v/c)^2}} - 1\right) m_0 c^2.$$

Zu diesem Ergebnis sollte zweierlei gesagt werden: Zunächst wissen wir, daß für kleine Geschwindigkeiten (das heißt, für kleine Werte von v/c, $\gamma - 1$ sehr genau durch $\frac{1}{2}$ $(v/c)^2$ dargestellt wird. Deshalb ist in diesem Fall

$$E_{kin} = \tfrac{1}{2}\frac{v^2}{c^2} m_0 c^2 = \tfrac{1}{2} m_0 v^2$$

mit der Newtonschen kinetischen Energie identisch – wie es bei kleinem v auch verlangt ist.

Als zweites können wir ein früheres Ergebnis heranziehen: Der Faktor γ wächst über alle Grenzen, wenn v/c gegen Eins geht. Dies macht erneut deutlich, warum es unmöglich ist, einen Körper auf Lichtgeschwindigkeit zu beschleunigen: Das würde eine *unendlich* hohe Energie erfordern, und die steht eben nicht zur Verfügung.•

Fassen wir zusammen: Wir haben gezeigt, daß $\delta E = \delta mc^2$ ist. Inwieweit unterscheidet sich das von $E = mc^2$? Im Grunde gar nicht, sofern wir die Bedeutung des Symbols δ für Änderungen in einem weiten Sinne verstehen. Betrachten wir ein Vakuum, also ein Raumgebiet, in dem sich weder Energie noch Masse befindet. Wird in diese Region eine Masse m gebracht, so ist $\delta m = m$. Mit dieser Masse ist eine Energie E verbunden, die gleich $\delta E = \delta mc^2 = mc^2$ beträgt. Also gilt:

$$E = mc^2.$$

Um klarzustellen, was das Wesentliche an dieser berühmten Formel ist, benutzen wir die Gleichung 3.8 und schreiben:

$$E = mc^2 = m_0 c^2 + E_{kin}.$$

Hier zeigt sich, daß die Gesamtenergie eines bewegten Körpers nicht nur aus seiner Bewegungsenergie E_{kin} besteht, sondern auch eine Energie beinhaltet, die mit seiner Ruhemasse m_0 verknüpft ist. Läßt sich von dieser *Ruheenergie* ein größerer Prozentsatz freisetzen – das heißt, in zugänglichere Energieformen umwandeln? Heute weiß alle Welt, daß dies im Reich der Atome und ihrer Bestandteile in der Tat möglich ist.

• Diese Aussage steht nicht im Widerspruch dazu, daß sich Photonen immer mit Lichtgeschwindigkeit bewegen. Wenn wir das Photon als Teilchen betrachten, müssen wir seine Ruhemasse $m_0 = 0$ setzen, um unendliche Energien zu vermeiden. Es ist nicht unvernünftig anzunehmen, daß ein Teilchen, welches niemals zur Ruhe kommen kann, keine Ruhemasse besitzt. Gleichung 3.8 sagt dann aus, daß die Energie des Photons vollständig kinetisch ist (was auch schon die frühere Beziehung $E = pc$ ausdrückt.)

Teilchenreaktionen

Atomare und subatomare Teilchen lassen sich anhand ihrer Ruhemasse identifizieren – manchmal einzeln, meist jedoch nur als Teilchenpaar, das aus Teilchen und Antiteilchen besteht. Wie wir später noch genauer sehen werden, unterscheiden sich das Elektron und sein gleich schweres Antiteilchen, das Positron, im Vorzeichen ihrer elektrischen Ladung. Das ist bei Elementarteilchen häufig, aber nicht immer so. Zum Beispiel handelt es sich bei einem Teilchen, dessen Masse 206,769mal größer ist als die Elektronenmasse entweder um ein positiv oder ein negativ geladenes Müon. Bei einem Teilchen mit 1836,152facher Elektronenmasse (m_e) handelt es sich entweder um ein positiv geladenes Proton oder um sein negativ geladenes Antiteilchen, das Antiproton. Und schließlich kann ein Teilchen mit einer Masse von 1838,683 m_e nur ein Neutron oder Antineutron sein, die beide elektrisch *neutral* sind.•

Wenn ein Teilchen durch seine Ruhemasse eindeutig oder doch als Mitglied eines bestimmten Paares eindeutig charakterisiert ist, muß eine Veränderung der Ruhemasse das Teilchen verändern. Ein Beispiel dafür ist die Zerfallsreaktion des Müons; das Müon verschwindet und wird durch ein Elektron (oder Positron) und zwei Neutrinos•• ersetzt. Solche Zerfälle ereignen sich spontan, zu nicht vorhersagbaren Zeitpunkten. Interessanter sind die vorhersagbaren Reaktionen, die zum Beispiel beim Zusammenstoß zweier Teilchen a und b ablaufen. Dabei könnten etwa zwei andere Teilchen c und d entstehen:

$$a + b \longrightarrow c + d.$$

Bei der Umwandlung der Teilchen verändern sich die Ruhemassen – was sich anhand der gemessenen kinetischen Teilchenenergien vor und nach dem Stoß nachweisen läßt.

Die Energieerhaltung bedingt nämlich, daß sich die Änderung der Ruheenergie und die Änderung der kinetischen Energie der Teilchen gegenseitig aufheben. Dies kann man knapp in Formeln fassen, wenn wir für die *Summe* aus gleichartigen Größen das Symbol Σ, den großen griechischen Buchstaben Sigma, benutzen. Die Summe der beiden Ruheenergien vor oder nach der Reaktion schreibt sich dann $\Sigma m_0 c^2$ und die Summe der beiden kinetischen Energien ΣE_{kin}. Das „vor“ oder „nach“ brauchen wir hier nicht extra hinzuzufügen, da wir nur an den *Veränderungen* durch die Reaktion interessiert sind; dafür haben wir bereits das Symbol δ eingeführt. Der Zusammenstoß verursacht also eine *Änderung* der kinetischen Energie, und diese Änderung wollen wir T nennen. Dann ist:

$$\delta \Sigma E_{\text{kin}} = T,$$

und die *Änderung* der Ruheenergie beträgt:

• Es *gibt* einen Unterschied zwischen dem Neutron und seinem Antiteilchen beim Vorzeichen einer anderen elektromagnetischen Größe, nämlich dem magnetischen Moment.

•• Die Ruhemassen dieser schwer nachweisbaren Teilchen sind nicht genau bekannt – die bisherigen Messungen stehen mit einer verschwindenden Ruhemasse in Einklang, aber die Existenz einer sehr kleinen Ruhemasse läßt sich nicht ausschließen.

$$\delta\Sigma m_0 c^2 = -T. \tag{3.9}$$

Der Energiesatz drückt sich darin aus, daß beide Änderungen im Betrag gleich sind, aber entgegengesetzte Vorzeichen haben. Ihre Summe *verschwindet*; die Gesamtenergie ändert sich *nicht*.

Inhaltlich besagen die obigen Gleichungen also folgendes: Nimmt die gesamte kinetische Energie durch die Reaktion zu (ist T positiv), so muß dieser Energiegewinn durch eine gleich große Abnahme der gesamten Ruheenergie kompensiert werden. Erhöht sich hingegen die gesamte Ruheenergie, so muß gleichzeitig die kinetische Energie insgesamt abnehmen (T muß ein negatives Vorzeichen haben). Dabei kann die Reaktion natürlich nur stattfinden, wenn die ursprüngliche kinetische Energie der Teilchen größer ist als der Betrag T der Abnahme $-T$; andernfalls käme als resultierende kinetische Energie ein negativer Wert heraus – was bei einer Bewegung nie der Fall sein kann.

Bevor wir nun einzelne Kernreaktionen betrachten, wenden wir uns den Reaktionen von Atomen und Molekülen zu.

Chemische Reaktionen

Bei der Verbrennung (Oxidation) von Wasserstoff- und Sauerstoffgas zu Wasser tritt durch Stöße zwischen H_2- und O_2-Molekülen folgende Teilreaktion auf:

$$H_2 + O_2 \longrightarrow H_2O + O. \tag{3.10}$$

Durch die gesamte Reaktion wird Wärme frei: Wenn sich ein Kilogramm H_2 mit acht Kilogramm O_2 zu neun Kilogramm H_2O verbindet, ist die freigesetzte Wärmeenergie von etwa 30000 Kilokalorien so hoch, daß man damit 300 Kilogramm Eis bis zum Siedepunkt erhitzen könnte. Diese Wärme ist Zeichen dafür, daß Bewegungsenergie – kinetische Energie – auf atomarer Ebene erzeugt wird. Für die Reaktion (3.10) ist T positiv. Den zugehörigen *Verlust* an Ruhemasse können wir aus Gleichung 3.9 berechnen, indem wir sie durch c^2 dividieren:

$$\delta\Sigma m_0 = -\frac{T}{c^2}. \tag{3.11}$$

Wie vereinbart sich dies mit dem chemischen Gesetz von der *Erhaltung* der Masse? Schauen wir uns das in *Zahlen*• an.

Erinnern wir uns: Eine Kilokalorie ist ungefähr gleich vier Kilojoule:

$$1\ \text{kcal} = 4 \times 10^3\ \text{J (ungefähr)}.$$

Und ein Joule ist die Arbeit, mit der eine Masse von einem Kilogramm um eine Strecke von einem Meter gegen eine Kraft bewegt werden kann, die dem Körper eine Beschleunigung von einem Meter pro Qua-

• Da wir im folgenden öfters mit sehr großen und sehr kleinen Zahlen hantieren müssen, ist es nützlich, Zehnerpotenzen einzuführen. Zum Beispiel ist $100 = 10 \times 10 = 10^2$, $1000 = 10 \times 10 \times 10 = 10^3$ und so weiter. Statt einer Milliarde schreiben wir 10^9 ($= 10^3 \times 10^6$). Ähnliches gilt für Bruchteile von Eins, beginnend mit $1/10 = 10^{-1}$, $1/100 = 10^{-2}$, $1/1000 = 10^{-3}$ und so fort. Eine Mikrosekunde oder Millionstel Sekunde können wir dann als 10^{-6} schreiben.

dratsekunde ($1 m/s^2$) verleihen würde. Ein Joule ist also:

$$1\ \mathrm{J} = (1\ \mathrm{m}) \times (1\ \mathrm{kg}) \times (1\ \mathrm{m/s^2}) = 1\ \mathrm{kg(m/s)^2} \tag{3.12}$$

Wir erkennen darin leicht die Dimension der Energie: das Produkt aus der Masse und dem Quadrat der Geschwindigkeit. Somit gilt:

$$1\ \mathrm{kcal} = 4 \times 10^3\ \mathrm{kg(m/s)^2},$$

und das heißt,

$$10^3\ \mathrm{kcal} = 4\ \mathrm{kg(km/s)^2} \tag{3.13}$$

Auf der rechten Seite der unteren Gleichung ist der Faktor $10^3 \times 10^3$ in die Umrechnung von Metern in Kilometer eingegangen.

Betrachten wir nun noch die Lichtgeschwindigkeit. Sie beträgt

$$c = 300{,}000\ \mathrm{km/s} = 3 \times 10^5\ \mathrm{km/s},$$

das heißt,

$$c^2 = 9 \times 10^{10}\ \mathrm{(km/s)^2}. \tag{3.14}$$

Wir können jetzt zur Gleichung 3.11 zurückkehren, die den Verlust an Ruhemasse für eine chemische Reaktion zwischen zwei einzelnen Molekülen angibt. Wenn wir nun die Verluste für alle Moleküle bei der Umwandlung von einem Kilogramm H_2 und acht Kilogramm O_2 in neun Kilogramm H_2O aufsummieren, ergibt sich der Gesamtverlust für die Ruhemasse. Dieser Massenverlust• δM ist durch die freiwerdende kinetische Energie gegeben, die ihrerseits gleich der gesamten erzeugten Wärme Q ist:

$$\delta M = -\frac{Q}{c^2}.$$

Da bei dieser Reaktion 30000 kcal = 30×10^3 kcal frei werden, erhalten wir eine Massenänderung von

$$\frac{Q}{c^2} = 30 \times \frac{10^3\ \mathrm{kcal}}{c^2}$$

$$= 30 \times \frac{4\ \mathrm{kg}}{9 \times 10^{10}} = \frac{4}{3} \times 10^{-9}\ \mathrm{kg},$$

also etwa ein Millionstel Gramm. Verglichen mit der Gesamtmasse von neun Kilogramm macht die relativistische Massenänderung nur ungefähr ein Zehnmilliardstel oder 10^{-10} aus. Es wurde bereits gesagt, daß chemische Messungen – das Wiegen der Stoffe vor und nach der Reaktion – das Gesetz von der Erhaltung der Masse mit einer Genauigkeit von Eins zu zehn Millionen oder

• Wir können hier einfach von Masse statt von Ruhemasse sprechen, obwohl mit der thermischen Bewegung der Moleküle im Prinzip eine zusätzliche Masse verknüpft ist. Bei gewöhnlichen Temperaturen ist diese zusätzliche Masse jedoch vernachlässigbar klein.

10^{-7} bestätigen. Um die relativistische Massenänderung zu messen, wäre also eine mindestens 1000mal höhere Genauigkeit nötig. Im praktischen Sinne schließt die relativistische Energieerhaltung bei chemischen Reaktionen das Gesetz von der Massenerhaltung ein.

Ganz anders verhalten sich die Dinge bei Kernreaktionen, da die Energie- und Massenänderungen nun in einer millionenmal höheren Größenordnung liegen.

Kernreaktionen

Atomkerne bestehen aus Protonen und Neutronen. Das Proton (Abkürzung: p) ist selbst ein Kern – der in den Atomen der leichtesten Wasserstoffart. Das Neutron (n) ist ein instabiles Teilchen, das um 2,531 m_e schwerer ist als das Proton. Das Neutron zerfällt mit einer Halbwertszeit von etwa zehn Minuten in ein Proton, ein Elektron und ein Neutrino. Da die Ruhemasse dieses Neutrinos auf jeden Fall sehr viel kleiner als m_e ist, wird bei dieser Reaktion eine kinetische Energie von 1,531 $m_e c^2$ freigesetzt.

Zusätzlich zur leichtesten Wasserstoffart gibt es noch zwei andere Arten oder *Isotope*: Das Deuterium (Abkürzung: D oder ^{2}H) und das Tritium (Abkürzung: T oder ^{3}H). Der Kern des Deuteriums, das Deuteron (Abkürzung: d), hat die Masse 3670,481 m_e; er besteht aus einem Proton und einem Neutron. Das Triton (Abkürzung: t) ist der Kern des Tritiums, hat die Masse 5496,918 m_e und besteht aus einem Proton und zwei Neutronen. Alle drei Isotope verhalten sich chemisch gleich, eben als Wasserstoff. Das beruht darauf, daß sie alle drei dieselbe elektrische Ladung (nämlich die des Protons) besitzen und mithin auch alle genau *ein* negativ geladenes Elektron benötigen, um ein neutrales Atom zu bilden.

Die Deuteronmasse ist um etwa 0,1 Prozent geringer als die Summe aus den Massen seiner Bestandteile, Proton (1836,152 m_e) und Neutron (1838,683 m_e):

$$3\,670{,}481\ m_e - 1\,836{,}152\ m_e - 1\,838{,}683\ m_e$$

$$= -4{,}354\ m_e.$$

Diese Massendifferenz offenbart sich in einer Kernreaktion, die in zwei Richtungen ablaufen kann:

$$n + p \rightleftarrows d + \gamma.$$

Hier steht das Symbol γ für *Photon* (Gammaquant). Verläuft die Reaktion nach rechts, so geht mit der *Abnahme* der gesamten Ruhemasse um 4,354 m_e (das Photon hat die Ruhemasse Null) eine *Zunahme* der kinetischen Energien einher. Die kinetische Endenergie von Photon und Deuteron ist um den Betrag 4,354 $m_e c^2$ größer als die ursprüngliche kinetische Energie von Neutron und Proton.• Verläuft die Reaktion hingegen nach links, so ist die kinetische Endenergie von Neutron

• Wenn sich Neutron und Proton sehr langsam bewegen, so daß effektiv Impuls und kinetische Energie verschwinden, dann erzeugt die Emission des Photons einen Rückstoß des Deuterons in die entgegengesetzte Richtung – nur so bleibt der Gesamtimpuls konstant Null. Die kinetische Rückstoßenergie des Deuterons senkt die Photonenenergie etwas unter 4,354 $m_e c^2$, auf 4,351 $m_e c^2$.

und Proton um 4,354 m_ec^2 geringer als die kinetische Anfangsenergie vom Photon und Deuteron. Diese zweite Reaktion – die Spaltung des Deuterons durch Licht – kann also erst einsetzen, wenn die kinetische Energie von Photon und Deuteron über 4,354 m_ec^2 liegt.•

Bislang war das Deuteron für uns ein einzelnes Teilchen in einer Kernreaktion. Wir wollen es jetzt als *zusammengesetztes* Teilchen betrachten, dessen Bestandteile Neutron und Proton durch gewisse Anziehungskräfte aneinander gebunden sind. Mit diesen Kräften ist eine Bindungsenergie E_{Bind} verknüpft – der eine Masse E_{Bind}/c^2 entspricht. Die Deuteronmasse m_d hängt dann mit den Ruhemassen von Proton (m_p) und Neutron (m_n) wie folgt zusammen:

$$m_d = m_p + m_n + \frac{1}{c^2} E_{\text{Bind}}.$$

Die Bindungsenergie des Deuterons beträgt deshalb:

$$E_{\text{Bind}} = -4{,}354\ m_ec^2.$$

• Verschwindet der Gesamtimpuls von Photon und Deuteron, so kann die Reaktion beginnen, wenn die kinetische Anfangsenergie etwas größer als 4,354 m_ec^2 ist; dann sind Impuls und kinetische Energie des erzeugten Neutrons und Protons vernachlässigbar klein. Die Situation ist umgekehrt wie in der vorangehenden Fußnote; deshalb braucht die Photonenenergie am Anfang der Reaktion nur 4,351 m_ec^2 zu betragen. Befindet sich das Deuteron aber in Ruhe, bevor es das Photon absorbiert, so muß dessen Impuls auf Neutron und Proton übertragen werden. Damit beziehen diese beiden Teilchen kinetische Energie vom Photon, dessen Energie folglich am Anfang der Reaktion entsprechend größer als 4,354 m_ec^2 sein muß, nämlich 4,357 m_ec^2.

Der negative Wert dieser Bindungsenergie zeigt an, daß mindestens 4,354 m_ec^2 aufgebracht werden müssen, um das Deuteron in Proton und Neutron zu spalten.

Auch die Masse des Tritons ist kleiner als die Massensumme seiner Bestandteile:

$$5\,496{,}918\ m_e - 1\,836{,}152\ m_e$$

$$- 2 \times 1\,838{,}683\ m_e = -16{,}600\ m_e,$$

weshalb seine Bindungsenergie

$$E_{\text{Bind}}\ (H^3) = -16{,}600\ m_ec^2$$

beträgt. Im Gegensatz zum Deuteron ist das Triton instabil. Es zerfällt in das Heliumisotop ^3He – unter Aussendung eines Elektrons und eines Neutrinos; die Halbwertszeit dieses Tritonzerfalls beträgt etwa zwölf Jahre.

Das häufigste Heliumisotop ist ^4He, dessen Kern aus zwei Protonen und zwei Neutronen besteht; der ^3He-Kern enthält zwei Protonen und nur ein Neutron. Diese Isotope haben Massen von

$$He^3\text{: } 5\,495{,}882\ m_e;$$
$$He^4\text{: } 7\,294{,}293\ m_e,$$

woraus für die Bindungsenergien folgt:

$$E_{\text{Bind}}\ (He^3) = -15{,}105\ m_ec^2;$$
$$E_{\text{Bind}}\ (He^4) = -55{,}375\ m_ec^2.$$

Die Bindungsenergien der aus drei Teilchen bestehenden Kerne ^3H und ^3He sind etwa gleich groß, wobei die Bindung bei ^3He entsprechend 1,495 $m_e c^2$ schwächer ist. Dieser Unterschied läßt sich auf die elektrische Abstoßung zwischen den beiden Protonen im ^3He-Kern zurückführen, für die es beim ^3H kein Gegenstück gibt. Besonders deutlich tritt die Zunahme der Bindungsstärke hervor, wenn man die zugehörige Massendifferenz im Verhältnis zur Gesamtmasse betrachtet, während sich die Zahl der Kernteilchen von zwei auf vier erhöht. Die relative Massenabnahme ist ganz grob durch die Prozentzahlen 0,1, 0,3 und 0,8 für das Zwei-, Drei- und Vierteilchensystem gegeben.

Man kann sich den Zerfall von ^3H in ^3He als Zerfall eines der Neutronen im ^3H-Kern veranschaulichen: Dieses Neutron wandelt sich unter Aussendung eines Elektrons und eines Neutrinos in ein Proton um. Allerdings spielt hier die Umgebung des Neutrons eine wichtige Rolle. Beim Zerfall eines freien Neutrons liefert die Massendifferenz von 2,531 m_e zwischen Neutron und Proton eine kinetische Energie von der Größe 1,531 $m_e c^2$. Ein zerfallendes Neutron innerhalb eines ^3H-Kerns erzeugt jedoch ein Proton – zusätzlich zu dem bereits vorhandenen Proton. Die Abstoßung dieser Protonen erhöht die Bindungsenergie auf Kosten der kinetischen Energie um 1,495 $m_e c^2$. Übrig bleibt•

$$1{,}531\ m_e c^2 - 1{,}495\ m_e c^2 = 0{,}036\ m_e c^2;$$

das ist so wenig, daß der Zerfall unwahrscheinlicher ist und längere Zeit benötigt als der Zerfall eines freien Neutrons – ganz in Einklang mit der Beobachtung. (Das Verhältnis der Halbwertszeiten von ^3H und freien Neutronen beträgt $6 \times 10^5:1$.)

Hier stellt sich die Frage, warum das Deuteron im Gegensatz zum Neutron und ^3H stabil ist. Könnte sich das Neutron im Deuteron nicht ebenfalls unter Aussendung eines Elektrons und eines Neutrinos in ein Proton verwandeln und ^2He bilden? Ja – sofern es ^2He-Kerne gäbe. Tatsächlich ist die nukleare Anziehungskraft zwischen zwei Protonen jedoch nicht stark genug, um eine Bindung zu ermöglichen. Zwar wären 1,531 $m_e c^2$ verfügbar, wenn ein Neutron in das leichtere Proton überginge, aber es müßten wenigstens 4,354 $m_e c^2$ aufgebracht werden, um den Bindungszustand des Deuterons aufzulösen. Für die Reaktion kann sich mithin insgesamt keine positive kinetische Energie ergeben. Die Instabilität des Neutrons wird innerhalb des Deuterons unterdrückt – wie in vielen anderen Kernen auch. (Sonst könnten Sie diese Zeilen nicht lesen.)

Die Zunahme der Bindungsstärke bei wachsender Teilchenzahl im Kern ermöglicht die folgende Deuterium-Tritium-Reaktion:

$$H^2 + H^3 \rightarrow He^4 + n,$$

oder, etwas anders geschrieben:

$$(p + n) + (p + 2\,n) \rightarrow (2\,p + 2\,n) + n.$$

• Die Tatsache, daß diese Energien zahlenmäßig weitgehend übereinstimmen, war übrigens ein Grund, alle Massen bis zur dritten Stelle nach dem Komma anzugeben.

Da im Anfangs- *und* Endzustand jeweils zwei Protonen und drei Neutronen vorhanden sind, kann die Änderung der gesamten Ruhemasse nur auf der Bindungsenergie beruhen:

$$\delta\Sigma m_0 = \delta\Sigma\frac{1}{c^2}\,E_{\text{Bind}}$$

$$= -55{,}375\ m_e + 15{,}105\ m_e + 4{,}354\ m_e$$

$$= -35{,}916\ m_e.$$

Durch diese Abnahme der Ruhemasse um etwa 0,4 Prozent erhöht sich die kinetische Energie um 35,9 $m_e c^2$. Das ist nahezu 10^7mal mehr als die Energie, die bei der Bildung eines Wassermoleküls aus seinen Bestandteilen O und H frei wird. Man könnte nun fragen, ob es auch eine Reaktion gibt, bei der sich die *gesamte* Ruhemasse in kinetische Energie umwandelt. Genau das passiert, wenn sich ein Teilchen und sein Antiteilchen wechselseitig vernichten und zerstrahlen.

Das Positron

In einer Zeit, in der die Entdeckung eines neuen Teilchens nichts Ungewöhnliches mehr ist, kann man sich die Umstände zu Beginn des Jahres 1932 kaum mehr vorstellen. Damals waren nur zwei atomare Teilchen bekannt: das Elektron und das Proton (dazu kam noch das Photon). Aber dann wurden nahezu zur selben Zeit gleich zwei neue atomare Teilchen gefunden: das Deuteron und das Neutron. Deuterium wurde von Harold Urey (1934 Nobelpreis für Chemie), das Neutron von James Chadwick (1935 Nobelpreis für Physik) entdeckt. Da das Deuteron der einfachste Kern ist, der ein Neutron enthält•, überrascht es nicht, daß das freie Neutron im Zusammenhang mit diesem Kern in Erscheinung trat.

Dann tauchte das Positron auf. Dieses Teilchen paßte in die relativistische Quantentheorie des Elektrons, die kurz zuvor entwickelt worden war. Aber diese Theorie galt in ihren Aussagen offenbar noch als so ungesichert••, daß sie in einem frühen Bericht

J. Robert Oppenheimer (1904 – 1967).

• Das wissen wir heute. Man hatte zunächst jedoch angenommen, daß sich Kerne aus Protonen und Elektronen zusammensetzen würden (immerhin werden von einigen instabilen Kernen tatsächlich Elektronen emittiert). Allerdings brachte dieses Kernmodell ernste Schwierigkeiten mit sich. Man mußte sich daher von der Vorstellung lösen, daß das Neutron aus einem Proton und aus einem Elektron bestehe. Wir betrachten Proton und Neutron heute als zwei verschiedene Zustände eines fundamentaleren Kernteilchens, des Nukleons.

•• Daß die Theorie für das Positron die gleiche Masse wie für das Elektron vorhersagte, hat Robert Oppenheimer als erster erkannt. Später bemerkte er dazu: »Dies (die Erzeugung eines Elektrons und eines Positrons) war eine theoretische Vorhersage, an der selbst die Theoretiker, die sie machten, vor der Entdeckung (des Positrons) zweifelten.«[6]

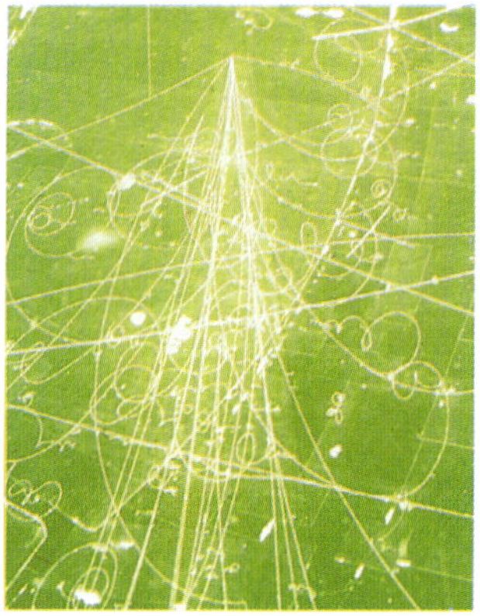

Blasenkammeraufnahme, auf der die Spuren positiv und negativ geladener Teilchen zu sehen sind.

Die erste veröffentlichte Aufnahme einer Positronspur.

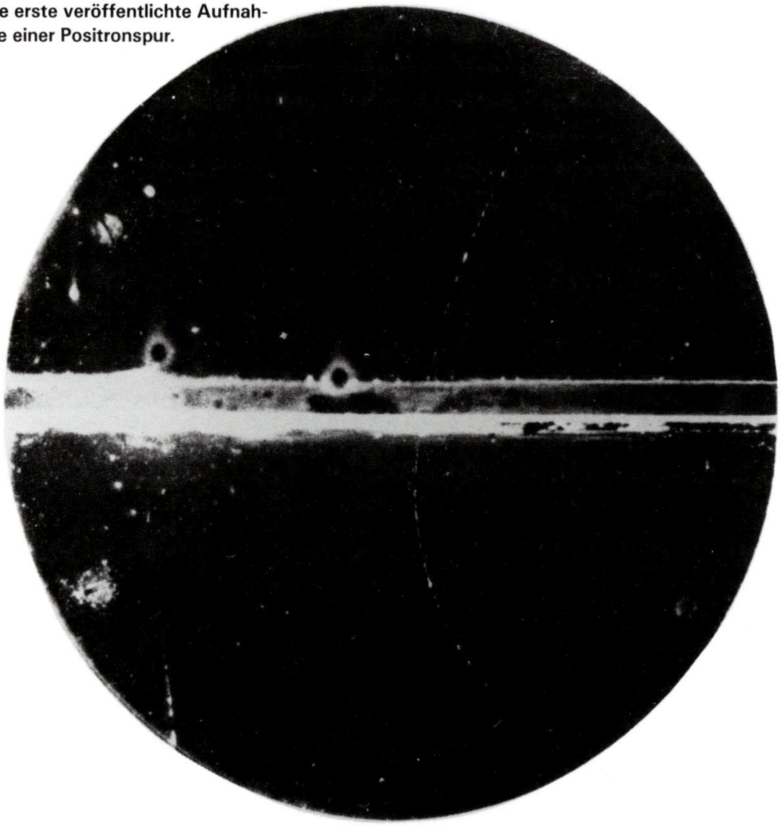

über die Entdeckung des Positrons nicht einmal erwähnt wurde. Carl Anderson (Nobelpreis 1936) entdeckte das Positron in der kosmischen Strahlung – und hat später beim Nachweis eines anderen Teilchens in dieser Strahlung eine Rolle gespielt. Gemeint ist das Müon, das positive oder negative Ladung tragen kann (siehe Kapitel 2).

Anderson benutzte bei seinen Experimenten eine Nebelkammer, die die Spuren hochenergetischer elektrisch geladener Teilchen durch kleine Wassertropfen sichtbar macht. Diese Tropfen bilden sich entlang der Teilchenbahn und sind ein Zeichen für elektrisch geladene Atomfragmente, die das schnelle geladene Teilchen auf seinem Weg erzeugt. Die Nebelkammer ist eine Erfindung von Charles Thomas Wilson (Nobelpreis 1927) – ein Erfolg, der nicht zuletzt seinem frühen Interesse an den Mechanismen der Wolkenbildung zu verdanken ist.

Anderson arbeitete mit einer Nebelkammer, die sich in einem starken Magnetfeld befand. Bewegte geladene Teilchen werden in einem Magnetfeld abgelenkt, und zwar senkrecht zur Bewegungsrichtung *und* senkrecht zur Feldrichtung. Dadurch bewegen sie sich auf schraubenförmigen Bahnen um die Feldrichtung, wobei entgegengesetzt geladene Teilchen Schrauben mit entgegengesetztem Umlaufsinn beschreiben. An der Spur sind entgegengesetzte Vorzeichen der Ladung also eindeutig zu erkennen. Am 2. August 1932 tauchte ein positiv geladenes Teilchen auf, das eine dünne Bleiplatte in der Nebelkammer durchdrang. Man kannte damals nur *ein* positiv geladenes Teilchen – das Proton.

Andersons Teilchen war aber *kein* Proton, denn ein Proton hätte dicht hinter der Bleiplatte zur Ruhe kommen müssen (warum, erklären wir später). Die tatsächlich beobachtete Spur setzte sich jedoch viel weiter fort. Es war die Spur eines *neuen* Teilchens, das eine weitaus geringere Masse als das Proton besitzt. Das Positron war entdeckt. Später beobachtete man auch „Geburt" und „Tod" dieses Teilchens. Die Erzeugung eines Positrons in der kosmischen Strahlung geht stets mit der Entstehung eines Elektrons einher. Sie werden als Teilchen*paar* erzeugt – entsprechend dem Erhaltungssatz für die Ladung: Die Ladung des Elektrons gleicht exakt die des Positrons aus. Die Spur des Elektrons wird durch das Magnetfeld zu immer engeren Spiralen gebogen, während das Elektron seine Energie verliert und schließlich zur Ruhe kommt.

Die Spur des Positrons endet oft abrupt. Dann ist das Positron im Wasserdampf einem Elektron begegnet und hat sich mit ihm gemeinsam vernichtet. Statt des Teilchenpaares tauchen im allgemeinen zwei Photonen auf. Warum *zwei*? Ein einzelnes Photon besitzt keine elektrische Ladung und kann die gesamte Energie aufnehmen. Aber schauen wir uns den Impuls an. Wenn sich das Elektron zufällig sehr nahe an einem massiven Atomkern befindet, könnte der auf das einzelne Photon übertragene Impuls durch den Rückstoß dieses Kerns ausgeglichen werden. In der Regel ist das Elektron jedoch so weit vom nächsten Kern entfernt, daß dieser Mechanismus nicht funktionieren kann. Solange sich Elektron und Positron nur sehr langsam bewegen, liegen die Dinge sehr einfach: Dann ist der Gesamtimpuls vor der Vernichtung praktisch Null, und das muß er

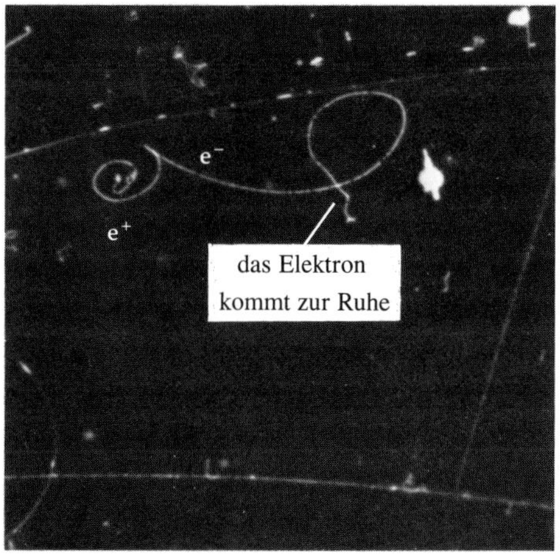

Spuren eines Elektron-Positronen-Paares.

somit auch nach der Vernichtung sein. Das aber heißt, daß zwei Photonen entstehen müssen, deren Impulse entgegengerichtet gleich sind und deren Energien somit übereinstimmen. Die Photonen teilen sich die Gesamtenergie vor dem Stoß, die ziemlich genau $m_e c^2 + m_e c^2$ beträgt, wobei m_e sowohl die Ruhemasse des Positrons (Abkürzung: e^+) als auch die des Elektrons (Abkürzung: e^-) bezeichnen kann. Tatsächlich beobachtet man unter diesen Umständen eine Photonenenergie von jeweils $m_e c^2$. Die Ruhemassen von Elektron und Positron wurden also vollständig in die kinetische Energie der beiden Photonen umgewandelt.

Kernenergie

Die Vernichtung eines Elektron-Positron-Paares ist ein einzelnes atomares Ereignis. Was geschähe, wenn ein beträchtlicher Vorrat an diesen Teilchen verfügbar wäre, sagen wir 0,5 Kilogramm Elektronen und 0,5 Kilogramm Positronen, und diese Materie und Antimaterie von einem Kilogramm Gesamtgewicht gründlich durchmischt würden? Wieviel Energie würde dabei freigesetzt?

Erinnern wir uns, daß

$$c^2 = 9 \times 10^{10}\ (\mathrm{km/s})^2$$

und daß ein Joule $1\mathrm{kg(m/s)}^2$ ist. Aus praktischen Gründen wollen wir hier das Megajoule benutzen:

$$1\ \mathrm{MJ} = 1\ \mathrm{kg}\ (\mathrm{km/s})^2.$$

Für die Energie, die in einer Masse von einem Kilogramm enthalten ist, ergibt sich:

$$mc^2 = [1\ \text{kg}] \times [9 \times 10^{10}\ (\text{km/s})^2]$$
$$= 9 \times 10^{10}\ \text{MJ}.$$

Können wir uns unter dieser Zahl etwas vorstellen?

Die moderne Zivilisation fährt einen unsicheren Kurs, was ihre Ölreserven betrifft. Gehandelt wird dieses Öl in Barrel, entsprechend einem Faß von 159 Litern. Beim Verbrennen von einem Barrel Öl entsteht eine Wärmemenge von $1{,}5 \times 10^6$kcal $= 6 \times 10^3$MJ. Um genausoviel Energie zu gewinnen, wie die Vernichtung von insgesamt einem Kilogramm Elektronen und Positronen freisetzen würde, müßte man Millionen Barrel Öl verbrennen, nämlich:

$$\frac{9 \times 10^{10}\ \text{MJ}}{6 \times 10^3\ \text{MJ/bbl}} = 15\ \text{Millionen Barrel.}$$

Das entspricht gerade dem derzeitigen täglichen Ölverbrauch der gesamten Vereinigten Staaten. Rein rechnerisch ließe sich der gesamte Tagesverbrauch an Öl durch die Energiegewinnung aus der Vernichtung von einem Kilogramm Elektron-Positron-Materie pro Tag ersetzen.

Ist die Vernichtung von Materie und Antimaterie eine Lösung, um die drohende Energieknappheit unserer Zivilisation abzuwenden? Abgesehen von allgemeinen technischen Schwierigkeiten gibt es ein prinzipielles Problem: Antimaterie, egal, welcher Art, kommt auf der Erde nie zusammen mit Materie vor. Um Antimaterie zu *erzeugen*, würde man jedoch mindestens ebensoviel Energie brauchen, wie man aus der Vernichtung gewinnen kann. Bei natürlich vorkommenden Rohstoffen müssen wir uns offenbar damit zufriedengeben, nur einen kleinen Bruchteil der Ruhemasse in Energie umwandeln zu können.

Bereits unsere bloße Existenz hängt von Kernreaktionen ab, die in der Sonne und allen anderen Sternen die Energie für das lebenspendende Licht liefern. Bei diesen Reaktionen wird der ursprünglich vorhandene Wasserstoff in schwere Elemente umgewandelt – durch die *Verschmelzung* oder *Fusion* von Atomkernen. In solchen Fusionen entstand alle uns bekannte Materie – einschließlich unserer eigenen Körper. Wir sind Kinder der Sterne.

Die *Kernspaltung* oder *Fission* wurde 1938 von Otto Hahn (Nobelpreis für Chemie 1944) beim Uran entdeckt. Bei dieser Uranspaltung werden 0,1 Prozent der Ruhemasse in kinetische Energie verwandelt. Das spaltbare Uranisotop ^{235}U enthält 92 Protonen und 143 Neutronen, also einen bedeutenden Überschuß an Neutronen (das Verhältnis Neutronenzahl zu Protonenzahl beträgt 1,55). Dieser Überschuß ergibt sich aus den gleichen physikalischen Grundlagen wie der Mechanismus der Spaltung: Ein Proton wird durch eine starke elektrische Kraft von einer großen Zahl anderer Protonen abgestoßen. Diese elektrische Abstoßung verringert – wie bei ^{3}He und ^{3}H, wenn auch in viel größerem Maßstab – die Bindungsstärke eines Protons im Vergleich zur Bindungsstärke eines Neutrons und begünstigt so das Entstehen eines Neutronenüberschusses beim Aufbau schwerer Kerne.

Die Spaltung von ^{235}U beginnt mit dem Einfangen eines Neutrons; dadurch entsteht der instabile Kern ^{236}U. Wenn dieser Kern bei einer Art der Instabilität ins Schwingen gerät, dehnt er sich dabei periodisch aus. Die starke elektrische Abstoßungskraft kann die nuklearen Bindungskräfte übertreffen und den Kern in zwei Fragmente spalten, die sich mit etwa einem Zehntel der Lichtgeschwindigkeit voneinander weg bewegen.

Nehmen wir der Einfachheit halber an, daß der instabile Urankern in zwei gleich große Teile zerfällt, die jeweils aus 46 Protonen und 72 Neutronen bestehen; das Verhältnis von Neutronen zu Protonen beträgt also 1,56. Derartige Kerne sind Isotope des Elements Palladium. Die *stabilen* Isotope von Palladium besitzen jedoch etwa 60 Neutronen (was einem Neutron-Proton-Verhältnis von 1,3 entspricht). Das Isotop, das bei der Uranspaltung entsteht, ist wegen des Neutronenüberschusses äußerst instabil. Dieser Überschuß wird auf zwei Arten abgebaut.

1. Die Kernfragmente senden mehrere Neutronen aus. Darauf beruht die Kettenreaktion bei der Uranspaltung: Wenn ein ^{235}U-Kern ein einzelnes Neutron absorbiert, führt das zur Erzeugung mehrerer Neutronen, von denen jedes eine weitere Spaltreaktion auslösen kann, und so fort. Sofern dafür gesorgt ist, daß die Kettenreaktion kontrolliert abläuft (und pro Zeiteinheit eine konstant bleibende Zahl von Spaltreaktionen stattfindet), erhält man – im Prinzip – einen leistungsfähigen Kernreaktor.
2. Nach der Neutronenemission sind die Kernbruchstücke hochgradig radioaktiv. Sie zerfallen in einer Sequenz von Übergängen mit verschiedenen Halbwertszeiten, wobei sich Neutronen unter Aussendung von Elektronen und Neutrinos in Protonen umwandeln: Hier steckt der Haken, was die Nutzung der Spaltungsenergie in großem Stil betrifft: Einige der radioaktiven Zerfallsprodukte haben sehr große Halbwertszeiten. Sie werden heute erstmals in einem Umfang erzeugt, der eine schwere biologische Bedrohung zukünftiger Generationen darstellt. Die Hoffnung auf eine praktisch unbegrenzt verfügbare Kernenergie scheint sich angesichts dieser steigenden Bedrohung in nichts aufzulösen. Vielleicht gibt es aber einen anderen Weg.

Wir sahen, daß bei der Deuterium-Tritium-Fusion

$$D + T \rightarrow He^4 + n$$

0,4 Prozent (= $\frac{1}{250}$) der Ruhemasse in kinetische Energie umgesetzt wird. Bei dieser Reaktion entstehen keine radioaktiven Zerfallsprodukte (abgesehen von der Radioaktivität, die energiereiche Neutronen im Material in der Umgebung erzeugen könnten, aber das läßt sich bis zu einem gewissen Grade kontrollieren). Die Energie, die in den USA durch Ölverbrennung täglich verbraucht wird, könnte also jeweils statt der Vernichtung von einem Kilogramm Materie und Antimaterie durch die Verschmelzung von 250 Kilogramm Deuterium und Tritium erzeugt werden.

Eine kontrollierte Fusion in einem Reaktor – die diese Zahlen Wirklichkeit werden ließe – ist jedoch eine andere Sache. Das Deuteron und das Triton *stoßen* sich nämlich *ab*, da sie dieselbe positive elektrische Ladung tragen. Eine Fusion kann erst einsetzen, wenn die Atome genügend Energie zugeführt bekommen, um die elektrische Abstoßung zu überwinden und die Kerne in engen Kontakt zu bringen.• Dazu müssen die Ausgangsstoffe auf die Zündungstemperatur, etwa 200 Millionen Grad Celsius, gebracht werden.•• Zunächst ist also Energie aufzuwenden. Dann müssen die reaktionsfähigen Materialien bei hoher Dichte lange genug eingeschlossen werden, damit der Fusionsprozeß ein Mehrfaches der verbrauchten Energie freisetzt.••• Die Natur hält die reagierende Materie der Sterne durch Gravitation zusammen; wir müssen uns die elektromagnetische Kraft zunutze machen, um unser Ziel zu erreichen. Die Fusionsforschung begann vor mehr als dreißig Jahren und wird mittlerweile von mehreren technisch hochentwickelten Nationen betrieben. (Ende 1983 wurden sowohl die Zündtemperatur als auch das kritische Produkt von Dichte und Einschlußzeit erreicht – nur nicht in derselben Maschine.)

• Hier spielt die Wellennatur, die alle atomare Teilchen aufweisen, eine grundlegende Rolle. Sie erlaubt, daß die Kerne bereits bei Energien miteinander reagieren können, die in der Newtonschen Mechanik zu gering wären.

•• Bei dieser Temperatur hat ein Teilchen im Durchschnitt eine kinetische Energie von etwa $\frac{1}{20} m_e c^2$. Für das Deuteron entspricht das einer Geschwindigkeit von etwa $\frac{1}{200}\, c$.

••• Der kritische Wert, der überschritten werden muß, ergibt sich aus dem Produkt von Kerndichte ($1/\text{cm}^3$) und Einschlußzeit (s). Er beträgt 6×10^{13}; das entspricht bei 10^{15} Kernen pro Kubikzentimeter einer Zeit von 6×10^{-2} Sekunden.

Die Wirklichkeit der Relativität

Es ist klar geworden, daß die Massenzunahme, die Einstein 1905 für anwachsende Geschwindigkeit vorhergesagt hat, eine Folge der Beziehung $E = mc^2$ ist: Energie, die auf einen Körper übertragen wird, um seine Geschwindigkeit zu steigern, erhöht auch seine Masse. Wie bereits erwähnt, hat sich Einsteins Vorhersage mit der Entwicklung hochenergetischer Teilchenbeschleuniger auf überwältigende Weise bestätigt.

Beschleuniger

Die meisten Teilchenbeschleuniger sind ringförmig gebaut. Geladene Teilchen (wie Elektronen, Positronen oder Protonen) werden mit Hilfe von Magnetfeldern innerhalb enger evakuierter Röhren eingeschlossen, während ihnen Energie zugeführt wird. Wir wissen bereits, daß ein Magnetfeld bewegte geladene Teilchen auf eine Kreisbahn zwingt. Was bestimmt den Radius dieses Kreises? Zwei Beziehungen sind wichtig: Je stärker das Magnetfeld, desto kleiner der Kreis. Und: Je größer der Impuls des Teilchens, desto größer der Radius – desto schwieriger wird es, die Teilchenbahn zu krümmen. Tatsächlich ist der Radius proportional zum Impuls und umgekehrt proportional zur Stärke des Magnetfeldes. Mit anderen Worten, der Impuls des Teilchens ist durch das Produkt zweier Größen bestimmt: dem Radius der Kreisbahn und der Stärke des Magnetfeldes.

Ein Beschleuniger wird danach geplant, welche kinetische Teilchenenergie damit erreicht werden soll; sie entspricht einem bestimmten Impuls p (siehe Exkurs 3.3). Der Planungsingenieur kennt die maximal verfügbare Stärke des Magnetfeldes und muß danach den Radius des Ringes (der engen evakuierten Röhre) bestimmen, in dem die energiereichen Teilchen umlaufen. Nehmen wir an, ein Newtonscher Ingenieur (N) und ein Einsteinscher Ingenieur (E) wetteifern um den Vertrag zur Konstruktion eines Beschleunigers, der die Teilchen auf eine kinetische Energie weit oberhalb von m_0c^2 bringen soll. (Es gibt mittlerweile einige solcher Beschleuniger in verschiedenen Ländern.)

Das Cosmotron, ein Protonenbeschleuniger am Brookhaven National Laboratory und der Tunnel eines Beschleunigers am Fermilab. Zur Zeit dieser Aufnahme war das Cosmotron nicht in Betrieb. Normalerweise ist es von schweren kompakten Abschirmblöcken umgeben. Die Protonen werden am Fermilab auf mehr als hundertmal höhere Energien beschleunigt als am Cosmotron.

Exkurs 3.3

Relativistischer Impuls und Energie

Wir wissen, daß für Energie E, Impuls p und Masse m die Beziehungen gelten: $E = mc^2$; $p = mv = (1/c)(mc^2)(v/c)$ und schließlich $m = m_0\sqrt{1-(v/c)^2}$. Daraus ergibt sich:

$$E^2 - (pc)^2 = (mc^2)^2\,[1 - (v/c)^2] \\ = (m_0c^2)^2.$$

Für die Energie folgt dann bei gegebenem Impuls:

$$E = \sqrt{(pc)^2 + (m_0c^2)^2},$$

und für den Impuls bei gegebener Energie:

$$p = \frac{1}{c}\sqrt{E^2 - (m_0c^2)^2}.$$

Wir erkennen wiederum, daß für ein Photon, dessen Energie $E = pc$ beträgt, die *Ruhemasse* m_0 verschwinden muß. Für den Fall nämlich, daß die Gesamtenergie E oder die kinetische Energie $E - m_0c^2$ verglichen mit m_0c^2 sehr groß ist, haben beide Energien ziemlich genau den Wert pc.

Für N beträgt die kinetische Energie $\frac{1}{2}m_0v^2$ oder $\frac{1}{2}pv$, da er den Impuls mit m_0v gleichsetzt. Bei der Konstruktion dieser hochenergetischen Maschine wird N also einen Wert für v einplanen, der im Verhältnis zu c groß ist. Ingenieur E jedoch weiß, daß die kinetische Energie bei Geschwindigkeiten im Bereich der Lichtgeschwindigkeit durch pc gegeben ist. Ingenieur N erhält anhand der nichtrelativistischen Energiegleichung seinen Wert für p, indem er die gegebene kinetische Energie durch $\frac{1}{2}v$ dividiert (wobei sein v-Wert sehr viel größer als c ist), während Ingenieur E diese Energie durch c dividiert. Daher kommt N auf einen wesentlich kleineren Wert für p als E und wird deshalb einen wesentlich kleineren Beschleuniger einplanen als E. Zwar wird N den ökonomisch vorteilhafteren Vorschlag einreichen, aber seine Pläne werden nie funktionieren! Tatsächlich arbeiten heute viele Beschleuniger nach E-Entwürfen.

Das Verhalten von geladenen Teilchen im Magnetfeld machte sich Anderson zunutze, als er nachwies, daß sein positiv geladenes Teilchen kein Proton sein konnte. Der Radius der Kreisbahn, auf die das Teilchen von einem Magnetfeld bekannter Stärke gezwungen wurde, verriet ihm den Impuls. Bei dem gemessenen Impuls wäre ein Proton sehr langsam gewesen und hätte so wenig kinetische Energie besessen, daß es nach kurzer Entfernung zur Ruhe gekommen wäre. Derselbe Impulswert konnte jedoch bei einem viel leichteren Teilchen bedeuten, daß es sich beinahe mit Lichtgeschwindigkeit bewegt. Ein solches Teilchen sollte deshalb eine größere Entfernung durchlaufen – ganz so, wie es Anderson feststellte.

Sehen versus Beobachten

Die Diskussion des relativistischen Duells enthielt einen kurzen Hinweis auf den Unterschied zwischen den Ergebnissen einer *Beobachtung*, bei der die Laufzeit eines Lichtsignals vom Ereignis zum Beobachter berücksichtigt wird, und den Dingen, die dieser Betrachter tatsächlich *sieht*. Im letzten Fall handelt es sich nur um erste Erfahrungswerte, die sich bei verschiedenen Beobachtern im allgemeinen jedoch nicht in Beziehung setzen lassen. Darauf hat Einstein 1905 hingewiesen, indem er diskutierte, welchen Zeitpunkt man einem entfernten Ereignis zuordnen müsse.

Zum Beispiel sieht man von der Erde aus in jeder Himmelsrichtung Sterne (auch wenn sie sich überwiegend auf die Milchstraße, die Ebene unserer Galaxis, konzentrieren). Wie sieht der Sternhimmel für die Argonauten auf dem Weg zur Wega aus, wenn sich ihr Raumschiff mit einer Geschwindigkeit υ nahe c bewegt? Vor dem Start hat einer der Argonauten von der Erde aus die Wega betrachtet, die gerade der Polarstern war. Dann hat er sich einen zweiten, sehr weit entfernten Stern angesehen, der in einer anderen Richtung stand (vielleicht am Südhimmel, wo die antike *Argo* noch immer am Firmament leuchtete). Das Licht, das von diesem Stern auf die Erde gelangt, breitet sich in einer Richtung aus, die man in zwei Komponenten zerlegen kann: eine für die Bewegung parallel zur Linie Sonnensystem–Wega und eine dazu senkrechte (transversale) Bewegung. Nach dem Start in Richtung Wega haben die Quellen des Sternlichtes für die Argonauten eine hohe Geschwindigkeit υ parallel zur Verbindungslinie Wega–Raumschiff. Geschwindigkeiten nahe c – und mithin γ-Werte weit über Eins – führen aber vor allem dazu, daß sich Bewegungen in senkrechter Richtung verlangsamen – beim relativistischen Duell betraf diese Verlangsamung das Geschoß, hier ist es das *Licht*. Unser Argonaut sieht seinen zweiten Stern dadurch in einer anderen Richtung als zuvor, viel näher bei der Wega. Wegen dieser extremen Aberration des Lichtes ist der Sternhimmel seltsam verzerrt: Fast alle Gestirne scharen sich um das ferne Ziel der Argonauten, das genau in Vorwärtsrichtung steht.

Exkurs 3.4

Relativistische Aberration

Es gibt eine einfache geometrische Methode, um zu zeigen, warum ein Stern für zwei Beobachter in verschiedenen Richtungen zu sehen ist, wenn sie sich mit der Relativgeschwindigkeit υ bewegen. Man beginne mit einem Einheitskreis und einem Punkt S auf dessen Umfang (siehe die Abbildung auf dieser Seite). Die Linie, die vom Mittelpunkt E des Kreises zum Punkt S führt, soll dann die Richtung darstellen, in der ein Stern von der Erde aus beobachtet wird. Die horizontale Strecke, auf der sich der Stern Wega (W) befindet, gibt die Richtung der Relativbewegung an. Nun wird eine Ellipse einbeschrieben, deren Hauptachse in Richtung der horizontalen Strecke (EW) weist und deren linker Brennpunkt (A) sich in einer Entfernung υ/c vom Mittelpunkt befindet. Die von S aus senkrecht nach unten gezogene Gerade trifft die Ellipse im Punkt S'. Die Verbindungslinie vom Brennpunkt A nach S' gibt dann die Richtung an, in der dieser Stern von den Argonauten beobachtet wird, die mit der Geschwindigkeit υ zur Wega hinfliegen. Was passiert, wenn sich υ/c dem Wert Eins nähert, demonstriert die Figur, bei der A für $\upsilon/c = 1$ auf dem Kreis liegt. Die Ellipse ist zu einer horizontalen Strecke ausgeartet, und egal, in welcher Richtung S steht (ausgenommen exakte Rückwärtsrichtung), sehen ihn die Astronauten genau vor sich.

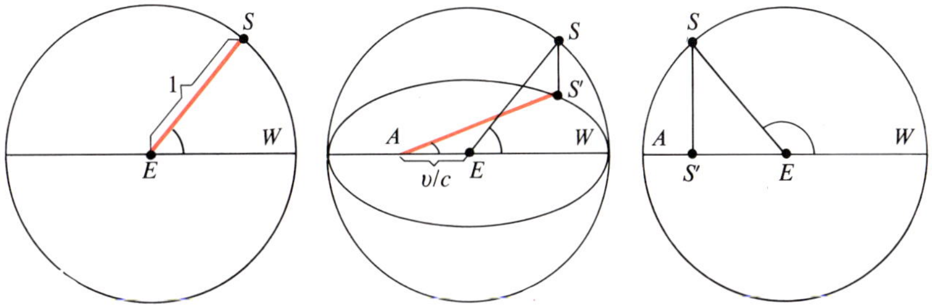

Gleichwohl sieht jedes kleine Gebiet des Sternhimmels noch genauso aus wie zuvor; geändert hat sich nur der Zusammenhang zwischen den Gebieten, die in verschiedener Richtung stehen. Wenn die Argonauten in ihrem starken Teleskop einen großen Planeten sehen, der auf einer weitläufigen Bahn um die Wega kreist, so werden sie ihn in seiner üblichen kugelförmigen Planetengestalt wahrnehmen. Sie werden *keine* Kontraktion in bezug auf ihre eigene Flugrichtung feststellen. Das ist kein Widerspruch. Die relativistische Längenkontraktion entlang der Bewegungsrichtung bezieht sich auf die *Beobachtung* verschiedener Raumpunkte zur *gleichen* Zeit. *Gesehen* werden Signale, die zur gleichen Zeit beim Betrachter ankommen, aber zu *verschiedenen* Zeiten von unterschiedlichen Punkten des wahrgenommenen Objektes ausgegangen sind.

Als der Held Jason der klassischen Sage mit seiner Mannschaft an Bord der Argo aus dem fernen Kolchis zurückkehrte, wußte er von vielen Abenteuern und Wundern zu berichten. Was werden wohl die Argonauten der Zukunft zu erzählen haben? Und wie werden die zurückgelassenen Erdbewohner die Sternenreise *sehen*? Völlig anders! Schauen wir uns an, wie zwei Augenzeugen den zeitlichen Ablauf der Reise beurteilen. Nehmen wir an, auf der Erde stehe auf dem Gipfel des Olymp eine Signalanlage und eine zweite, völlig gleichgebaute, sei auf dem Raumschiff Argo montiert. Beide Anlagen senden in einem festen Zeitintervall Lichtimpulse aus – entsprechend der Periode dieser „*Uhren*“.

Lassen wir die abenteuerliche Reise unter diesen Bedingungen beginnen. Jason betrachtet an Bord der Argo die Lichtblitze von der Erde, während Zeus auf dem Olymp nach den blinkenden Lichtsignalen am Firmament Ausschau hält. Auf der Hinreise sieht jeder, wie sich der andere mit hoher Geschwindigkeit v entfernt. Diese Bewegung bewirkt zweierlei. Zum einen läuft die Zeit auf dem relativ bewegten Körper langsamer ab; zum anderen wird jeder später eintreffende Puls aus größerer Entfernung abgegeben und benötigt deshalb eine zusätzliche Zeitspanne, um den Beobachter zu erreichen. Jeder sieht also, wie die Uhr des anderen langsamer läuft. Das geht so, bis das Raumschiff die Wega erreicht. Für Jason hat die Reise beträchtlich weniger Zeit in Anspruch genommen als für Zeus, da für Jason die durchflogene Entfernung viel kürzer war.

Die *Argo* kehrt nun um. Jason kommt jetzt den Lichtblitzen des Zeus entgegen; daher durchläuft jeder später eintreffende Puls eine kürzere Entfernung und erreicht das Raumschiff entsprechend früher. Dieser Effekt übertrifft die Zeitdilatation. Jason *sieht* also, daß während seiner gesamten Rückreise die Uhr des Zeus schneller geht. Für Zeus hingegen ist die gesamte Rundreise bereits nahezu vorbei, wenn er den letzten Lichtpuls des Raumschiffes vor dessen Umkehr zum Rückflug empfängt. Das liegt daran, daß die Argo, die sich nahezu mit Lichtgeschwindigkeit bewegt, dann nicht mehr weit von diesem Lichtimpuls entfernt ist. (Vergleiche eine ähnliche Bemerkung über das relativistische Duell.) Alle Signale, die Jason auf der Rückreise ausgesandt hat – während seine Uhr aus Zeus' Sicht schneller ging –, kommen in diesem kurzen Zeitintervall an.

Da Jason und Zeus wieder dort zusammentreffen, wo sie anfangs waren, muß das, was sie während der Reise *gesehen* haben, dieselbe objektive Lektion über die Zeit beinhalten, die die Zwillinge Kastor und Pollux in Kapitel 2 vorgeführt haben. Obwohl jeder sieht, wie die Uhr des anderen auf der Hinreise langsamer geht, dauert diese Erfahrung für Zeus viel länger. Die Rückreise, auf der für jeden die Uhr des anderen schneller geht, ist für Zeus schon nach sehr kurzer Zeit zu Ende. Für ihn dauert die gesamte Reise viel länger als für Jason, und zwar gerade um den erwarteten Faktor. Natürlich ist *Zeus*, der Gebieter des Olymp, nicht gealtert.

Zeus (Vatikanmuseum).

Synchrotronstrahlung

Das Phänomen der Synchrotronstrahlung wurde in Kapitel 1 als direkter Beweis dafür angeführt, daß das elektromagnetische Spektrum, von den Radiowellen bis hin zu den Röntgen- und Gammastrahlen, *eine* physikalische Grundstruktur ist. Sehen wir uns das genauer an. Betrachten wir ein Elektron, das sich mit geringer Geschwindigkeit (verglichen mit c) auf einer Kreisbahn bewegt; nehmen wir an, es wird von dem Magnetfeld in einem Beschleuniger, der Synchrotron genannt wird, auf diese Bahn gezwungen. Ein bewegtes geladenes Teilchen stellt einen elektrischen Strom dar. Da das Elektron ständig seine Bewegungsrichtung wechselt, ändert sich auch der Strom. Und dieser veränderliche Strom erzeugt eine elektromagnetische Welle, die die gleiche Frequenz hat wie die Kreisbewegung. Es handelt sich dabei um eine Radiowelle mit einer Wellenlänge von vielen Metern. Diese Strahlung hat in jeder Richtung ungefähr die gleiche Intensität.

Dem Elektron wird nun mehr Energie zugeführt, so daß sich seine Geschwindigkeit der Lichtgeschwindigkeit annähert. Die Umlauffrequenz ist jetzt also wesentlich höher als zuvor. Bliebe alles beim alten, so müßte sich die Frequenz der Strahlung entsprechend erhöhen und die Wellenlänge verkürzen. Es würde sich aber immer noch um eine Radiowelle handeln, da die Wellenlänge durch den Umfang der Elektronenbahn gegeben ist. Die Dinge liegen jedoch *anders*, denn nun kommen einige *relativistische* Effekte als realer Faktor ins Spiel, die wir bislang nur in Gedankenexperimenten beschrieben haben.

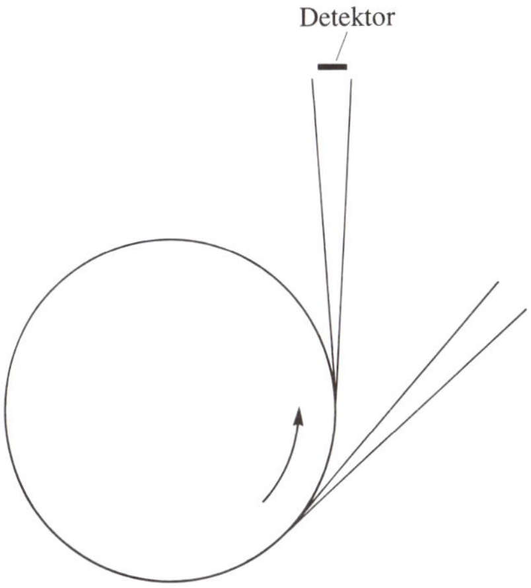

Das enge Bündel der Synchrotronstrahlung an zwei Stellen der Elektronenbahn.

Zunächst ist da die *relativistische Aberration*. Das schnelle Elektron, das Strahlung emittiert, verhält sich wie ein schneller Stern, der Licht aussendet. Die Strahlung des Elektrons ist deshalb nicht mehr in allen Richtungen gleich intensiv, sondern zu einem engen Strahl in Bewegungsrichtung gebündelt. Um diesen Strahl zu registrieren, muß sich der Beobachter ziemlich genau in der Bahnebene aufhalten, und auch dann kann er nur in dem Moment Strahlung messen, in dem sich das Elektron auf ihn zu bewegt. Infolgedessen verändert sich das registrierte elektromagnetische Feld sehr schnell, wenn der schmale Strahl über den Detektor streicht. Schnelle Änderung bedeutet hohe Frequenz. Es stellt sich heraus, daß die Frequenz der Synchrotronstrahlung auf diese Weise gerade um den Faktor γ erhöht wird, der sich für die Elektronengeschwindigkeit ergibt. Das ist aber noch nicht alles. Ähnlich wie Zeus die Lichtsignale des heimkehrenden Jason in kürzeren Zeitintervallen eintreffen sieht, kommt die registrierte Synchrotronstrahlung in Intervallen an, die kürzer sind als bei der Emission – da das strahlende Elektron ebenfalls mit seiner eigenen Strahlung nahezu Schritt hält. Dadurch wird die Frequenz zusätzlich erhöht, und zwar um einen Faktor, der annähernd dem *Quadrat* von γ entspricht.

Zusammengenommen bewirken diese beiden relativistischen Effekte, daß die Frequenz der registrierten Strahlung um einen Faktor von etwa der *dritten Potenz* von γ zunimmt. Das Synchrotron der Universität Stanford, das jetzt routinemäßig als Strahlungsquelle gebraucht wird, bringt Elektronen auf einen γ-Wert von etwa 6000 ($= 6 \times 10^3$). Die dritte Potenz γ^3 beträgt also etwas mehr als 2×10^{11}! Während die Energie der Elektronen ihrem maximalen Wert zustrebt, wechselt die registrierte Strahlung aus dem Radiobereich über Infrarot, sichtbares Licht, in den Ultraviolettbereich und schließlich in den fernen Röntgenbereich über. *Das* ist Relativität in der Wirklichkeit.

Die Welt der Raum-Zeit in der Speziellen Relativitätstheorie hat nichts Mysteriöses an sich. Sie ist die logische Konsequenz der grundlegenden physikalischen Annahme, daß sich physikalische Information nur mit endlicher Geschwindigkeit ausbreiten kann. Wenn die Gegebenheiten der relativistischen Welt noch bizarr anmuten, so allein deshalb, weil unser Verstand intuitiv von Vorstellungen ausgeht, die durch Erfahrungen mit den kleinen Geschwindigkeiten auf der Erde geprägt sind. Vielleicht ist Leben, wie wir es kennen, auf einem Planeten unmöglich, wenn Geschwindigkeiten nahe der Lichtgeschwindigkeit die Regel und nicht die Ausnahme sind. Gäbe es jedoch intelligente Lebewesen auf einem solchen Planeten, so hätten sie keinerlei Schwierigkeiten mit relativistischen Vorstellungen. Eine solche Zivilisation hätte ihren Maxwell und ihren Einstein, aber keinen Newton.

Synchrotronlicht, das am Brookhaven National Laboratory erzeugt wurde.

Referenzen

[1] Dukas, H.; Hoffmann, B. (Hrsg.) *Albert Einstein. The Human Side.* Princeton (University Press) 1979. S. 119.
[2] Ibid. S. 126.
[3] Einstein, A.; Lorentz, H. A.; Minkowski, H.; Wegl, H. *Das Relativitätsprinzip.* Stuttgart (Teubner) 1982. S. 54.
[4] Nolan, W.; Johnson, G. *Logan's Run.* New York (Dial Press) 1969. S. 176.
[5] *Encyclopaedia Britannica*, 11. Auflage, siehe unter „chemistry".
[6] Boorse, H.; Motz, L. (Hrsg.) *The World of the Atom.* New York (Basic Books) 1986. S. 1214.

David Scott auf dem Mond.

Kapitel 4

Stichwort Gravitation

Die Schwerkraft

Aristoteles (384–322 vor Christus) war der Meinung, daß die Abwärtsbewegung einer Masse aus Gold oder Blei oder irgendeines anderen mit Gewicht ausgestatteten Körpers um so schneller ablaufe, je größer sein Gewicht sei. Fast zwei Jahrtausende hat es gedauert, bis diese Behauptung endgültig widerlegt war.

Im Jahre 1636 vollendete Galileo Galilei, während er in Arcetri unter Hausarrest stand, sein größtes Werk, die *Unterredungen und mathematische Demonstrationen über zwei neue Wissenszweige*[1], die zwei Jahre später im protestantischen Leiden veröffentlicht wurden. Lassen wir Salviati, Galileis Alter ego, selber sprechen:

»*Aristoteles* sagt: ein Eisenstab von 100 Pfund kommt von einer Höhe von 100 Ellen• herabfallend in einer Zeit an, in welcher ein einpfündiger Stab, frei herabfallend, nur 1 Elle zurückgelegt hat: ich behaupte, beide kommen bei 100 Ellen Fall gleichzeitig an: Ihr findet, dass hierbei der grössere um 2 Finger breit vorauseilt, so dass, wenn der grössere an der Erde ankommt, der kleinere noch einen Weg von 2 Fingerbreit Grösse zurückzulegen hat: Ihr wollt jetzt mit diesen 2 Fingern hinwegschmuggeln die 99 Ellen des Aristotelischen Fehlers, und nur von meiner kleinen Abweichung reden, den gewaltigen Irrthum des *Aristoteles* aber verschweigen.

... andererseits aber fallen Gold, Blei, Kupfer, Porphyr und andere schwere Körper mit fast unmerklicher Verschiedenheit in der Luft; Gold von 100 Ellen Höhe kaum vier Fingerbreit früher als Kupfer: Angesichts dessen glaube ich, dass, wenn man den Widerstand der Luft ganz aufhöbe, alle Körper ganz gleich schnell fallen würden.«

Die Physik des Aristoteles stand in Einklang mit der begrenzten Erfahrung seiner Zeit. Jede Bewegung auf dem Erdboden läuft gegen einen Widerstand ab. Höhere Geschwindigkeiten erfordern deshalb eine größere Kraft – oder ein Medium mit geringerem Widerstand. Ohne irgendein Medium, also im Vakuum, könnte sich eine unendliche Geschwindigkeit ergeben; deswegen ist ein Vakuum für Aristoteles unvorstellbar. Daß diese ersten Versuche des Verstehens in einem Dogma erstarrten, steht auf einem anderen Blatt. Es brauchte einen Galilei, um zwei Dinge zu tun: den Autoritäten zu trotzen (»In Fragen der Wissenschaft ist die Autorität Tausender nicht soviel wert wie das schlichte Nachdenken eines Einzelnen«) und den großen gedanklichen Sprung zu einer idealisierten Situation zu wagen, in der sich das Verhalten fallender Körper vereinfacht, weil von einem Widerstand leistenden Medium abgesehen wird.

Ein Jahr nach Galileis Tod – er starb 1642 – erzeugte sein Schüler Evangelista Torricelli ein Vakuum. Bis zur Zeit Galileis hatte man die Funktion einer Saugpumpe, mit der man Wasser heben kann, mit dem Aristotelischen Prinzip des Horror vacui erklärt; danach meidet die Natur jegliches Vakuum. Galilei

• Bei der Elle handelt es sich um eine anthropozentrisch definierte Längeneinheit, deren genaue Größe sich von Zeit zu Zeit und Ort zu Ort änderte. Sie beschreibt den Abstand vom Ellenbogen zur Spitze des Mittelfingers, beträgt also etwa einen halben Meter. Die Höhe des Schiefen Turmes von Pisa – fast 55 Meter – würde zu der Legende passen, daß die bezeichneten Fallversuche aus 100 Ellen Höhe dort gemacht wurden.

Aristoteles (Museum von Neapel).

bemerkte, daß der Horror aufzuhören schien, sobald das Wasser eine Höhe von etwa zehn Metern erreicht hatte; weiter konnte es offenbar nicht mehr steigen. Es blieb Torricelli vorbehalten zu verstehen, welche Rolle die Atmosphäre hierbei spielt: Sie übt einen Druck auf eine Wassersäule aus, die dadurch bis zu dieser maximalen Höhe steigen kann. Um das zu beweisen, argumentierte Torricelli nun folgendermaßen: Da Quecksilber eine 13,5mal dichtere Flüssigkeit als Wasser ist, kann es durch den Atmosphärendruck nur auf eine Höhe von zehn Metern geteilt durch 13,5 steigen, also etwa drei Viertel Meter. Man füllte also Quecksilber in eine lange Glasröhre, von der ein Ende luftdicht verschlossen war, und tauchte das offene Ende senkrecht in eine mit Quecksilber gefüllte Wanne ein. Die Quecksilbersäule in der Röhre sank sofort auf die vorhergesagte Höhe, nämlich auf drei Viertel Meter über dem Quecksilberspiegel in der Wanne. Zwischen dem luftdicht verschlossenen Ende und dem Quecksilber in der umgedrehten Röhre war ein Vakuum entstanden. (Die Tatsache, daß die Höhe der Quecksilbersäule vom atmosphärischen Druck abhängt, bildet die Grundlage des Barometers.)

Als 13 Jahre später die Luftpumpe erfunden wurde, konnte man größere Volumina evakuieren und direkt im Experiment bestätigen, daß leichte und schwere Körper in einem Vakuum gleich schnell fallen. Im Jahre 1971 führte der amerikanische Astronaut David Scott auf der Mondoberfläche den Fernsehzuschauern mit folgenden Worten einen Fallversuch vor:

»In meiner linken Hand halte ich eine Feder, in meiner rechten einen Hammer. Ich glaube, einer der Gründe, warum wir heute hier sind, ist, daß ein Herr namens Galilei vor langer Zeit eine ziemlich bedeutende Entdekkung über fallende Objekte im Gravitationsfeld machte, und wir dachten, daß wohl nirgends ein besserer Ort wäre, seine Entdeckungen nachzuprüfen, als auf dem Mond. Und so kamen wir darauf, es hier für Sie auszuprobieren. Ich lasse jetzt beide, Feder und Hammer, fallen und hoffe, daß sie gleichzeitig auf dem Boden ankommen. Was ist passiert! Herr Galilei hatte recht mit seiner Entdeckung.«

Alles Show.

Der römische Dichter Titus Lucretius Carus (96–55 vor Christus) hat die atomistischen Ideen der Griechen für die westliche Welt in seiner Arbeit *Von der Natur* zugänglich gemacht; dieses Werk hat die Wissenschaftler des 17. Jahrhunderts, einschließlich Newton, stark beeinflußt. Hier ein Auszug:

»Wer nun etwa vermeint,
die schwereren Körper, die senkrecht
Rascher im Leeren versinken,
vermöchten von oben zu fallen
Auf die leichteren Körper und
dadurch die Stöße bewirken ...
Der entfernt sich gar weit
von dem richtigen Weg der Wahrheit.
Denn was immer im Wasser
herabfällt oder im Luftreich,
Muß, je schwerer es ist,
umsomehr sein Fallen beeilen,
Deshalb, weil die Natur
des Gewässers und leichteren Luftreichs
Nicht in der nämlichen Weise
den Fall zu verzögern imstand ist,
Sondern im Kampfe besiegt
vor dem Schweren schneller zurückweicht:

Dahingegen vermöchte
das Leere sich niemals und nirgends
Wider irgendein Ding
als Halt entgegenzustellen ...
Deshalb müssen die Körper
mit gleicher Geschwindigkeit alle
Trotz ungleichem Gewicht
durch das ruhende Leere sich stürzen.«[2]

Anscheinend konnte sich das Werk des Aristoteles nicht überall in der antiken Welt durchsetzen. Woher kam die bemerkenswerte Einsicht? Vielleicht wurde Newton davon beeinflußt, denn schließlich war er es, der Galileis Entdeckungen über fallende Körper in ihre endgültige Form brachte.

Materie und Masse

Newtons Bewegungsgesetze treffen eine klare Unterscheidung zwischen den Eigenschaften *Gewicht* und *Masse* der Materie. Die *Masse* eines Körpers ist ein Maß für seine *Trägheit*, also seinen Widerstand gegen Bewegungsänderungen durch eine beschleunigende Kraft. Wir wollen dies betonen, indem wir von *träger Masse* sprechen. Auf der anderen Seite ist das *Gewicht* eine *Kraft*, nämlich die Schwerkraft, mit der ein Körper von der Erde angezogen wird. (Wir werden wenig später eine genauere Definition geben.) Erinnern wir uns, daß Newton für die Gravitationskraft zwischen zwei Körpern eine präzise Formel angegeben hat: Die Kraft ist umgekehrt proportional zum Quadrat des Abstandes zwischen den Schwerpunkten dieser Körper, und sie ist proportional zum Produkt zweier Größen, die eine charakteristische Körpereigenschaft wiedergeben: die *schwere Masse*. Ein bestimmter Körper, der sich in gegebener Entfernung von anderen Körpern befindet, erfährt durch sie eine bestimmte Gravitationskraft. Wenn nun auf einen zweiten Körper an der gleichen Stelle eine doppelt so starke Kraft wirkt, so sagen wir, daß seine schwere Masse doppelt so groß ist wie die des ersten Körpers. Auf diese Weise läßt sich jedem Körper eine schwere Masse zuordnen, indem man sie in Vielfachen einer Einheitsmasse angibt. Nun ist die *Beschleunigung*, die ein Körper in einer bestimmten Entfernung von anderen Körpern durch die Gravitationskraft erfährt, proportional zu dieser Kraft und damit proportional zu seiner *schweren Masse*. Andererseits ist dieselbe Beschleunigung nach den Newtonschen Bewegungsgesetzen umgekehrt proportional zur *trägen Masse* des Körpers. Wenn nun die Beschleunigung an einem gegebenen Ort für alle Körper gleich ist – wie es Galilei für eine Erde ohne Atmosphäre annahm –, so muß das Verhältnis von schwerer und träger Masse eine *universelle Konstante* sein: Dieses Verhältnis muß unabhängig von Art und Menge der Materie an irgendeinem Ort überall gleich sein. Dann aber ist es möglich – und auch üblich –, die schwere Masse so zu definieren, daß sie *gleich* der trägen Masse ist. Das ist die täuschend einfache Darstellung dessen, was Lucretius vorhersah und Galilei demonstrierte (bis auf Abweichungen um wenige „Finger breit").

Newton erkannte, daß man genauere Experimente benötigte, um die Gleichheit von schwerer und träger Masse besser zu bestätigen. Dazu entwarf er ein neues Experiment mit Pendeln. Wie in Kapitel 3 erwähnt, vollzieht sich im schwingenden Pendel ein stetiger Austausch von potentieller und kinetischer Energie. Am Umkehrpunkt der Schwingung befindet sich der Pendelkörper in Ruhe und besitzt nur potentielle Energie – sie ist gleich der Arbeit, die beim Heben des Gewichtes von der tiefen Lage auf diese Höhe verrichtet wird. Die potentielle Energie ist proportional zu diesem Gewicht und somit zur *schweren* Masse des Pendelkörpers. (Hier wird ein ideales Pendel betrachtet, dessen gesamte Masse im Pendelgewicht konzentriert ist.) Am tiefsten Punkt der Schwingung besitzt er nur kinetische Energie, und die ist gleich $\frac{1}{2}mv^2$, wobei m die *träge* Masse bedeutet.

Wenn schwere und träge Masse immer im gleichen Verhältnis zueinander vorkommen (so daß man sie als gleich groß betrachten kann), so tritt diese einzige Masse als gemeinsamer Faktor bei beiden Energien auf. Die Schwingungsperiode des Pendels ist also unabhängig von Masse und Zusammensetzung des Pendelkörpers und vollständig durch die Pendellänge und die Fallbeschleunigung g am Ort des Pendels bestimmt. Nehmen wir jedoch einmal an, für zwei Pendelkörper ergäbe sich ein unterschiedliches Verhältnis von träger und schwerer Masse. Die Schwingungsdauer hinge dann vom benutzten Pendelkörper ab. Betrachten wir als Beispiel ein Pendel, bei dem die träge Masse größer ist als die schwere. In diesem Fall ergäbe sich bei der Umwandlung von potentieller Energie in kinetische eine geringere Geschwindigkeit, denn bei gegebener Bewegungsenergie von $E_{kin} = \frac{1}{2}mv^2$ hätte eine größere träge Masse m ein kleineres v zur Folge. Das Pendel würde dadurch aber langsamer schwingen, also mit größerer Schwingungsdauer. Mit Zeitmessungen an Pendeln aus verschiedenen Materialien versuchte Newton, das Verhältnis von träger und schwerer Masse zu finden. Er stellte fest, daß dieses Verhältnis konstant ist – mit einer Genauigkeit von 1 : 1000. Bis etwa 1925 erreichte man bei solchen Messungen eine 100mal höhere Genauigkeit.

Aber schon vor der Jahrhundertwende hatte der ungarische Physiker Baron Roland von Eötvös ein weitaus genaueres Experiment konzipiert und durchgeführt. Um das Meßprinzip zu verstehen, wenden wir uns wieder der Anziehungskraft zu, die die Erde – und zwar die *rotierende* Erde – auf Körper ausübt. Die einfache Überlegung, daß durch diese Erddrehung alle Gegenstände von der Erdoberfläche wegfliegen müßten, was ja

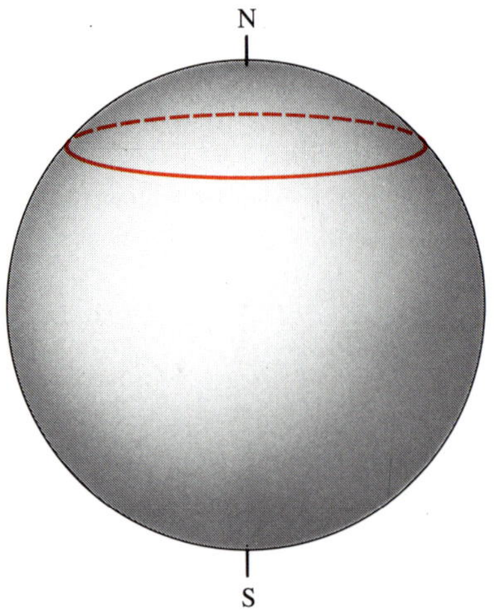

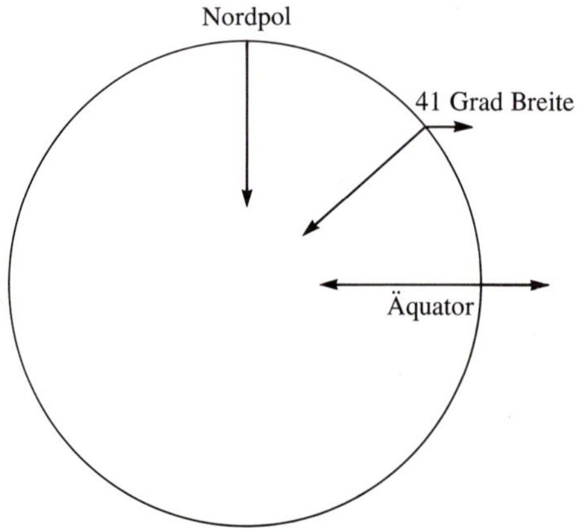

offenbar nicht der Fall ist, gehörte zu den klassischen Einwänden gegen das Kopernikanische Weltsystem. Dieses Argument beruhte auf der richtigen Einsicht, daß alle Körper infolge ihrer Trägheit zur geradlinigen Bewegung neigen, ließ aber die wichtige Bedeutung der *relativen* Bewegung außer acht: Solange sich ein Körper nur während eines kurzen Zeitintervalls kräftefrei oberhalb der Erdoberfläche bewegt, scheint diese Bewegung mit der Erddrehung unter ihm übereinzustimmen. Im Lauf der Zeit ergibt sich allerdings ein *Unterschied*: Ein Punkt auf der rotierenden Erde bewegt sich auf einem Kreis, das heißt, er fällt von dem geradlinigen Weg weg, dem der freie Körper aufgrund seiner Trägheit folgen würde. Vom Erdboden aus gesehen schiene sich ein solcher Körper vom Rotationszentrum weg *nach außen* hin zu beschleunigen.

Infolge der Erdrotation bewegt sich ein Punkt auf der Oberfläche entlang eines Kreises, der in einer Ebene senkrecht zur Rotationsachse liegt, also – je nach geographischer Breite – irgendwo zwischen Nord- und Südpol. (Zum Beispiel haben New York und Neapel eine nördliche Breite von ungefähr 41 Grad.) Die Beschleunigung, die ein Körper aufgrund seiner Trägheit scheinbar durch die Erddrehung bekommt, ergibt mit der trägen Masse dieses Körpers multipliziert die *Kraft*, die auf diesen Körper wirkt – zusätzlich zur Schwerkraft in Richtung des Erdmittelpunktes.

Diese zusätzliche Kraft fehlt an den Polen, da es dort keine Bewegung gibt, und erreicht am Äquator ihren maximalen Wert. Dort wirkt sie gerade entgegengesetzt zur Gravitationskraft, was zu einer etwas geringeren *effektiven* Gravitationskraft führt.•

Baron Eötvös erkannte, daß sich die effektive Gravitationskraft, die ein Körper auf der Erdoberfläche erfährt, aus zwei Komponenten zusammensetzt: einer *Anziehungs*kraft in Richtung Erdmittelpunkt, die zur *schweren* Masse des Körpers proportional ist, und einer *Abstoßungs*kraft, die von der Rotationsachse der Erde weg gerichtet und zur *trägen* Masse des Körpers proportional ist. Die zusammengesetzte Kraft aus diesen beiden Komponenten weist im allgemeinen *nicht* zum Erdmittelpunkt hin – außer an den Polen und am Äquator. Sie sollte jedoch an einem gegebenen Ort für alle Körper die gleiche Richtung haben, sofern das Verhältnis von schwerer zu träger Masse eine universelle Konstante ist – und beide Massen gleichgesetzt werden können. Falls dieses Verhältnis jedoch nicht für alle Stoffe gleich wäre, könnten die Richtungen der Kräfte auf zwei solche Körper voneinander abweichen – und dieser Unterschied wäre dann möglicherweise auch meßbar. Newtons Pendelversuch hatte bereits gezeigt, daß die Abweichungen im Verhältnis der beiden Massen höchstens im Promillebereich liegen könnten, der Richtungsunterschied also entsprechend klein sein müßte. Wie ließen sich so extrem kleine Winkel messen?

Eötvös fand in der Torsionswaage die gesuchte experimentelle Lösung. Damit ließen

---

• Da die effektive Gravitationskraft am Äquator schwächer ist, hat sich dieser Bereich nach außen gewölbt und die Erde abgeplattet: Im Lauf der Zeit wurde der äquatoriale Radius etwa 20 Kilometer größer als der polare Radius. Der größere äquatoriale Radius bringt wiederum eine Abnahme der effektiven Gravitationskraft am Äquator mit sich, weil die Entfernung zum Erdmittelpunkt größer ist als an den Polen (siehe Exkurs 4.2). Wie in Kapitel 2 erwähnt, wirken auf den äquatorialen Wulst die Gravitationskräfte von Mond und Sonne ein und verursachen eine sehr langsame Richtungsänderung der Erdachse.

sich noch extrem kleine Kräfte nachweisen und messen, weil sie einen sehr dünnen Draht oder eine Quarzfaser verdrillen. Die Nachweisgrenze lag bei einer Verdrillung um einen Winkel von wenigen Bogenminuten. Die Torsionswaage war bereits ein Jahrhundert zuvor erfunden worden. Henry Cavendish hatte sie als erster eingesetzt, um die Dichte der Erde zu bestimmen, und später benutzte Charles Augustin Coulomb dieses Meßinstrument bei elektrischen Untersuchungen.

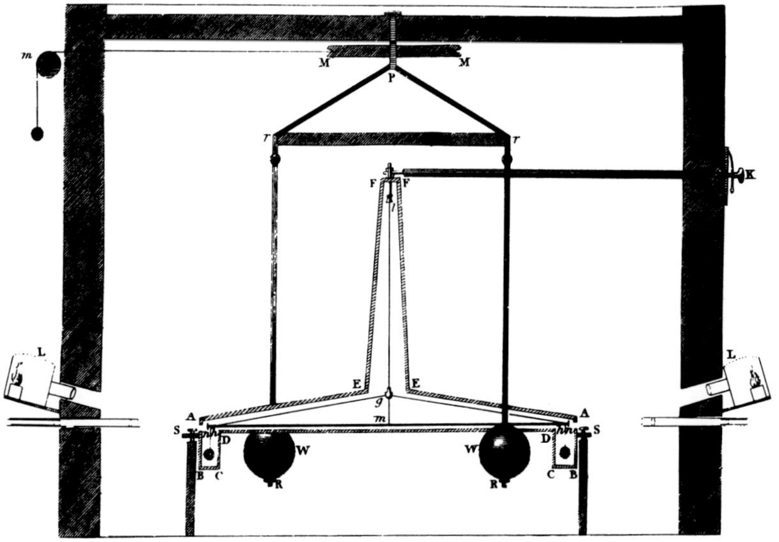

Cavendishs Torsionswaage. Mit dieser Anordnung bestimmte Cavendish 1797 die Dichte der Erde.

Beim Eötvös-Experiment, das er 1889 zum ersten Mal durchführte, hingen zwei Körper aus unterschiedlichem Material an den Enden eines horizontalen Balkens, der seinerseits an einem dünnen Draht aufgehängt war. Dieser Draht war so angebracht, daß das Gesamtgewicht ausbalanciert wurde. Bei zwei Körpern, für die das Verhältnis von schwerer und träger Masse nicht übereinstimmte, sollten die Gravitationskräfte, die auf beide wirken, nicht exakt in dieselbe Richtung zeigen und dadurch eine resultierende Kraft ergeben, die den Draht verdrillt. Die Genauigkeit dieser Meßmethode ist so enorm, daß eine solche Verdrillungskraft – oder ihr Fehlen – mit einer 100000mal höheren Präzision nachweisbar war als bei Newtons Versuchen. Eötvös und seine Mitarbeiter führten diese Experimente in der darauffolgenden Zeit mit unterschiedlichen Materialien weiter fort. Die Gleichheit von schwerer und träger Masse war dann bis 1922 – etwa drei Jahre nach dem Tod von Eötvös – mit einer Genauigkeit von mehr als fünf Milliardstel bestätigt. Eötvös war 1919 gestorben, als in Ungarn für kurze Zeit eine Räteregierung unter Béla Kun an der Macht war.

Eine Tatsache ohne Zusammenhang

Im Jahre 1907 arbeitete Albert Einstein noch immer am Eidgenössischen Patentamt in Bern; erst 1909 bekam er an der Universität Zürich die Stelle eines außerplanmäßigen Professors.

In seiner Speziellen Relativitätstheorie hatte Einstein mit der Vorstellung einer *absoluten Geschwindigkeit* gebrochen: Jede Bewegung wird in dieser Theorie *relativ* zu einem *gleichförmig bewegten*, also *unbeschleunigten* Beobachter beschrieben. Aber warum sollte man voraussetzen, daß der Beobachter unbeschleunigt sein muß? Einstein störte daran, daß die *Absolutheit* der Beschleunigung bestehen blieb. In einem Übersichtsartikel über Relativität stellte er die Frage, ob das Relativitätsprinzip nicht auch für Bezugssysteme gelten könne, die relativ zueinander beschleunigt sind.

Ausgehend von dieser Frage konzentrierte sich Einstein mit sicherem Instinkt zunächst auf den einfachsten Fall einer *konstanten* Beschleunigung. Angenommen, mehrere Körper befinden sich relativ zu einem inertialen Beobachter in Ruhe, wie sieht das dann für einen zweiten Beobachter aus, der sich mit konstanter Beschleunigung relativ zum ersten bewegt? Wenn der erste Beobachter die Bewegungsrichtung des zweiten mit „aufwärts" bezeichnet, so werden sich für den zweiten Beobachter alle Körper mit der *gleichen* konstanten Beschleunigung „abwärts" bewegen. Jetzt müßte etwas klingeln: Stichwort Galilei! Das ist ja gerade das bekannte Verhalten von Massen, die einer konstanten Gravitationskraft ausgesetzt sind. Zunächst war das als eine mysteriöse Regelmäßigkeit der Natur erschienen, *eine einzelne Tatsache ohne Zusammenhang*. Einstein stellte dieselbe Tatsache nun anders dar: Die Gleichheit von schwerer und träger Masse ist die Folge einer *Äquivalenz* von konstantem Gravitationsfeld und konstanter Beschleunigung. Im Hinblick auf die Gleichheit von schwerer und träger Masse sagte Einstein später:

»Dieser Satz, der auch als der Satz der Gleichheit der trägen und schweren Masse formuliert werden kann, leuchtete mir nun in seiner tiefen Bedeutung ein ... An seiner strengen Gültigkeit habe ich auch ohne Kenntnis des Resultates der schönen Versuche von Eötvös, die mir – wenn ich mich richtig erinnere – erst später bekannt wurden, nicht ernsthaft gezweifelt.«[3]

Die Äquivalenz von gleichförmiger Beschleunigung und konstantem Gravitationsfeld entdeckte Einstein im Zusammenhang mit einfachen mechanischen Bewegungen. Aber er sah darin eine Antwort auf die alte Frage nach dem Grund der Gleichheit von schwerer und träger Masse und schrieb dieser Äquivalenz eine allgemeine Gültigkeit zu. Das ist die grundlegende Annahme, die man später Äquivalenzprinzip genannt hat. Einstein hat sie 1907 so formuliert:

»Wir haben daher bei dem gegenwärtigen Stande unserer Erfahrung keinen Anlaß zu der Annahme, daß sich (relativ beschleunigte Bezugssysteme) in irgendeiner Beziehung voneinander unterscheiden, und wollen daher im folgenden die völlige physikalische Gleichwertigkeit von Gravitationsfeld und entsprechender Beschleunigung des Bezugssystems annehmen.«[4]

Einige Jahre später führte Einstein dann ein berühmtes Gedankenexperiment an, mit dem er auf einigen Widerspruch stieß: Ein Beobachter, der sich in einem fensterlosen Aufzug befindet, soll entscheiden, ob seine Erfahrungen auf der Wirkung eines Gravitationsfeldes oder einer Beschleunigung beruhen. Im Zeitalter der Raumfahrt wollen wir dieses Gedankenexperiment in einer geringfügig abgewandelten Inszenierung betrachten.

Mission Einstein: Ein physikalisches Lehrstück in drei Akten

Prolog

Die *Los Angeles Times* berichtete im November 1980, daß ein Roboter in einem Universitätslabor durchgedreht und sich selbst zerstört habe:

»Gainesville, 27. November 1980 (UPI) – Ein Versuchsroboter lief in einem Labor der Universität von Florida Amok, zerstörte sich selbst, bevor die einzige Person, die sich am letzten Wochenende zur Zeit dieses Vorfalls im Universitätszentrum für Intelligente Maschinen und Roboterlaboratorium befand, den „Todes“schalter betätigen konnte.«

Zeitwechsel. Wir befinden uns jetzt in einer nahen Zukunft. All diese frühen Entwicklungsschwierigkeiten scheinen nun überwunden. Roboterastronauten werden mittlerweile routinemäßig für schwierige Raummissionen eingesetzt. Als Teil der Programmierung solcher Roboter soll die Raumsonde *Einstein* von einem Raumtransporter ausgesetzt werden. Wegen einer Reduzierung des NASA-Budgets wurde die ursprünglich geplante Robotermannschaft von *Einstein* auf die Hälfte reduziert; an Bord befindet sich nur ein Roboterastronaut: Er heißt EIN.

Start vom Kennedy Space Center in Florida. Der Raumtransporter wird zur Abschußrampe 39 gebracht. Das *Space Shuttle* ist auf dem Tank mit dem Flüssigtreibstoff angebracht, an dessen Seiten zwei Startraketen befestigt sind. Die beiden Startraketen werden gezündet, vom äußeren Tank getrennt, der Tank wird entfernt, bevor die Umlaufgeschwindigkeit erreicht ist. Die Raumfähre tritt in die Umlaufbahn ein. Relativ zur Erde fliegt sie jetzt kopfüber. Die Türen zum Nutzlastraum öffnen sich, der Ingenieur auf der Erde läßt *Einstein* aussetzen, und der Antrieb der Sonde wird gezündet.

Erster Akt, erste Szene

(EIN sitzt festgeschnallt und bewegungslos auf einem Stuhl vor einer Konsole mit vielen Schaltern und Lichtern und einem Regal mit Schraubenschlüsseln. Hinter der Konsole befindet sich ein großer Bildschirm, der noch dunkel ist. Ein Licht leuchtet auf. EIN bewegt sich und spricht.)

EIN: Der Bordcomputer hat mich aktiviert. Oh, ich sehe, daß mein Vorprogramm, für die Bandaufnahme alles in Worten auszudrücken, erfolgreich war. Nun, wo bin ich?

(Noch während er seine Handlungen beschreibt, holt er sich einen Schraubenschlüssel und läßt ihn los; der Schlüssel rührt sich nicht. Dann gibt er ihm einen horizontalen Stoß, worauf der Schlüssel allmählich aus der Szenerie schwebt.)

EIN: Keine Gravitation. Ich muß irgendwo im leeren Raum sein, weitab von allen anziehenden Körpern. Ich werde das nachprüfen, indem ich eine schnelle Salve in Vorwärtsrichtung losfeuere und nachsehe, was passiert.

(EIN drückt auf einen Knopf; daraufhin folgt ein leichtes Zittern. Er drückt einen anderen Knopf, der Bildschirm erhellt sich und zeigt das rote Glühen von Raketenabgasen, die gleichbleibend in der Mitte des Bildschirms zu sehen sind, während sich ihr Leuchten rasch abschwächt.)

EIN: Dasselbe – es gibt keine Kräfte, die es nach unten ziehen.

(Das rote Glühen verlagert sich langsam aufwärts.)

EIN: Halt! Irgendetwas zieht meine Salve nach *oben*. Oder könnte es sein, daß etwas mich nach *unten* zieht? Wenn ich das nicht herausfinde, laufe ich Amok. Wo ist der Schalter, der mir die Sicht nach unten auf den Bildschirm bringt? Hier!

(Der Schalter funktioniert; auf dem Schirm erscheint das Bild der kraterübersäten Mondoberfläche, die sich in gleichbleibender Entfernung unter der Kamera wegdreht.)

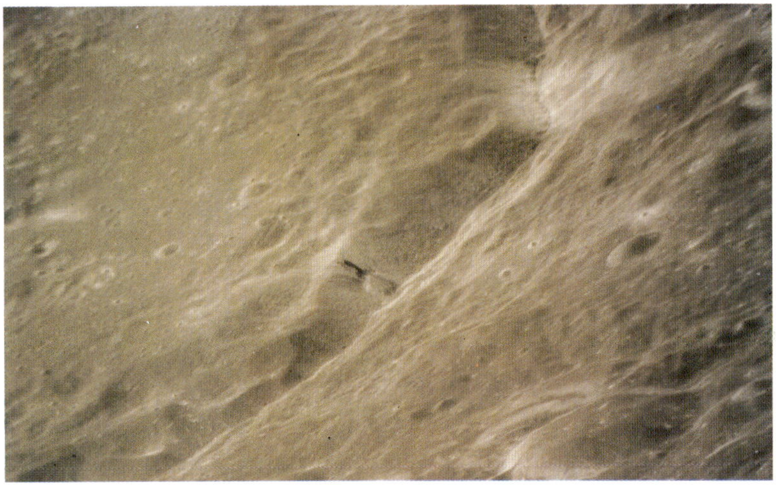

Die Mondoberfläche, aufgenommen aus einer Umlaufbahn.

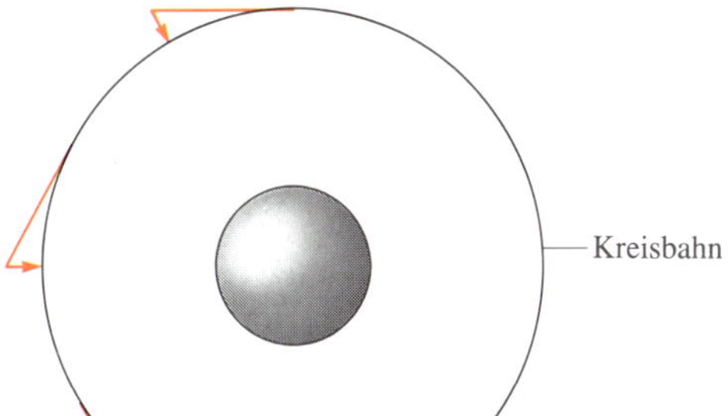

EIN: Ich befand mich die ganze Zeit auf einer Umlaufbahn um den Mond! Warum aber ließ die Gravitationskraft den Schraubenschlüssel nicht nach unten fallen?

Gravitation und Beschleunigung bei der Mission Einstein

Der Schraubenschlüssel fiel; aber auch das Raumschiff fiel, und zwar mit der gleichen Geschwindigkeit. Innerhalb des Raumschiffes war deshalb keine *relative* Bewegung feststellbar. Da die Dimensionen des Raumschiffes verglichen mit der Größe des Mondes sehr klein sind, ist die Gravitationskraft im Inneren und in der Umgebung der Raumsonde mit hoher Genauigkeit konstant. Für einen Beobachter auf dem Mond haben das Raumschiff und alles, was darin ist, dieselbe Beschleunigung. Sie fallen gemeinsam. In bezug auf einen anderen Beobachter, der relativ zum Mond beschleunigt ist und für den das Raumschiff ruht, sind auch alle ungestörten Objekte in dessen Inneren in Ruhe. Die Äquivalenz von konstantem Gravitationsfeld und konstanter Beschleunigung hat hier offenbar zur Folge, daß die Gravitationskraft durch eine geeignete Beschleunigung *aufgehoben* wird. Das tritt immer dann ein, wenn ein Bezugssystem frei fällt. Einen Vorgeschmack von den Erfahrungen in einem frei fallenden System kann man in einem Flugzeug bekommen, das plötzlich absackt: Man wird vom Sitz gerissen und fühlt sich leichter. Eine völlige Schwerelosigkeit gehört in der Raumfahrt mittlerweile zur Routine.•

Die Bewegung des Raumschiffes *Einstein* auf seiner kreisförmigen Umlaufbahn ist mehr als ein einfacher freier Fall, denn es fliegt ja zugleich auch senkrecht zur Richtung der Gravitationskraft. Diese senkrechte Bewegungskomponente würde, für sich genommen, einen geradlinigen Flug des Schiffes bewirken; umgekehrt käme es zum Absturz, wenn diese Komponente fehlen würde. Ein ausbalanciertes Gleichgewicht mit der Gravitationskraft hält das Raumschiff auf seiner Umlaufbahn: Es fällt stetig von einem geraden Weg auf die Kreisbahn. Dagegen war die von EIN losgefeuerte Salve zu schnell, als daß sie auf derselben Umlaufbahn wie das Raumschiff gehalten werden konnte.

Erster Akt, zweite Szene

(Nachdem der Computer EIN über die physikalischen Sachverhalte aufgeklärt hat, schaltet er den Roboter aus, steuert das Raumschiff aus der Umlaufbahn heraus in den tiefen interplanetaren Raum und läßt die Raketentriebwerke zünden, so daß die Einstein *schließlich mit einer konstanten Beschleunigung fliegt; diese Beschleunigung ist gleich der Fallbeschleunigung an der Oberfläche des Mondes von $\frac{1}{6}g$, einem Sechstel der Fallbeschleunigung auf der Erde. EIN wird wieder angeschaltet.)*

EIN: Hier bin ich wieder. Aber irgendetwas hat sich geändert. Ich nehme diesmal zwei Schraubenschlüssel mit verschiedenen Massen, halte sie in der Luft auf gleicher Höhe und lasse sie gleichzeitig los. (*Klirren.*) Beide sind heruntergefallen und haben gleichzeitig den Boden erreicht! Das ist ein untrügliches Kennzeichen für ein Gravitationsfeld. Das Schwerefeld ist aber viel schwächer als auf der Erde. Seiner geringen Stärke nach zu urteilen, haben wir die Umlaufbahn um den Mond verlassen und sind nun auf ihm gelandet. Ob die mich wohl für die Rolle des

---

• Die Gewöhnung an den Zustand der Schwerelosigkeit kann Probleme mit sich bringen. Von einem Skylabastronauten wurde erzählt, er habe nach der Rückkehr zur Erde beim morgendlichen Rasieren die Flasche mit dem Rasierwasser in der Luft abgestellt – was natürlich mit einem großen Krach endete.

David Scott in einem spannenden Raketenwestern testen wollen?

Gravitation und Beschleunigung – ein Nachtrag

Für EIN ist das alles eine Sache der Gravitation. Für einen unbeschleunigten Beobachter hingegen bewegt sich der Boden des mit $\frac{1}{6}g$ beschleunigten Raumschiffes auf die Schraubenschlüssel zu und erreicht beide zur gleichen Zeit. Innerhalb des beschleunigten Raumschiffes wirkt das dann so, als fielen die beiden Schlüssel aufgrund einer Gravitationsanziehung zu Boden.

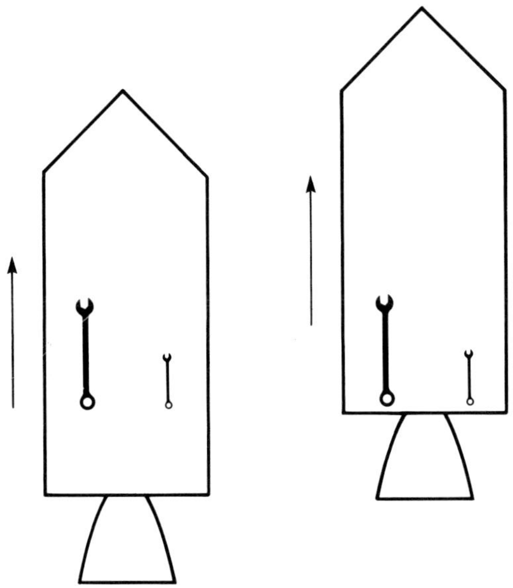

Zweiter Akt

(Der Computer hat eben erklärt, daß sich die Einstein *nicht auf der Mondoberfläche, sondern tief im Raum befindet. Nachdem EIN daraufhin eine Weile mürrisch herumgesessen hat, beginnt er zu sprechen.)*

EIN: Das war ein mieser Trick. Einen Augenblick lang habe ich von einer kleinen Abschußrampe in Beverly Hills geträumt. Besonders ärgerlich finde ich, daß ich vom Inneren des Raumschiffes aus nicht feststellen kann, ob ich mich in einer Umlaufbahn befinde. Es ist zum Verrücktwerden. Ich will mir aber etwas ausdenken: Ich hab's: Jetzt, wo sich das Schiff ohne Beschleunigung im interplanetaren Raum bewegt, kann ich einen eng gebündelten waagerechten Lichtstrahl zu Hilfe nehmen. Ich richte einen Laserstrahl so aus, daß er auf einen sehr kleinen Detektor fällt. Wenn ich dann wieder in eine Umlaufbahn gebracht werde, kann ich das daran auch im Schiffsinneren feststellen.

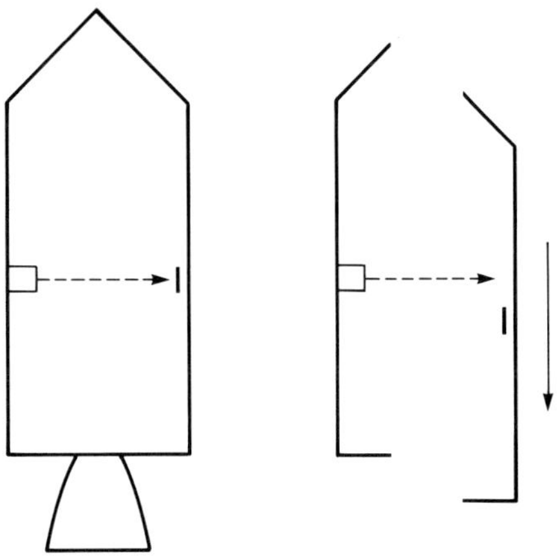

unbeschleunigtes Raumschiff

Raumschiff im freien Fall

Der Laserstrahl verläuft für einen unbeschleunigten Beobachter geradlinig in Richtung Detektor. Aber während das Licht unterwegs zum Detektor ist, fällt das Schiff in einer Umlaufbahn ständig in Richtung des Gravitationsfeldes. Der Laserstrahl muß dann also *oberhalb* des Detektors auf die Wand treffen. Daran kann ich sehen, daß ein Gravitationsfeld vorhanden ist – richtig, Computer?

Das Äquivalenzprinzip und die Gravitationsenergie

Albert Einsteins Äquivalenzprinzip besagt, daß es grundsätzlich unmöglich ist, zwischen gleichförmigem Gravitationsfeld und gleichförmiger Beschleunigung zu unterscheiden – egal, welche physikalischen Vorgänge man in Betracht zieht. Im Inneren des Raumschiffes, das sich zum Beispiel in einer Mondumlaufbahn befinden kann, heben sich Gravitation und Beschleunigung gegenseitig auf; sie können also nicht getrennt wahrgenommen werden. Um zu verstehen, was EIN – in seiner unvollkommenen Programmierung – übersehen hat, knüpfen wir nochmals bei der *Gleichheit* von schwerer und träger Masse an. Wir wissen, daß träge Masse und Energie proportional sind: $E = mc^2$; daraus schließen wir, daß alle Arten von Energie, die träge Masse erzeugen, auch schwere Masse produzieren. Das heißt, *Energie*, in welcher Form auch immer, *unterliegt der Gravitation*. Das schließt insbesondere auch elektromagnetische Energie ein. Ein Laserstrahl fällt in einem Gravitationsfeld mithin genauso wie ein Raumschiff. Deshalb trifft der Strahl auch im fallenden Raumschiff auf den Detektor, und alles sieht im Inneren so aus, als treibe das Raumschiff ohne äußere Einflüsse durch den interplanetaren Raum – es gibt keinerlei Anzeichen für ein Gravitationsfeld oder eine Beschleunigung. Diese Folgerung aus dem Äquivalenzprinzip wirft im Hinblick auf die Beobachtung zwei Fragen auf:

1. Welche experimentellen Hinweise sprechen dafür, daß die verschiedenen Energieformen zur schweren Masse beitragen?
2. Kann man direkt nachweisen, daß die Gravitation die Lichtbewegung beeinflußt?

Um die erste Frage zu beantworten, gehen wir von der hohen Genauigkeit aus, mit der die Gleichheit von schwerer und träger Masse inzwischen bestätigt ist: Neuere Versionen des Eötvös-Experiments ergaben in den sechziger und siebziger Jahren Genauigkeiten von Eins zu einer Billion (10^{-12}). Stellen wir unsere Frage zunächst für die Energie, die Neutronen und Protonen im Atomkern zusammenhält. Zwei Deuteronen und ein Heliumkern (der übliche) setzen sich jeweils aus den gleichen Kernteilchen zusammen, nämlich zwei Neutronen und zwei Protonen. Wie in Kapitel 3 erwähnt, sind die Bestandteile des Heliumkerns stärker gebunden als zwei Deuteronen – die Differenz entspricht 0,6 Prozent der Gesamtmasse. Wenn die Gesamtmasse das Äquivalenzprinzip mit einer Genauigkeit von 10^{-12} erfüllt, so tut dies also die nukleare Bindungsenergie mit einer Genauigkeit von Eins zu 6×10^9, denn $1/[(6 \times 10^{-3}) \times 10^{12}] = 1/(6 \times 10^9)$.

Wie steht es mit der elektrischen Energie? Vergleicht man die Atomkerne – ausgehend vom Wasserstoffkern, dem Proton, bis zum Kern des häufigsten Uranisotops ^{238}U, der aus 92 Protonen und 146 Neutronen besteht –, so stellt man fest, daß die Abstoßungsenergie zwischen den positiv geladenen Teilchen auf 0,4 Prozent der Gesamtenergie ansteigt. Wir ersehen daraus, daß die elektrische Energie dem Äquivalenzprinzip mit einer Genauigkeit von Eins zu 4×10^9 folgt. Sollte die elektromagnetische Energie hier sehr viel schlechter abschneiden?

Völlig anders sieht der Test des Äquivalenzprinzips für die Gravitationsenergie aus. Zu diesem Zweck wurden bei Mondlandungen auf der Mondoberfläche rechteckige Reflektoren aufgestellt, die ein elektromagnetisches Signal von der Erde zur Quelle zurückreflektierten. Die Signale, kurze Laserpulse, wurden vom McDonald-Observatorium in Texas ausgesandt, um anhand der Laufzeit die Entfernung Erde – Mond präzise zu bestimmen. Die Genauigkeit einer Einzelmessung beträgt – bezogen auf eine Entfernung von etwa 380 000 Kilometern – nur ungefähr einen halben Meter. Diese Entfernungsmessungen liefen als Versuchsreihe über mehrere Jahre. Wenn nun die schwere Masse der Erde merklich von ihrer trägen Masse abwiche, hätte dies Auswirkungen auf die Mondbahn: Diese Differenz würde die Bewegung des Mondes genauso beeinflussen wie der Äquatorwulst der Erde, der eine zusätzliche Anziehungskraft bewirkt. Tatsächlich wurden im Laufe der Jahre nur solche Veränderungen der Entfernung zwischen Erde und Mond beobachtet, die allein mit dem Einfluß des Äquatorwulstes der Erde zu erklären sind. Innerhalb der bekannten experimentellen Fehler stimmen schwere und träge Masse der Erde mit einer Genauigkeit von 2×10^{-11} überein. Nun trägt die Gravitationsenergie der Erde zur Masse nur einen Bruchteil von etwa 4×10^{-10} bei (siehe Exkurs 4.1), womit das Äquivalenzprinzip für die Gravitationsenergie mit einer Genauigkeit von Eins zu $(4 \times 10^{-10}) \times (\frac{1}{2}) \times 10^{11}$, das heißt 1:20, bestätigt ist; das sind einige Prozent. In Kapitel 5 werden wir noch einen völlig anders gearteten Beweis für die Tatsache kennenlernen, daß die *Gravitationsenergie* der *Gravitation unterliegt*.

Lichtablenkung im Gravitationsfeld

Welches Experiment könnte zeigen, daß Licht in einem Gravitationsfeld fällt? Zwei-

Exkurs 4.1

Die Gravitationsenergie der Erde

Bei einer kugelsymmetrischen Materieansammlung, beispielsweise der Erde, erfordert es eine ganz bestimmte Energie, um die Einzelbestandteile gegen die Gravitationskräfte zu trennen und weit auseinander zu bringen. Umgekehrt würde derselbe Energiebetrag frei, wenn diese Einzelteile wieder zu einem Ganzen zusammengefügt werden. Um diese Gravitationsenergie zu berechnen, kann man die Masse in dünne Kugelschalen zerlegen und für jede davon die Arbeit berechnen, die nötig ist, um die jeweilige Schicht von den noch darunterliegenden zu entfernen; die Summe dieser Einzelbeiträge ergibt als Gesamtarbeit die gesuchte Energie. Für eine ganz grobe Abschätzung betrachten wir eine Schale, in der die halbe Gesamtmasse M enthalten ist. Um diese Schale gegen die ungeänderte Oberflächenbeschleunigung g in eine Entfernung von einem Erdradius R zu bringen, wird eine Arbeit von $\frac{1}{2}MgR$ benötigt. Das weicht um 20 Prozent von der korrekten Rechnung für eine Kugel konstanter Dichte ab, die eine Arbeit von $\frac{3}{5}MgR$ ergibt. Im Vergleich zur gesamten relativistischen Energie von Mc^2 entspricht die Gravitationsenergie einem Bruchteil von $\frac{3}{5}gR/c^2$. Setzen wir die numerischen Werte $g = 9{,}8 \mathrm{m/s^2}$, $R = 6{,}4 \times 10^3 \mathrm{km}$, $c = 3 \times 10^5 \mathrm{km/s}$ ein, so erhalten wir für $\frac{3}{5}gR/c^2$ den Wert $4{,}2 \times 10^{-10} =$ 0,42 Milliardstel.

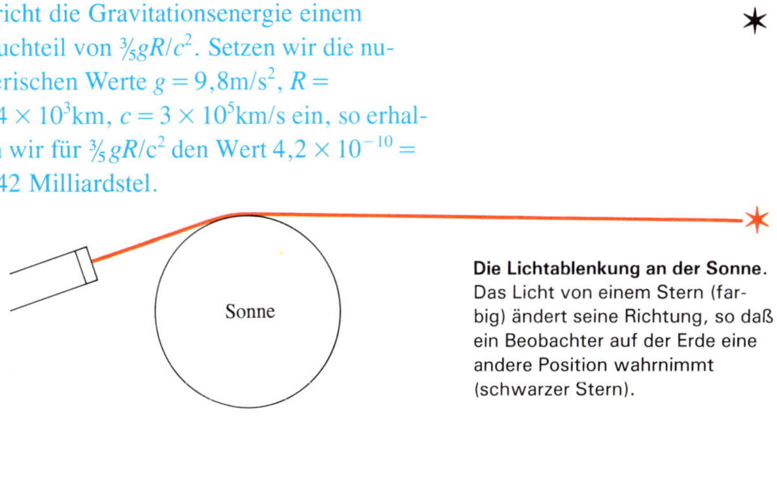

Die Lichtablenkung an der Sonne. Das Licht von einem Stern (farbig) ändert seine Richtung, so daß ein Beobachter auf der Erde eine andere Position wahrnimmt (schwarzer Stern).

fellos wird man sich hier das stärkste verfügbare Feld zunutze machen – und da bietet sich die Oberfläche der Sonne an. Die Sonne hat eine 333 000mal höhere Masse als die Erde; ihr Radius ist 109mal größer als der Erdradius, was im Quadrat einen Faktor 11 900 ergibt. Wenn wir das Massenverhältnis ($3{,}33 \times 10^5$) durch das Quadrat des Verhältnisses der Radien ($1{,}19 \times 10^4$) dividieren, so erhalten wir das Verhältnis der Fallbeschleunigungen. Auf der Sonnenoberfläche beträgt die Fallbeschleunigung 28*g*, also das 28fache des Wertes auf der Erde. Wenn nun Licht tangential auf die Sonnenoberfläche trifft, um welche Höhe wird es dann innerhalb einer horizontalen Entfernung von, sagen wir, 300 Metern fallen? Für diese Entfernung benötigt das Licht eine Millionstel Sekunde. Bei einer Fallbeschleunigung von etwa 30*g* – oder 300 Metern pro Quadratsekunde – ist die Fallhöhe nicht größer als der Durchmesser eines typischen Atoms.• Solche Entfernungen lassen sich nur mit einiger Mühe bestimmen – ganz zu schweigen von den unangenehmen Versuchsbedingungen auf der Sonne. Offenbar muß man viel größere Lichtwege beobachten, nämlich über astronomische Entfernungen hinweg. Dann besteht auch keinerlei Notwendigkeit mehr, das Experiment auf der Sonnenoberfläche durchzuführen. Wir können auf der kühlen grünen Erde bleiben und einen Lichtstrahl beobachten, der von einem Stern kommt und gerade den Sonnenrand streift. Wenn das Licht auf die Anziehung durch die Sonne reagiert, muß sich sein Weg krümmen, und das heißt, daß der Stern in einer etwas anderen Richtung zu sehen ist, als es seiner tatsächlichen Position entspricht.

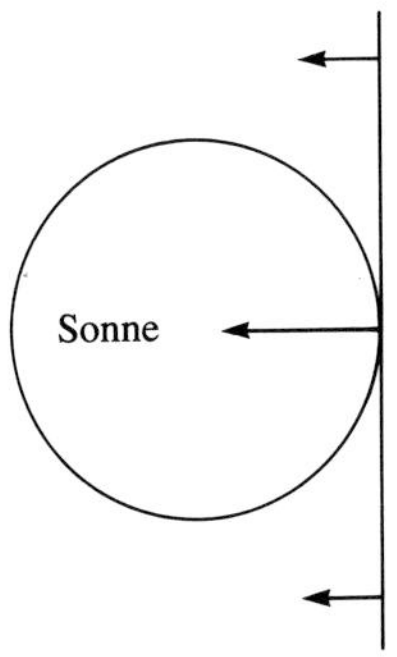

Genau dieses Experiment hat Einstein 1911 vorgeschlagen. Er berechnete auch das Ausmaß der Lichtablenkung und erklärte, wie man sie beobachten konnte: »Da die Fixsterne der der Sonne zugewandten Himmelspartien bei totalen Sonnenfinsternissen sichtbar werden, ist diese Konsequenz der Theorie mit der Erfahrung vergleichbar.«[5] Was war mit dieser „Konsequenz der Theorie" gemeint? Obwohl Einstein sie anders hergeleitet hat, scheint sie direkt aus unseren bisherigen Überlegungen zu folgen. Licht sollte wie jeder andere Körper in einem Gravitationsfeld fallen und sich nur durch seine hohe Geschwindigkeit *c* auszeichnen. Dieser Effekt war schon zu Beginn des 19. Jahrhunderts berechnet worden, mit genau dem Ergebnis, das auch Einstein mehr als hundert Jahre später fand. (Einstein wußte allerdings nichts von dieser Vorwegnahme seines Resultates.)

Angenommen, ein Körper bewege sich mit der Geschwindigkeit *c* geradlinig auf den Rand der Sonne zu. Während er an der Sonne vorbeifliegt, nimmt die Kraft, die senkrecht zur ursprünglichen Flugrichtung wirkt, zunächst zu, erreicht bei der größten Annäherung an die Sonne ein Maximum und nimmt danach wieder ab. Dabei ergibt sich ein Impulsübertrag senkrecht zur ursprünglichen Flugrichtung des Körpers. Vergleichen wir diesen senkrechten Impuls mit dem Anfangsimpuls des herannahenden Körpers, so zeigt sich, daß dieser beim Vorbeiflug um einen ganz bestimmten Winkel abgelenkt wird. Um die Sache zu vereinfachen, machen wir von der Tatsache Gebrauch, daß der Körper innerhalb eines Sonnenradius

• Nach Galilei (siehe Kapitel 3) entspricht die Fallhöhe der Hälfte des Produktes aus Fallbeschleunigung und dem Quadrat der benötigten Zeit: $\frac{1}{2} \times 300(\mathrm{m/s^2}) \times (10^{-6}\mathrm{s})^2 = 1{,}5 \times 10^{-10}\mathrm{m} = 1{,}5 \times 10^{-8}\mathrm{cm}$. Das ist die Größenordnung atomarer Dimensionen.

vom Punkt der größten Annäherung annähernd mit der maximalen senkrechten Kraft abgelenkt wird; bei größeren Abständen wollen wir die senkrechte Kraft vernachlässigen. Sei g' die Fallbeschleunigung an der Sonnenoberfläche und m die Masse des Körpers, so beträgt der Maximalwert der senkrecht wirkenden Gravitations*kraft* mg'. Um die Strecke zu durchlaufen, die innerhalb jeweils eines Sonnenradius R vor und hinter dem Punkt größter Annäherung liegt, benötigt der Körper eine *Zeit* von $2R/c$. Da die Impulsänderung pro Zeit gerade durch die Kraft gegeben ist, ergibt sich in dieser Zeit

Exkurs 4.2

Die Beschleunigung bei der Kreisbewegung

Betrachten wir nun einen Körper, der sich auf einem Kreis mit Radius R bewegt. In jedem Augenblick ist die Bewegung senkrecht zum Radius ausgerichtet – also zu der Strecke, die den Körper mit dem Kreismittelpunkt verbindet. In einem kurzen Zeitintervall ändert diese Strecke aufgrund der Geschwindigkeit ihre Richtung; gleichzeitig ändert sich auch die Geschwindigkeitsrichtung – gemäß der Beschleunigung. Weil die Verbindungsstrecke zum Mittelpunkt und die Geschwindigkeitsrichtung immer senkrecht aufeinander stehen, ändern sich beide Richtungen um den *gleichen* Winkel. Diese Gleichheit der Winkel setzt die kleinen Änderungen beider Größen in Beziehung: Geschwindigkeit v und Radius R stehen im gleichen Verhältnis wie Beschleunigung a und Geschwindigkeit v, das heißt: $a/v = v/R$. Daraus folgt:

$$a = \frac{v^2}{R}.$$

Das ist der Betrag der Beschleunigung in Richtung Kreismittelpunkt, die einen Körper der Geschwindigkeit v auf einer Kreisbahn mit Radius R hält.

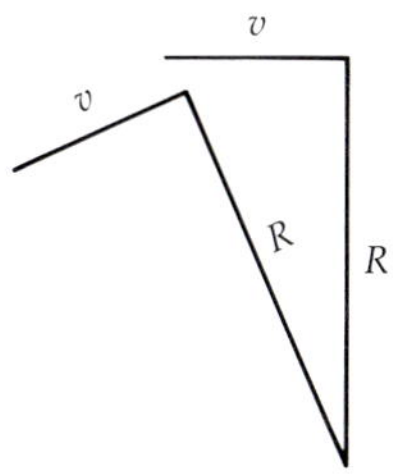

Gravitation

Wir wollen mit Hilfe dieses Ergebnisses die Abnahme der Fallbeschleunigung am Äquator der rotierenden Erde berechnen. Ein Punkt auf dem Äquator durchläuft in 24 Stunden ($= 8{,}4 \times 10^4$ Sekunden) den Umfang $2\pi R = 2\pi \times 6{,}4 \times 10^3\text{km} = 4{,}0 \times 10^4\text{km}$, das heißt, er hat die Geschwindigkeit $v = 4{,}0/8{,}6\text{km/s} = 4{,}6 \times 10^2\text{m/s}$. Für einen Körper am Boden des Äquators ergibt sich daraus für die Beschleunigung, die ihn am Boden – sprich auf einer Kreisbahn – hält:

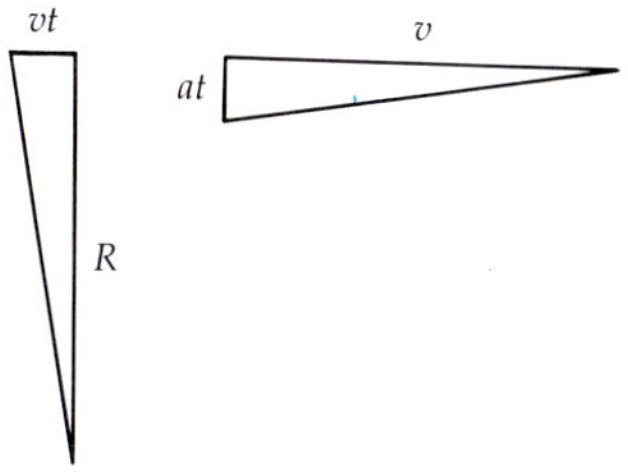

$$\frac{v^2}{R} = \frac{(4{,}6 \times 10^2\ \text{m/s})^2}{6{,}4 \times 10^6\ \text{m}} = \frac{1}{30}\ \text{m/s}^2 = \frac{1}{300}\, g.$$

Das ist die effektive Abschwächung der Gravitationsbeschleunigung am Äquator einer kugelförmigen Erde. Die Erde ist aber nicht exakt kugelförmig: Der Radius ist am Äquator um $1/300$ größer als am Pol. Dadurch verringert sich die Fallbeschleunigung am Äquator um etwa $1/600\, g$, was dort insgesamt eine Abschwächung von fast $1/200\, g$ ergibt. Wer also abnehmen will, ohne zu hungern, der reise vom Pol zum Äquator.

für den gesamten *transversalen Impuls* der Betrag von $mg' \times 2R/c$. Dividiert durch den Ausgangsimpuls von mc ergibt das den Winkel, um den der Körper – das Licht – abgelenkt wurde: $2g'R/c^2$. (Das ist – trotz unserer vereinfachenden Annahmen – sogar das exakte Ergebnis.) Dieses Resultat bekommt einen Sinn, wenn wir berücksichtigen, daß c^2/R in der Newtonschen Mechanik die Fallbeschleunigung ist, durch die ein Körper mit einer Geschwindigkeit c auf einer Kreisbahn mit Radius R gehalten werden kann (siehe Exkurs 4.2). Der Ablenkwinkel ist also das Verhältnis von der tatsächlichen Fallbeschleunigung an der Sonnenoberfläche und der *enormen* Beschleunigung, die notwendig wäre, um Licht auf eine enge Kreisbahn um die Sonne zu lenken und dort gleichsam einzufangen.

Die Beschleunigung, mit der das Licht auf einer Kreisbahn gehalten werden kann, beträgt:

$$\frac{c^2}{R} = \frac{(3 \times 10^5 \text{ km/s})^2}{6{,}96 \times 10^5 \text{ km}}$$

$$= 1{,}29 \times 10^5 \text{ km/s}^2 = 1{,}32 \times 10^7 g,$$

so daß für den Ablenkwinkel folgt:

$$2\frac{g'}{(c^2/R)} = 2\frac{28}{1{,}32 \times 10^7} = 4{,}25 \times 10^{-6}. \quad (4.1)$$

Dieser Winkel ist im Bogenmaß (in Radian) gegeben: als das Verhältnis von Kreisbogenlänge zu Kreisradius. Ein 360-Grad-Winkel entspricht im Bogenmaß dem vollen

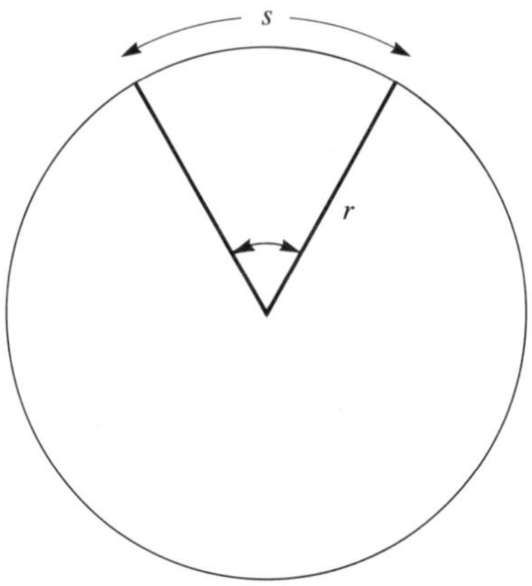

Winkel im Bogenmaß s/r

Kreisumfang dividiert durch den Kreisradius, also $2\pi R/R = 2\pi$ (mit der Kreiszahl $\pi = 3{,}14159\ldots$). Ein Radian ist dann $360°/2\pi = 57{,}3°$. Bei sehr kleinen Winkeln benutzt man üblicherweise die Bogensekunde als Winkelmaß: Ein Grad enthält $60 \times 60 =$ 3600 Bogensekunden, und damit entspricht

$$1 \text{ Radian} = 57{,}3 \times 3600$$

$$= 2{,}06 \times 10^5 \text{ Bogensekunden.}$$

Der vorhergesagte Ablenkwinkel von oben beträgt also:

$$(4{,}25 \times 10^{-6})(2{,}06 \times 10^5) \quad (4.2)$$

$$= 0{,}875 \text{ Bogensekunden.}$$

Um sich darunter etwas vorstellen zu können, betrachten wir zum Vergleich den Winkel, unter dem Mond und Sonne von der Erde aus erscheinen; er beträgt etwa ein halbes Grad. Ein Sechzigstel davon, also eine halbe Bogenminute, entspricht dann einer Strecke von 60 Kilometern auf dem Mond, eine halbe Bogensekunde bedeutet mithin in Mondentfernung eine Strecke von einem Kilometer.

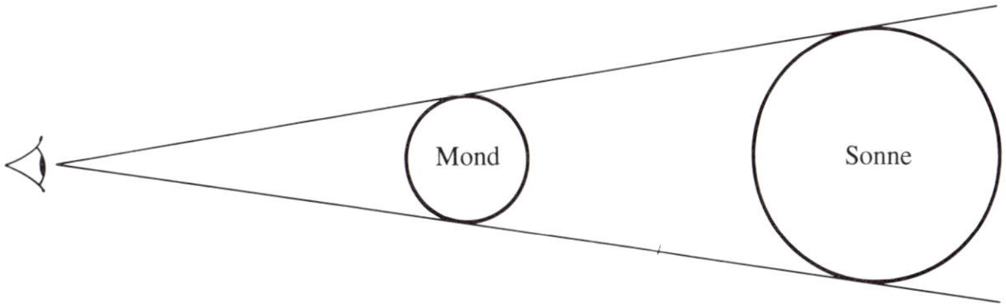

Hatte Einstein mit seinem Gedankenexperiment von 1911 recht? Nur zur Hälfte. Darüber mehr in Kapitel 5. Zuvor aber zurück zu EIN und seinem Problem, den Bewegungszustand seines Raumschiffes herauszufinden.

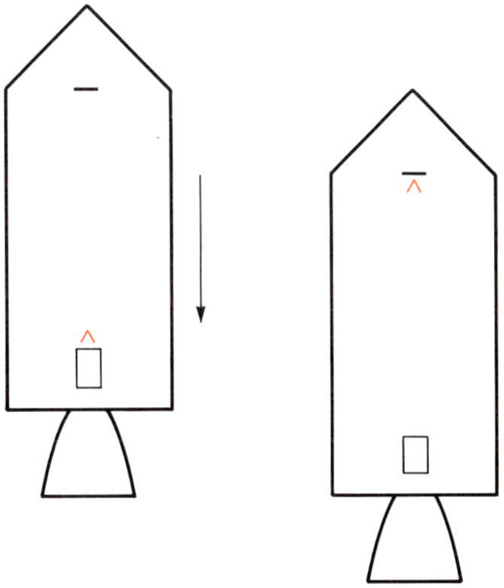

Dritter Akt

(EIN ist in Rage und schimpft mit dem Computer.)

EIN: Na gut! Ein horizontaler Lichtstrahl nützt nichts. Dann versuche ich es eben mit einem vertikalen! Während das Licht sich direkt nach oben bewegt, fällt das Raumschiff, das sich im Orbit befindet, und gewinnt an Geschwindigkeit relativ zur Lichtquelle. Was das Licht betrifft, so sind Quelle und Detektor relativ zueinander in Bewegung. Damit kommt der Dopplereffekt ins Spiel: Die gemessene Frequenz wird also höher sein, wenn ein Gravitationsfeld vorhanden ist. Funktioniert *das*?

Die Rotverschiebung

Der Dopplereffekt, auf den sich EIN hier bezieht, wurde bereits in Kapitel 2 diskutiert und beinhaltet folgendes: Bewegt sich ein Detektor mit der Geschwindigkeit v auf eine Lichtquelle zu, so verkürzt sich ständig der Abstand, den die Wellen zum Detektor durchlaufen müssen, so daß auch die Zeit zwischen nacheinander eintreffenden Wellenbergen kürzer wird. Pro Zeiteinheit kommen mehr Wellen beim Detektor an – die Frequenz nimmt zu. Diese Zunahme wird anhand der relativen Frequenzänderung charakterisiert, die durch das Verhältnis v/c der Geschwindigkeit v zur Lichtgeschwindigkeit c gegeben ist. Nehmen wir an, der Detektor befindet sich bei EINs Experiment in einer Höhe h über der Lichtquelle. Um die Strecke von der Quelle zum Detektor zu durchlaufen, benötigt das Licht die Zeit $t = h/c$. Angenommen, das Raumschiff erfährt eine Fallbeschleunigung g' (wobei wir g' bislang für die Fallbeschleunigung auf der

Sonnenoberfläche benutzt haben, jetzt aber dafür jeden beliebigen Wert annehmen können), dann erreicht der Detektor in der Zeit t, in der das Licht unterwegs ist, eine Geschwindigkeit von $v = g't$ relativ zur Lichtquelle. Deshalb ergibt sich eine relative *Zunahme* der gemessenen Frequenz von

$$\frac{v}{c} = \frac{g'(h/c)}{c} = \frac{g'h}{c^2}.$$

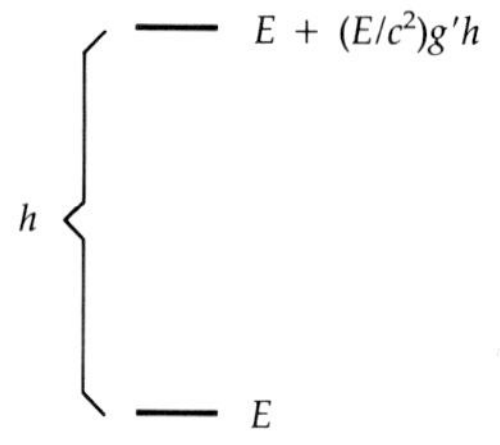

Aber auch hier bleibt Einsteins Äquivalenzprinzip gültig: Innerhalb des frei fallenden Raumschiffes, wo sich die gleichförmige Beschleunigung und das gleichförmige Gravitationsfeld exakt aufheben, läßt sich durch keine physikalischen Methoden feststellen, daß ein Gravitationsfeld oder eine Beschleunigung vorliegen. EIN hat schon wieder die Wirkung der Gravitation auf das Licht übersehen: Wenn sich Licht in einem Gravitationsfeld nach *oben* bewegt, muß seine Frequenz *abnehmen* – wobei diese Abnahme die von EIN diskutierte Zunahme genau ausgleicht. Man bezeichnet eine Frequenzabnahme allgemein als *Rotverschiebung*, weil rotes Licht innerhalb des sichtbaren Bereiches die kleinste Frequenz hat. Können wir die Existenz einer Rotverschiebung im Gravitationsfeld begründen? (Einstweilen sollte der Computer EIN davon noch nichts erzählen, denn wir wollen nicht riskieren, daß er völlig durchdreht.)

Das ist in der Tat möglich. Wir können mit Einsteins Photonenmodell argumentieren. Erinnern wir uns: Die Energie eines Photons ist proportional zur Lichtfrequenz. Nehmen wir an, eine Lichtquelle und ein Detektor sollen in einem Raumschiff – oder in einem Labor auf der Erde – in unterschiedlicher Höhe aufgestellt werden. Zunächst wird die Quelle installiert. Danach muß der Detektor auf eine Höhe h über der Quelle gebracht werden. Was bedeutet dies für ein einzelnes Atom, das auf der Höhe der Quelle die relativistische Energie E besitzt? Um ein Atom der Masse m gegen die Fallbeschleunigung g' auf eine Höhe h zu heben, benötigt man eine Arbeit von $mg'h$ (Produkt aus Kraft und Entfernung). Diese Arbeit erhöht die Energie des Atoms, das heißt, es erhält zusätzliche potentielle Energie. Sie läßt sich anhand der Einsteinschen Beziehung $m = E/c^2$ durch $(E/c^2) \times g'h$ ausdrücken. Das entspricht also einer Energiezunahme um einen *Faktor* $g'h/c^2$. Wie groß die Energie eines Atoms auf der Höhe der Quelle auch sein mag, sie wird *stets* um *denselben* Faktor $g'h/c^2$ erhöht, wenn das Atom auf die Höhe h gebracht wird.

Wenn ein Atom ein Photon abstrahlt, nimmt die Energie des Atoms um den Betrag der Photonenenergie ab. Wird hingegen Licht absorbiert, so nimmt das Atom die Energie des Photons auf und erhöht dadurch seine Energie. Ein Atom, das auf der Höhe der Quelle Photonen einer bestimmten Energie, also Licht einer bestimmten Frequenz, emittieren oder absorbieren kann, wird auf einer Höhe h Licht einer *anderen* Frequenz emittieren oder absorbieren. Diese Frequenz ist um den Faktor $g'h/c^2$ *höher*. Bei dem Licht, das von der Quelle zum Detektor in der Höhe h läuft, erhöht sich die Frequenz jedoch *nicht* um den Faktor $g'h/c^2$; daher erscheint es für ein Atom des Detektors *rot*verschoben, und zwar um denselben Faktor $g'h/c^2$. Das ist die Rotverschiebung im Gravitationsfeld.

Man beachte, daß wir hier eine *Übereinstimmung* zwischen der Frequenz des von der

Quelle emittierten Lichtes und der Frequenz des vom Detektor absorbierten Lichtes vorausgesetzt haben. Man begegnet manchmal einer anderen Erklärung der Rotverschiebung im Gravitationsfeld: Danach müßte ein Photon, das sich entgegen der Schwereanziehung bewegt, Energie verlieren, was eine Frequenzabnahme hervorriefe. Aber die Energie des Photons ist – wie bei jedem anderen Projektil auch – *erhalten* (solange man von der Reibung absehen kann). Seine Frequenz ändert sich daher *nicht*. Vielmehr ist der *Frequenzstandard*, das heißt, die Frequenz*einheit*, an verschiedenen Orten unterschiedlich.

Kein Gesetz schreibt vor, daß sich der Detektor *über* der Quelle befinden muß. Nehmen wir also an, er stehe darunter. Für ein einzelnes Atom im Detektor *verringert* sich nun die Energie, und somit absorbiert es Licht bei kleinerer Frequenz. Licht, das es von der höher gelegenen Quelle erreicht, erscheint dann *blau*verschoben.

Ein Experiment zur Rotverschiebung im Gravitationsfeld der Erde

Läßt sich ein solches Experiment überhaupt in einem Labor auf der Erde durchführen? In den sechziger Jahren *wurde* an der Harvard-Universität tatsächlich die Rotverschiebung durch das Schwerefeld der Erde gemessen. Und das, obwohl die Veränderungen durch die Erdgravitation bei gewöhnlichen Entfernungen winzig klein sind. Zum Beispiel hat der Faktor $g'h/c^2$ für die Fallbeschleunigung $g' = g = 10\text{m/s}^2$ und die Höhe $h = 22{,}5\text{m}$ den Wert:

$$\frac{g'h}{c^2} = \frac{(10\ \text{m/s}^2)(22{,}5\ \text{m})}{(3 \times 10^8\ \text{m/s})^2} = 2{,}5 \times 10^{-15}.$$

Wie soll man das noch messen?

Was man dazu braucht, ist eine natürliche Strahlungsquelle, deren Frequenz so genau festgelegt ist, daß sich auch diese winzige Verschiebung noch registrieren läßt. Dem stehen jedoch prinzipielle Schwierigkeiten im Weg: Wenn ein Atom oder ein Kern ein Photon emittiert, das dann einen bestimmten Impuls davonträgt, so erfährt der emittierende Körper einen Rückstoß, wie jeder Schütze bestätigen wird. Wegen des Impulserhaltungssatzes wird auf diesen Körper ein Impuls vom gleichen Betrag übertragen, wie ihn das Photon hat, wobei die Impulsrichtungen entgegengesetzt sind. Mit dem Rückstoß wird auch Energie auf den Körper übertragen, die dem Photon verlorengeht. Das gilt jedoch nur für ein *isoliertes* Atom, das Photonen emittiert; in der Praxis jedoch befinden sich in der Umgebung andere Atome, die Kräfte auf das emittierende Atom ausüben und einen Teil des Rückstoßimpulses auf unkontrollierbare Weise übernehmen. Dadurch kann die Photonenenergie in verschiedenen Emissionsvorgängen innerhalb einer beträchtlichen Schwankungsbreite variieren, die viel größer ist als die gesuchte Rotverschiebung und deshalb eine genaue Messung unmöglich macht. Der technische Durchbruch kam 1958, als der deutsche Physiker Rudolf Mößbauer (Nobelpreis 1961) die positive Seite dieser atomaren Wechselwirkungen entdeckte – nämlich bei Kristallen mit ihrer ziemlich festen Struktur. Unter diesen Bedingungen ergibt sich eine beträchtliche Wahrscheinlichkeit dafür, daß der

Rückstoßimpuls durch den gesamten Kristall aufgenommen wird, und *nicht* durch ein oder wenige Atome. Der Rückstoßimpuls auf die (in atomaren Größenordnungen) riesige Masse des gesamten Kristalls erfordert einen vernachlässigbar kleinen Energieübertrag; die Frequenz der emittierten Strahlung wird dadurch so genau, wie sie es überhaupt sein *kann*. Es gibt jedoch prinzipielle Grenzen für die Frequenzschärfe natürlicher Strahlungsquellen.

Kein atomarer oder nuklearer Vorgang kann ewig dauern. Er hört auf, wenn seine Energiequellen versiegen. Um die Frequenz einer Welle zu messen, muß man innerhalb einer bestimmten Zeitspanne die Anzahl der Wellenberge registrieren. Während dieser Zeit verringert sich jedoch die Strahlungsintensität, ähnlich wie die Radioaktivität von strahlendem Material mit der Zeit abnimmt. Bei der letzten, sehr schwachen Schwingung tritt dann zwangsläufig eine gewisse Unsicherheit auf. Die gemessenen Frequenzen werden daher bis zu einer Schwingung pro Halbwertszeit des emittierenden Körpers voneinander abweichen. Mit anderen Worten, der Frequenzbereich ist umgekehrt proportional zur Halbwertszeit; eine scharfe Frequenz erfordert daher eine langlebige Strahlungsquelle. Dieser Zusammenhang ist hinreichend geklärt, um auch die Intensitätsverhältnisse zwischen verschiedenen Frequenzen innerhalb dieses Strahlungsbandes bestimmen zu können (siehe Exkurs 4.3). Man beachte, daß eine einzige Kurve die relativen Intensitäten angibt, wenn die Abweichung von der zentralen Linienfrequenz in Einheiten 1/Lebensdauer gegeben ist.

Die benötigte sehr langlebige Strahlungsquelle läßt sich beschaffen, indem man sich den Zerfall spezieller Kerne zunutze macht. Beim Harvard-Experiment wurde ein radioaktives Kobaltisotop ^{57}Co eingesetzt, das sich durch Emission eines Positrons und eines Neutrinos in das Eisenisotop ^{57}Fe verwandelt. Dieses Eisenisotop wird nicht in seinem Grundzustand, sondern in einem angeregten Zustand höherer Energie erzeugt, der mit einer sehr großen Halbwertszeit zerfällt – unter Aussendung von Gammastrahlung. Die Halbwertszeit ist lang genug, um

Exkurs 4.3

Die Form einer Spektrallinie

Ein angeregtes Atom befindet sich in einem Energiezustand, der über dem Grundzustand mit niedrigster Energie liegt. Angeregte Atome emittieren Strahlung, wenn sie auf den Zustand niedrigster Energie zurückfallen. Ähnlich wie bei den radioaktiven Atomen, von denen in Kapitel 2 die Rede war, nimmt die Anzahl angeregter Atome infolgedessen mit konstanter Rate ab. Erinnern wir uns daran, daß die Halbwertszeit die Zeitspanne angibt, in der die Anzahl der in-

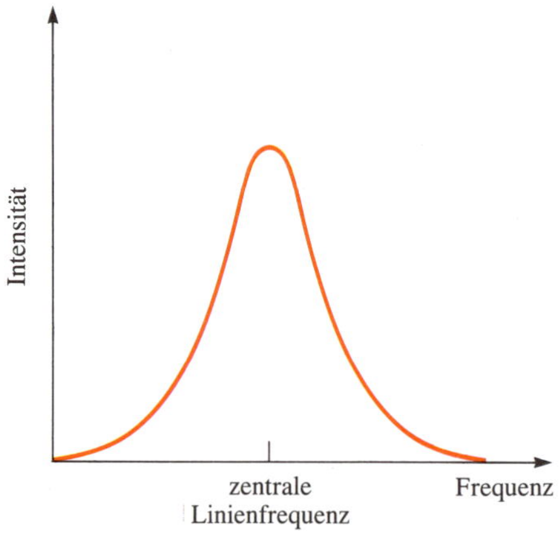

die Frequenz mit einer Genauigkeit von 10^{-12} festlegen zu können. Nun sollte aber ein Effekt gemessen werden, der eine 1000mal höhere Genauigkeit erforderte. Das läßt sich auch erreichen, wenn man den bekannten Intensitätsverlauf in Abhängigkeit von der Frequenz berücksichtigt. Damit wir uns nicht in Details verlieren, wollen wir bei unseren weiteren Überlegungen eine idealisierte Version des Harvard-Experiments betrachten, bei dem Gammastrahlung mit einer Frequenzbreite in der Größenordnung der gesuchten Rotverschiebung im Gravitationsfeld zur Verfügung steht.

Der Gammastrahler wurde im Jefferson Physical Laboratory am Boden eines Schachtes installiert; einige Stockwerke darüber, in einer Höhe von 22,5 Metern, befand sich der Detektor, ein Gammazähler mit einer Platte aus ^{57}Fe auf der Unterseite. Diese Platte sollte in Umkehrung des Emissionsvorganges die Gammastrahlung der Quelle absorbieren. Wenn diese Strahlung mit der richtigen Frequenz auf einen ^{57}Fe-Kern trifft, der sich im Grundzustand befindet, kann sie dort absorbiert werden – wobei der Kern in einen Zustand höherer Energie übergeht. Sofern das Gravitationsfeld jedoch eine Rotverschiebung bewirkt, wird die Frequenz der Gammastrahlung in einer Höhe von 22,5 Metern geringer, und es findet keine starke Absorption mehr statt. Wie kann man das nachweisen?

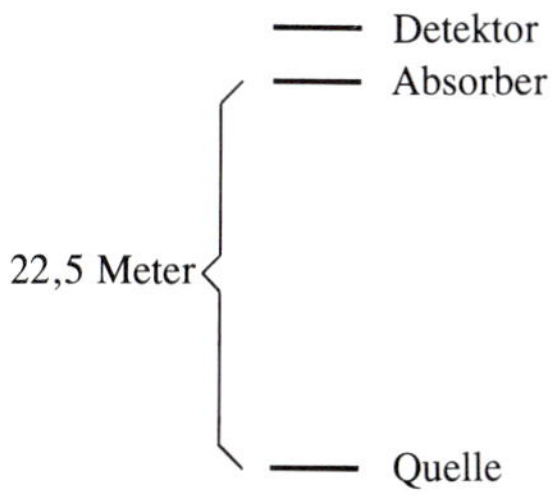

Mit einer ganz ähnlichen Situation haben wir es alltäglich bei einem Radiogerät zu tun, das auf einen bestimmten Sender eingestellt ist. Ändert sich die Frequenz dieses Senders, so hat man keinen Empfang mehr. Man muß den Kanal verstellen, wenn man den Sender wieder hören will. Im Fall der Absorptionsfrequenz läßt sich die richtige Einstellung erreichen, indem man Absorber und Detektor auf die Quelle zu bewegt, so daß durch den Dopplereffekt eine *Blau*verschiebung entsteht. Werden Detektor und Absorber mit der richtigen Geschwindigkeit bewegt, so kann die Dopplerverschiebung die Rotverschiebung im Gravitationsfeld gerade kompensieren, ähnlich wie im frei fallenden Raumschiff. Dadurch ergibt sich wieder eine maximale Absorption.

stabilen Atome um die Hälfte reduziert wird. Ein ähnliches Maß stellt die mittlere Lebensdauer dar, die angibt, wie lange ein Atom durchschnittlich im angeregten Zustand verweilt; sie ist um 44 Prozent größer als die Halbwertszeit. Diese mittlere Lebensdauer ist nun mit der Breite der Spektrallinie verknüpft, die man in einem Spektroskop• sehen kann und die durch den Intensitätsverlauf als Funktion der Frequenz bestimmt ist. Die Intensitätskurve ist durch

$$\frac{1}{(4\pi x)^2 + 1}$$

gegeben, wobei x die mit der mittleren Lebensdauer multiplizierte Frequenzabweichung gegenüber der Mitte der Linie angibt. Die Breite einer Spektrallinie ist umgekehrt proportional zur mittleren Lebensdauer. Scharfe Linien erfordern daher eine große Lebensdauer.

• Das erste Spektroskop war im Grunde genommen das Prisma, mit dem Newton weißes Licht in seine farbigen Bestandteile zerlegte.

Welche Geschwindigkeit wird dazu benötigt? Es muß gerade die Geschwindigkeit sein, die beim freien Fall unter der Beschleunigung g innerhalb der Zeit erreicht wird, in der das Licht den Abstand h zwischen Quelle und Detektor durchläuft. Diese Zeit beträgt h/c, so daß für die Geschwindigkeit $g(h/c)$ folgt; in Zahlen bedeutet das also:

$$\frac{gh}{c} = \frac{(9{,}80\ \mathrm{m/s^2})(22{,}5\ \mathrm{m})}{(3 \times 10^8\ \mathrm{m/s})}$$

$$= 0{,}735 \times 10^{-6}\ \mathrm{m/s}.$$

Bei diesem Schneckentempo würde es fast ein Jahr• dauern, um die Entfernung zwischen Quelle und Detektor zu überwinden; die erforderliche Zeit beträgt nämlich

$$\frac{22{,}5\ \mathrm{m}}{0{,}735 \times 10^{-6}\ \mathrm{m/s}} = 3{,}06 \times 10^7\ \mathrm{s}.$$

Ein Jahr hat

$$365\tfrac{1}{4} \times 24 \times 60 \times 60 = 3{,}16 \times 10^7$$

Sekunden.

Tatsächlich wurde bei dem Experiment nicht nur die Rotverschiebung gemessen (der Gammastrahl läuft nach oben), sondern auch die Blauverschiebung (der Gammastrahl läuft nach unten). Um systematische Fehler auszuschließen, die auf entgegengesetzte Weise in beide Messungen eingehen könnten, wurden jeweils die Mittelwerte für *beide* relativen Verschiebungen zusammen mit der Vorhersage von Einsteins Äquivalenzprinzip verglichen. Es ergab sich eine Übereinstimmung innerhalb einer Genauigkeit von einem Prozent.

Messungen zur Rotverschiebung bei astronomischen Objekten

Wäre es nicht einfacher, die Rotverschiebung in astronomischen Experimenten zu messen? Einstein behauptete 1907, daß das auf der Erde beobachtete Sonnenlicht rotverschoben sei. Um welchen Betrag? Wir wissen, daß Licht, wenn es eine *kleine* Höhe h in einem Bereich mit konstanter Fallbeschleunigung g' durchläuft, eine relative Rotverschiebung $g'h/c^2$ erfährt. Wir wollen jetzt aber die relative Rotverschiebung bestimmen, die sich für den gesamten Lichtweg von der Sonnenoberfläche zur Erde ergibt. Um sie zu erhalten, müssen wir die Einzelbeiträge aller kleinen Streckenabschnitte addieren, in denen die Fallbeschleunigung g' näherungsweise konstant gesetzt werden darf – während sie mit wachsendem Abstand zur Sonne von einem Abschnitt zum nächsten kleiner wird. Um eine grobe Abschätzung zu geben, wollen wir annehmen,

• Diese Zeitspanne von fast einem Jahr hängt nicht von der gewählten Höhe ab, wie man leicht sieht, wenn man Höhe und Geschwindigkeit durch Symbole ausdrückt. Um die Strecke h zu durchlaufen, benötigt man bei einer Geschwindigkeit von gh/c die Zeit $\frac{h}{(gh/c)} = \frac{c}{g}$. In der Welt Galileis und Newtons wäre c/g die Zeit, in der bei konstanter Beschleunigung g die Geschwindigkeit c erreicht wird. Wir leben aber nicht in einer solchen Welt. Wie in Kapitel 3 erläutert, ist die Lichtgeschwindigkeit unerreichbar, und eine konstante Beschleunigung kann deshalb *nicht* für immer aufrecht erhalten werden.

daß g' sich innerhalb einer Entfernung R (dem Sonnenradius) von der Sonnenoberfläche nicht wesentlich ändert und in größeren Abständen vernachlässigbar klein ist. Dann ergibt sich eine relative Rotverschiebung von $g'R/c^2$. Das ist zufälligerweise auch das richtige Ergebnis und entspricht der Hälfte des Wertes, den Einstein 1911 für den Winkel der Lichtablenkung am Sonnenrand vorhergesagt hat (siehe Gleichung 4.1). Die Rotverschiebung des Sonnenlichtes sollte also etwa zwei Millionstel betragen. Wir können dies auch anhand der Relativgeschwindigkeit v ausdrücken, für die sich eine Dopplerverschiebung von gleicher Größe ergäbe: Multiplizieren wir die relative Rotverschiebung mit der Lichtgeschwindigkeit von 3×10^5 Kilometern pro Sekunde, so erhalten wir für v den Betrag 0,6 Kilometer pro Sekunde; das ist etwas weniger als die doppelte Schallgeschwindigkeit in Luft bei normalen Temperaturen, also keine besonders hohe Geschwindigkeit.

Gerade darin liegt eine der Hauptschwierigkeiten. Im äußeren Bereich der Sonne wird durch Konvektion ständig Wärme transportiert: Heiße Gase steigen zur Oberfläche auf, strahlen ihre Energie ab und sinken wieder ins Innere zurück. Diese Bewegungen erschweren die Suche nach der kleinen gravitationsbedingten Rotverschiebung. Sie konnte erst in den sechziger Jahren zuverlässig gemessen werden. Diese Messungen stützten sich auf die wohldefinierten Frequenzen von gelbem Natriumlicht, das von der Sonnenatmosphäre emittiert wird. Dieses Licht kommt aus einem Bereich, der weit oberhalb der Konvektionszone, aber auch deutlich unterhalb der sehr heißen Chromosphäre liegt. Die gemessene Rotverschiebung dieses Natriumlichtes stimmte mit der erwarteten Rotverschiebung innerhalb von fünf Prozent überein.

Wie sieht das bei anderen Sternen aus? Die Rotverschiebung ist proportional zur Masse

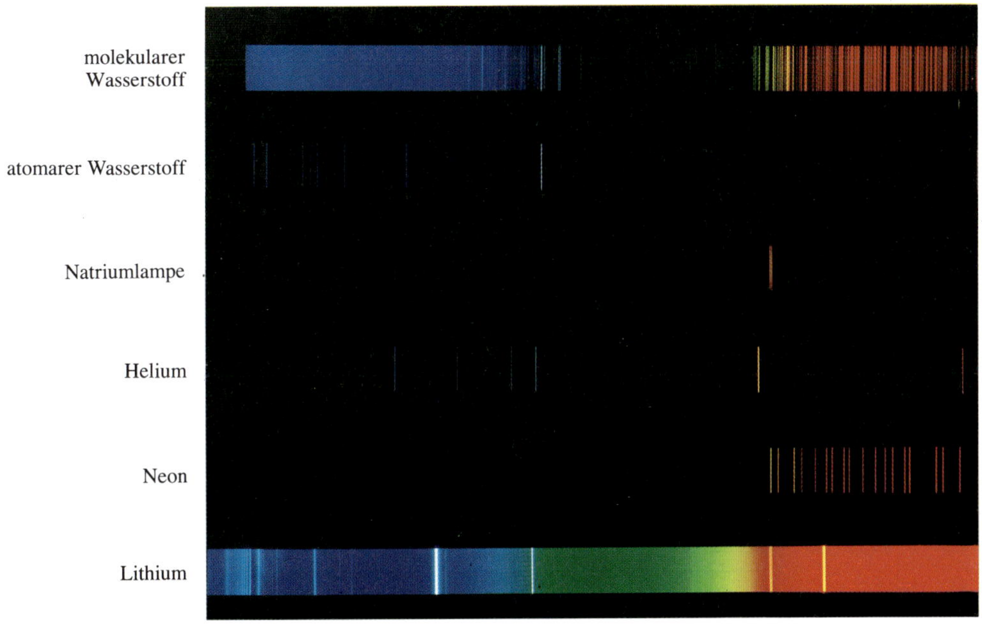

Spektren im sichtbaren Bereich.

und umgekehrt proportional zum Radius des Sterns.• Nun haben Sterne, die man als Weiße Zwerge klassifiziert, ähnliche Massen wie die Sonne, während ihre Radien nur so groß sind wie bei der Erde. Es handelt sich also um sehr *dichte* Sterne. Weiße Zwerge sollten eine viel größere Rotverschiebung aufweisen als die Sonne. Für Messungen eignet sich ein Weißer Zwerg jedoch nur, wenn er einen oder mehrere normale Sterne als Begleiter hat. Dann kann man aus Beobachtungen des Begleitsterns die Masse des Weißen Zwerges bestimmen und die Dopplerverschiebung eliminieren, die durch die *Bewegung* des Sterns in Richtung der Sichtlinie zustande kommt. Hier konzentrierten sich die ersten Untersuchungen auf das Doppelsystem des Sirius, dessen Weißer Zwerg 1862 bei Fernrohrbeobachtungen entdeckt wurde. Aber erst 1954 gelang es, die Rotverschiebung bei einem Weißen Zwerg zu messen. Man wählte dazu ein ungewöhnliches Sternsystem im Sternbild Fluß (Eridanus), das aus zwei rötlichen Sternen und einem Weißen Zwerg besteht und die Bezeichnung 40 Eridani trägt. Die Ergebnisse bestätigten die erwartete Rotverschiebung mit einer Genauigkeit von 20 Prozent (wobei die Hauptfehlerquelle in der Radiusbestimmung des Weißen Zwerges lag).

• Die relative Rotverschiebung beträgt $g'R/c^2$, wobei g' für die Fallbeschleunigung in einer Entfernung R vom Zentrum eines Körpers der Masse M steht. Nach Newtons Gravitationsgesetz ist g' proportional zur Masse M und umgekehrt proportional zum Quadrat der Entfernung R, das heißt, g' ist proportional zu M/R^2. Deswegen ist $g'R$ proportional zu M/R.

Die Cäsiumuhr am National Bureau of Standards der USA.

Astronomische Messungen der gravitationsbedingten Rotverschiebung können also im Hinblick auf ihre Genauigkeit nicht mit den Messungen auf der Erde konkurrieren. Noch bessere Ergebnisse wurden bei Experimenten im (erdnahen) Weltraum erzielt. Wir hatten gesehen, daß die Genauigkeit bei erdgebundenen Experimenten entscheidend von der Frequenzgenauigkeit einer elektromagnetischen Schwingung abhängt, die die Natur in Form der Gammastrahlung von Atomkernen in Kristallen liefert. Mit den Atomuhren – extrem stabilen Oszillatoren – hat der Mensch die Natur heute um mehr als das Tausendfache übertroffen.

Atomuhren

Die Sekunde ist als internationale Zeiteinheit seit 1967 mit Hilfe der atomaren Cäsiumuhr standardisiert. Der Zustand niedrigster Energie des Cäsiumisotops ^{133}Cs ist durch die magnetische Wechselwirkung zwischen Elektron und Kern in zwei Zustände aufgespalten (die sogenannte Hyperfeinstruktur). Die Frequenz der Strahlung, die beim Übergang zwischen diesen dicht beieinander liegenden Energiezuständen emittiert wird, beträgt etwa 9193 Megahertz; das entspricht einer Wellenlänge von 3,26 Zentimetern und fällt in den Bereich der Mikrowellen. Die internationale Sekunde ist per *Definition* gleich 9 192 631 770 Perioden dieser Mikrowellenstrahlung. Um die Frequenz mit der notwendigen großen Präzision aufrechtzuerhalten, wird bei der Cäsiumuhr mit Hilfe von Magnetfeldern ständig kontrolliert, ob die Strahlung innerhalb eines abgeschirmten Bereiches exakt mit der atomaren Schwingung übereinstimmt; falls dies nicht der Fall ist, wird die Strahlung wieder passend eingestellt.

Uhren dieser Art ticken mit der Frequenz einer atomaren Strahlung. Nun wissen wir aus unserer Diskussion zur gravitationsbedingten Rotverschiebung, daß die Frequenz einer solchen Strahlung *steigt*, wenn das Atom im Gravitationsfeld an *Höhe gewinnt*, und umgekehrt *sinkt*, wenn das Atom an *Höhe verliert*. Beim Vergleich identischer Uhren in verschiedenen Höhen wird man feststellen, daß die höhere schneller tickt.

Um das nachzuprüfen, hat man Atomuhren auf Flugzeuge verfrachtet und viele Stunden lang mitgeflogen. Tatsächlich sind dann zwei Effekte am Werk: Da die Uhr mit der Geschwindigkeit v fliegt, läuft sie um den Faktor der Zeitdilatation $\frac{1}{2}(v/c)^2$ *langsamer*, während sie durch das Aufsteigen auf die Höhe h um den Bruchteil gh/c^2 *schneller* geht. Beide Effekte heben sich auf, wenn das Flugzeug eine Geschwindigkeit von 70 Prozent der Schallgeschwindigkeit (in Luft bei normalen Temperaturen), also 230 Metern pro Sekunde, hat und in einer Höhe von 2,7 Kilometern fliegt. Bei der üblichen Flughöhe von etwa zehn Kilometern überwiegt für diese Geschwindigkeit der Einfluß der Gravitation. Diesen Einfluß haben solche Experimente mit einer Genauigkeit von zwei Prozent bestätigt.•

Es war Einstein von Anfang an klar gewesen, daß Uhren, die in einem Gravitationsfeld ruhen, langsamer gehen müssen als Uhren außerhalb dieses Feldes. Alle physikalischen Vorgänge laufen langsamer ab; auch die Lichtgeschwindigkeit ist kleiner! Deutlicher läßt es sich kaum klarmachen, daß die Gravitation das Prinzip der Speziellen Relativitätstheorie durchbricht. Auf *beschleunigte* Bezugssysteme erweitert, bezieht das Relativitätsprinzip notwendig die *Gravitation* ein, aber diese beeinflußt wiederum die *Geschwindigkeit* des Lichtes!

Welche beobachtbaren Konsequenzen könnten sich aus der Verlangsamung des Lichtes im Gravitationsfeld bei zunehmender Stärke ergeben? Stellen Sie sich eine Militärparade vor. Seite an Seite marschierend, erreichen die Soldaten eine Kreuzung; auf der einen Seite verlangsamen die Marschierer ihren Schritt, während sie auf der anderen Seite ihr Tempo beibehalten. Das Ergebnis: Der Paradezug biegt ab. Ähnlich ergeht es einem breiten Lichtbündel, das an der Sonne vorbeiläuft: Auf der sonnennäheren Seite des Bündels bewegt sich das Licht langsamer als auf der abgewandten, und das Bündel krümmt sich um die Sonne. Auf diese Weise kam Einstein 1911 zu seiner Vorhersage der

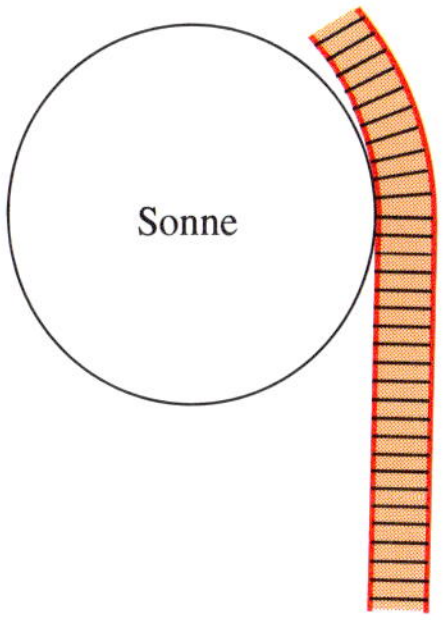

• Die Experimente werden durch die Erdrotation etwas komplizierter. Ein Flugzeug, das nach Osten fliegt, hat relativ zu den Polen eine größere Geschwindigkeit als ein Flugzeug, das sich mit derselben Bodengeschwindigkeit nach Westen bewegt. Wird die Erde jedoch zweimal umflogen, und zwar in entgegengesetzter Richtung, so kann man durch Mittelung der beiden relativen Zeitabweichungen den Einfluß der Erdrotation eliminieren.

Lichtablenkung. Hier ist keine Spur mehr von Newtonscher Mechanik zu finden, und doch ist das Ergebnis dasselbe.

Maser und Laser

Eine gute Uhr muß über längere Zeit hinweg gleichmäßig gehen. Es gibt jedoch Geräte, die über kürzere Zeitspannen eine weitaus größere Stabilität erreichen können als eine solche Uhr. Eine Genauigkeit, die einer Sekunde in hundert Millionen Jahren entspricht, läßt sich über einige Stunden mit dem Wasserstoff*maser* erreichen, einem Vorläufer des vermutlich bekannteren *Lasers*. Maser ist eine Abkürzung für den Zungenbrecher *m*icrowave *a*mplification by *s*timulated *e*mission of *r*adiation (Mikrowellenverstärkung durch induzierte Strahlungsemission). Das „L" bei Laser besagt, daß anstelle von Mikrowellen Licht durch induzierte Strahlungsemission verstärkt wird. Bei Maser und Laser werden gleichermaßen Atome auf ein höheres Energieniveau angeregt und durch geeignete Strahlung dazu veranlaßt, diese Anregungsenergie als Strahlung von exakt einheitlicher Frequenz wieder abzugeben.Dadurch entsteht eine intensive (verstärkte) Strahlung mit einer extrem scharfen Frequenz.

Ein Wasserstoffmaser, der am Smithsonian Astrophysical Observatory gebaut wurde.

Wie Cäsium besitzt auch Wasserstoff eine Hyperfeinstruktur, so daß bei entsprechenden Übergängen Mikrowellenstrahlung mit einer Frequenz von 1420 Megahertz abgestrahlt werden kann; das entspricht einer Wellenlänge von 21,1 Zentimetern.• Beim Wasserstoffmaser trennt man aus einem Strahl von Wasserstoffatomen mit Magnetfeldern die Atome mit dem höheren Energieniveau ab und lenkt sie in eine evakuierte Kammer mit kunststoffbeschichteten Wänden, wo sie sich ohne große Störung bewegen können. Die Atome werden dort einer Strahlung passender Frequenz ausgesetzt, so daß sich eine elektromagnetische Schwingung aufbauen kann, deren Frequenz über mehrere Stunden lang bis auf weniger als ein Millionstel Hertz genau stabil bleibt.

Messung der Erdverschiebung im erdnahen Weltraum

Im Juni 1976 wurde eine Aufklärungsrakete der National Aeronautics and Space Administration (NASA) von der Atlantikküste aus

• Weil Wasserstoff im Aufbau des Universums eine so grundlegende Rolle spielt, hat man vermutet, daß außerirdische intelligente Wesen am ehesten bei dieser Frequenz Signale aussenden, um Antwort von anderen Zivilisationen zu bekommen.

gestartet. Sie stieg bis in eine Höhe von etwa 10 000 Kilometern, was etwas mehr als 1,5 Erdradien entspricht, und fiel schließlich etwa 600 Kilometer südöstlich vom Startpunkt in den Atlantik. Der Flug diente für ein Experiment des Harvard Smithsonian Astrophysical Observatory. In der Rakete befand sich ein Wasserstoffmaser, der ständig Strahlung zum Erdboden sandte; dort wurde diese Strahlung mit der eines Masers identischer Bauart verglichen. Die Frequenzen wichen deutlich voneinander ab, wobei dieser Unterschied im wesentlichen auf einem Dopplereffekt durch die Bewegung der Rakete beruhte. Um diesen Effekt zu eliminieren, wurde das Signal des erdgebundenen Masers zur Rakete geschickt, wo es von einem speziellen Reflektor zur Erde zurückgesandt wurde. Für dieses Signal ergab sich eine Verdoppelung des Dopplereffektes; man konnte also die Hälfte dieser Frequenzverschiebung durch Dopplereffekt von der Frequenzdifferenz beider Maser abziehen. Als die Rakete ihre maximale Höhe erreicht hatte, blieb nach Abzug der Dopplerverschiebung eine relative Verschiebung von etwa 2×10^{-10} übrig, was etwas weniger als einem Hertz entsprach. Das mußte im wesentlichen die gravitationsbedingte Rotverschiebung sein. In der Tat bestätigten sich die Vorhersagen mit einer Genauigkeit von 7×10^{-5}.

Epilog

Nach der Wartung eines erdumkreisenden Raumteleskops nahm der Raumtransporter Atlantis *das Raumschiff* Einstein *auf und brachte es zurück zur Erde, zur Edwards Air Force Base in Kalifornien.*

Es wird erzählt, daß EIN ohne Aufsehen erst einmal aus dem aktiven Dienst genommen wurde und sich irgendwo in den Bergen von Santa Monica aufs Altenteil zurückgezogen hat.

Das Problem

So endete die „Mission Einstein". Das Zeitalter der Raumfahrt lag freilich noch in weiter Ferne, als Albert Einstein 1907 an seiner *Allgemeinen Relativitätstheorie* arbeitete. Nach dem endgültigen Erfolg im Jahre 1915 hatte er die Theorie formuliert, die der Gravitation ihren rechtmäßigen Platz in der Welt von Raum und Zeit zuordnete. Das Äquivalenzprinzip war damals noch spekulativ und nicht mehr als ein Anfang. Wir haben ja bereits angemerkt, daß es bei der Lichtablenkung an der Sonne versagt.

Welchen Problemen Einstein gegenüberstand, wird klar, wenn wir uns an EINs Versuche erinnern, mit denen er die Bewegung seines Raumschiffes feststellen wollte. Während er sich auf einer Umlaufbahn um den Mond befand, feuerte er eine schnelle Salve los. Zunächst war der Abstand zwischen Salve und Raumschiff so klein, daß beide derselben Gravitationskraft unterlagen und eine kurze Zeit lang gemeinsam fielen.

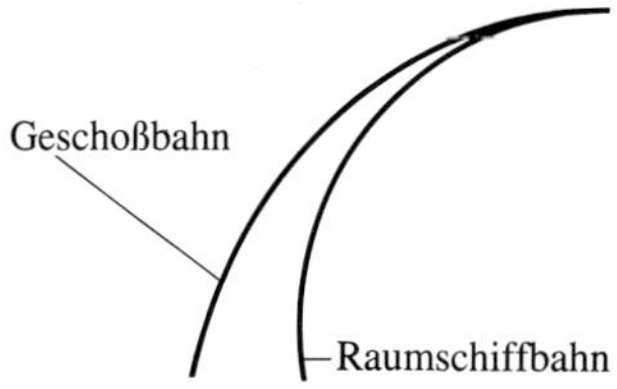

Bald aber gewann die Tatsache an Bedeutung, daß das Gravitationsfeld nicht gleichförmig, sondern zum Zentrum des Mondes hin gerichtet ist und mit wachsender Entfernung in seiner Stärke abnimmt. Die Salve flog davon, während das Raumschiff in seiner Umlaufbahn blieb. Kurzum, die Salve zeigte auf, was Experimente innerhalb des Schiffes nicht konnten, nämlich die tatsächliche Anwesenheit eines Gravitationsfeldes.

Hier liegt die Stärke, aber auch die Grenze des Äquivalenzprinzips. Es besagt, daß man das Gravitationsfeld innerhalb eines kleinen raum-zeitlichen Gebietes, in dem das Feld näherungsweise gleichförmig ist, in all seinen Auswirkungen zum Verschwinden bringen kann, indem man zu einem geeigneten beschleunigten – hier einem frei fallenden – Bezugssystem übergeht. In diesem System gelten die Gesetze der Speziellen Relativitätstheorie: Licht bewegt sich mit der Geschwindigkeit *c*. Aber relativ zu diesem Bezugssystem beschreiben die Gesetze der Speziellen Relativitätstheorie *nicht* mehr die Vorgänge, die an einem entfernten Ort ablaufen, etwa der Rückseite des Mondes. Dazu wäre ein *anderes* beschleunigtes Bezugssystem nötig.

Die Aufgabe ist nun, all die begrenzten *lokalen* Beschreibungen zu einem einheitlichen *globalen* Ganzen zusammenzufügen. Im nächsten Kapitel werden wir feststellen, daß die Lösung erst mit der Erkenntnis kam, daß die Geometrie von Raum und Zeit nichts Festes ist, sondern von der Materie im Universum abhängt. Das war die Vollendung der Einsteinschen Theorie.

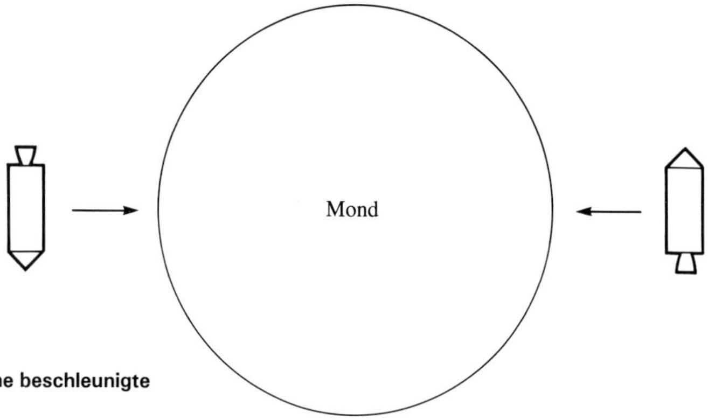

Zwei verschiedene beschleunigte Bezugssysteme.

Referenzen

[1] Galilei, G. *Unterredungen und mathematische Demonstrationen über zwei neue Wissenszweige, die Mechanik und die Fallgesetze betreffend*. Nachdruck Darmstadt (Wissenschaftliche Buchgesellschaft) 1973. S. 57ff.
[2] Lukrez. *Von der Natur*. Berlin (Weidmann) 1924. S. 53. Geleitwort von A. Einstein.
[3] Einstein, A. *Mein Weltbild*. Frankfurt/Berlin/Wien (Ullstein) 1977. S. 136.
[4] Einstein, A. *Relativitätsprinzip und die aus demselben gezogenen Folgerungen*. In: *Jahrbuch der Radioaktivität*. Bd. 4 (1907) S. 454.
[5] Einstein, A. *Einfluß der Schwerkraft auf die Ausbreitung des Lichtes*. In: *Annalen der Physik*. Bd. 35 (1911) S. 908.

Carl Friedrich Gauß (1777 – 1855).

Kapitel 5

Geometrie und Physik

Geometrie

Der griechische Reisende und Historiker Herodot (484–425 vor Christus) schrieb:

»Dieser König soll auch das Land unter sämtliche Bewohner verteilt und jedem ein gleich großes Stück gegeben haben. Der jährliche Pachtzins, den er verlangte, bildete seine Einkünfte. Riß der Strom von einem Ackerlose etwas fort, so ging der Besitzer zum König und zeigte es an. Der sandte Leute, um nachzusehen und die Verminderung des Grundstückes auszumessen, damit der Besitzer nur von dem Rest den festgesetzten Zins zu bezahlen habe. Mir scheint, daß hierbei die Geometrie erfunden worden ist, die dann nach Hellas gebracht wurde ...«[1]

Die Geometrie begann (als Erdvermessung) in den Sümpfen des Nils. Unter den Händen der Griechen – und insbesondere des Vaters der Geometrie, Euklid (330–275), der in Alexandria lehrte – wurde die Erdvermessung von der Wirklichkeit abgelöst, und ihre Grundlagen erstarrten zu Axiomen. Mehr als zwei Jahrtausende später sollte die Geometrie auf den Boden der Realität zurückgebracht werden: durch Carl Friedrich Gauß (1777–1855), der sich als Princeps mathematicus, Physiker, Ingenieur, Astronom und Landvermesser nicht zu schade war, das Königreich Hannover auszumessen (siehe Exkurs 5.1). Die neuartige Vorstellung von Geometrie, die Gauß bei dieser Gelegenheit entwickelte, erreichte ihre volle Ausgestaltung in den Händen seines Schülers Bernhard Riemann. Und viele Jahre später stützte sich Einstein auf die Erkenntnisse von Gauß und Riemann, um eine mathematische Form für seine physikalischen Ideen zu finden, genauer: für seine Annahme, daß die Geometrie von Raum und Zeit *nicht* absolut und unabänderlich ist, sondern über die Vermittlung der Gravitation durch die Eigenschaften der Materie festgelegt wird.

Exkurs 5.1

Carl Friedrich Gauß

Am 30. April 1777 wurde Carl Friedrich Gauß als Sohn eines Handwerkers geboren, der zeitweise als Gärtner und zeitweise als Maurer arbeitete. Die ungehobelte Art des Vaters lastete schwer auf dem Kind, aber ein Onkel mütterlicherseits, ein geschickter Weber, weckte in ihm das verborgene Genie. Schon von seinem dritten Lebensjahr zeigte sich seine besondere Begabung. Als sich sein Vater bei den Summen für die Wochenlöhne seiner Arbeiter verrechnete, sagte der noch nicht Dreijährige laut die richtige Antwort dazwischen. (Mozart soll immerhin *vier* Jahre alt gewesen sein, als er sein erstes Menuett komponierte.) Gauß behielt sein ganzes Leben lang dieses besondere Gespür für Zahlen und die Fähigkeit, komplizierte Rechnungen im Kopf auszuführen.

Nun ist das Phänomen, daß jemand Rechenwunder vollbringt, sich ansonsten jedoch keineswegs durch besondere Intelligenz auszeichnet, nicht unbekannt. Ein solcher Rechenkünstler war Johann Dase, der 1824 in Hamburg geboren wurde und um 1840 Gauß' Aufmerksamkeit erregte; als Dase einmal gebeten wurde, 79 532 853 mit 93 758 479 zu multiplizieren, gab er nach 54 Sekunden die richtige Antwort. Darauf beschränkten sich aber auch seine mathematischen Gaben – was man von Gauß gewiß nicht sagen kann.

Nachdem er zwei Jahre lang eine Schule besucht hatte, die von einem ziemlich brutalen Lehrer geleitet wurde, bekam Gauß im Alter von zehn Jahren Unterricht in Arithmetik. Mit der Absicht, die Klasse eine ganze Stunde lang mit einer Aufgabe zu beschäftigen, ließ der Lehrer eine lange Zahlenreihe zusammenzählen, die nach einer einfachen Regel gebildet war: Jede Zahl wich von der vorangehenden um den gleichen Betrag ab. Noch bevor die anderen Schüler mit ihrer mühsamen Arbeit richtig begonnen hatten, schrieb Gauß eine Zahl auf seine Schiefertafel und brachte sie zum Pult des Lehrers. Ohne vorher etwas von Reihen zu wissen, hatte Gauß auf Anhieb eine einfache Regel für solche Summen gefunden: Man multipliziere den Durchschnitt aus der ersten und letzten Zahl mit der Gesamtanzahl der zu addierenden Zahlen (auf diese Summenformel kommen wir in der Fußnote auf Seite 157 zurück). Von dieser Leistung überwältigt, änderte der Lehrer seinen Unterricht und tat sein Bestes, um Gauß zu fördern. Letztendlich erhielt Gauß dadurch im Alter von 14 Jahren eine Unterstützung des Herzogs Ferdinand von Braunschweig, so daß seine Ausbildung nun gesichert war. Gauß schrieb sich mit 18 Jahren an der Universität Göttingen ein, wußte aber noch nicht, welche Laufbahn er einschlagen sollte, da er beides, Sprachen wie Mathematik, meisterhaft beherrschte. (Die Universität Göttingen war von George II, König von Großbritannien und Irland, Kurfürst von Hannover, gegründet worden und öffnete 1737 ihre Pforten. Zwischen 1714 und 1837 bestanden enge Verbindungen zwischen den Königshäusern in London und Hannover.)

Als Gauß im Alter von 19 Jahren ein 2000 Jahre altes Problem der Geometrie gelöst hatte, war sein weiterer Weg entschieden. Es ging um regelmäßige Vielecke. Das regelmäßige Fünfeck, eine Figur mit fünf gleichen Seiten und fünf gleichen Winkeln, läßt sich nach Art der Griechen mit Zirkel und Lineal konstruieren. Gilt dies auch für andere Vielecke mit sieben, elf, . . . Seiten? (Wie die Zahl Fünf soll die Anzahl der Ecken *nicht* als Produkt von zwei kleineren ganzen Zahlen darstellbar sein, die größer als Eins sind.) Gauß fand eine allgemeine Konstruktionsregel; das nächste Vieleck, das sich nach dieser Regelmäßigkeit konstruieren läßt, ist das regelmäßige 17-Eck (von den Griechen wurde das nicht erkannt). Mit dieser Entdeckung beginnt ein privates Notizbuch von Gauß, das erst 1898 aufgefunden wurde; darin nahm er einige der wichtigsten Entwicklungen in der Mathematik des 19. Jahrhunderts vorweg.

Ein Fünfeck.

Zu Beginn des 19. Jahrhunderts wandte sich Gauß der Astronomie zu, was ihm dann 1807 die Ernennung zum Direktor der Göttinger Sternwarte einbrachte. (Sein Gönner, Herzog Ferdinand, war ein Jahr zuvor während der Schlacht von Jena/Auerstädt tödlich verwundet worden, als er zusammen mit der unerfahrenen und unzureichend versorgten preußischen Armee kämpfte.) Unter Gauß' Leitung baute man eine neue Sternwarte, die 1816 fertig wurde und heute noch steht. Von da an gab es bis zu seinem Tode im Jahre 1855 nur wenige Nächte, die er nicht unter ihrem Dach verbracht hätte.

Am 9. Mai unterzeichnete im Londoner Carlton House George IV, neu gekrönter König von Großbritannien und Irland und König von Hannover (das Heilige Römische Reich mit seinem überkommenen Titel eines Kurfürsten existierte seit 1806 nicht mehr), einen Vertrag, der „Professor Gauß" damit beauftragte, das Königreich Hannover auszumessen. Das sollte in Verbindung mit der Vermessung des Herzogtums Holstein geschehen, das damals zu Dänemark gehörte. Gauß meinte, es laufe so ziemlich auf dasselbe hinaus, ob er die Position eines Sterns oder eines Kirchturms bestimme, und stürzte sich in der für ihn typischen Art auf diese bodenständige Arbeit. Er entwickelte dazu neue Meßinstrumente und, was das wichtigste ist, er entwickelte die mathematische Theorie der gekrümmten Flächen, die Riemann den Weg wies. (Ein anderes wissenschaftliches Unternehmen von Gauß ist in Exkurs 6.1 beschrieben.)

Gauß' Sternwarte.

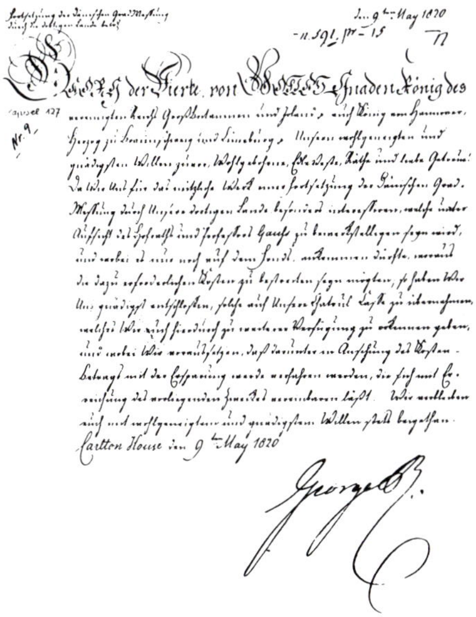

Georg der Vierte, von Gottes Gnaden König des

Carlton House den 9ten May 1820

Georg R.

Euklid

Beginnen wir mit Euklid und der Geometrie der Ebene mit ihren Punkten, Geraden, Kreisen, Ellipsen und Dreiecken. Im ersten Buch der *Elemente* steht unter den Erklärungen:

»4. Eine *gerade Linie* ist, welche zwischen jeden in ihr befindlichen Punkten auf einerley Art liegt.«[2]

Dieses Zitat ist hier nicht wegen seiner Klarheit wiedergegeben, sondern um das Denken Euklids aufzuzeigen. *Wir* würden sagen, daß eine gerade Linie die kürzeste Verbindung – der kleinste *Abstand* – zwischen zwei Punkten ist. Weiterhin würden wir einen Kreis als die Menge aller Punkte definieren, die von einem festen Punkt denselben *Abstand* haben, und eine Ellipse als die Menge aller Punkte, deren *Abstands*summe von zwei festen Punkten einen festen Wert hat. Wir wissen auch, daß die Winkel in einem Dreieck durch die *Abstände* zwischen seinen drei Eckpunkten festgelegt sind. Kurzum, wir setzen das schwer errungene Wissen voraus, daß die euklidische Geometrie auf dem Begriff des *Abstandes* zwischen zwei Punkten basiert.

Descartes

René Descartes (1596 – 1650).

Zwischen Euklid (Alexandria) und René Descartes (Holland, siehe Exkurs 5.2) liegen beinahe zweitausend Jahre. So lange brauchte die Geometrie, um sich aus einer Sammlung vieler spezieller Probleme, die alle eigene Lösungsverfahren erforderten, zu einer einheitlichen und allgemeinen Methodik zu entwickeln. Am 8. Juni 1637 wurde in Leiden ein Werk von Descartes veröffentlicht, das er bereits 18 Jahre zuvor konzipiert hatte: die *Abhandlung über die Methode, die Vernunft richtig zu führen und die Wahrheit in den Wissenschaften zu suchen: Ferner, Optik, Meteore und Geometrie, Aufsätze in dieser Methode* – was meist kurz als *Die Methode* zitiert wird.

Um welche Methode handelt es sich? Angenommen, wir befinden uns im New Yorker Stadtteil Manhattan an der Kreuzung zwischen Fifth Avenue und 42. Straße, direkt vor der öffentlichen Bibliothek (siehe dazu das Photo auf Seite 144). Um jemanden an der Seventh Avenue und der 45. Straße zu treffen, müssen wir einfach – egal in welcher Reihenfolge – zwei Häuserblocks westlich und drei Blocks nördlich gehen (vom quer verlaufenden Broadway sei einmal abgesehen). Setzen wir unseren Weg fort, so können wir unsere Route aufzeichnen, indem wir an jeder Kreuzung die Nummer der Avenue und der Straße aufschreiben. Wir erhalten eine genauere Beschreibung des Weges, wenn wir die Haus-

Exkurs 5.2

Cogito ergo sum

»Ich denke, also bin ich.«

Das ist der Satz, mit dem René Descartes das Denken als Grundlage menschlicher Existenzgewißheit beschreibt. Der Mathematiker und Philosoph wurde 1596 in La Haye in der Nähe von Tours in Frankreich als Sohn eines Beraters des lokalen Parlamentes geboren. Als Kind war er kränklich und wurde bis zu seinem achten Lebensjahr privat unterrichtet, bevor er auf das Jesuitenkollegium von La Flèche in Anjou kam. Dort durfte er sich morgens im Bett schonen – ein Privileg, das eine lebenslange Vorliebe nach sich zog, im Liegen philosophischen Reflexionen nachzuhängen. In den acht Jahren von La Flèche eignete sich Descartes vor allem die Fähigkeit zum *Zweifel* an. Mit 16 Jahren kam er in die Großstadt, nach Paris, wo er zunächst am gesellschaftlichen Leben und seinen Verlockungen teilnahm; dann aber sonderte er sich ab, um mathematische Studien zu betreiben. Als sein Schlupfwinkel entdeckte wurde, suchte er Frieden – im Krieg. Zu jener Zeit war Frankreich kein Ort für einen Studenten oder Ehrenmann, und so ging er nach Holland, um das Soldaten-

nummern aufschreiben (etwa elf in der Fifth Avenue). Es genügt also ein *Paar* von Zahlen, um jeden Punkt auf der im wesentlichen ebenen Fläche von Manhattan festzulegen. Alle Wege, die man einschlagen kann, lassen sich dann als Folge von solchen Zahlenpaaren beschreiben, unabhängig davon, ob Euklid dieser speziellen geometrischen Figur einen Namen gegeben hat oder nicht.

Es scheint heute vielleicht schwer vorstellbar, daß überhaupt *jemand* diese Methode erfinden oder zumindest ihre Bedeutung für die Geometrie entdecken mußte. Es wird erzählt, daß Descartes im Bett lag (das zumindest dürfte stimmen, da dies seine Lieblingslage zum Denken war) und eine Fliege beobachtete, die in einer Ecke des Zimmers herumsurrte. Plötzlich erkannte er, daß die

handwerk zu erlernen. Als sich zwei Jahre danach im langen Freiheitskampf der Niederlande mit Spanien ein Waffenstillstand einstellte, schloß sich Descartes der Armee des Herzogs von Bayern an. Im harten Winter 1619 fanden die Truppen ein Quartier am Ufer der Donau, wo Descartes genug Zeit zum Philosophieren fand.

In seinen damaligen Gedanken zeichnete sich schon sein endgültiges philosophisches System ab, in dem seine neue Vorstellung von Geometrie eine zentrale Rolle spielte. Nachdem er mehrmals in den Militärdienst ein- und ausgetreten war, führte sein unstetes Leben ihn 1629 schließlich wieder nach Holland zurück, wo er 20 Jahre lang blieb – wenn auch mit häufigem Wohnungswechsel (durchschnittlich alle zehn Monate). Diese Jahre, die ungefähr mit der Regierungszeit des Prinzen Friedrich Heinrich von Oranien zusammenfallen, waren vielleicht die glänzendsten der holländischen Republik: Die ersten Kolonisten von Nieuw Amsterdam waren 1623 eingetroffen; Rembrandt van Rijns Gemälde mit dem irreführenden Titel *Nachtwache* stammt aus dem Jahre 1624. Descartes war 1633 nahe daran, seine Schrift *Le Monde* zu veröffentlichen, in der er das Kopernikanische System als begründet akzeptierte. Als er von Galileis Schicksal erfuhr, legte er das Werk beiseite – mit der Begründung, er wolle in Frieden leben.

Die Grundlage für die kartesianische Philosophie• schuf er mit seinen Schriften *Methode*, veröffentlicht 1637 (mit einem Aufsatz unter dem Titel *Meteore*, der die erste wissenschaftliche Erklärung des Regenbogens enthielt), die *Meditationen* von 1641 und die *Principia Philosophae* von 1644.

Der wachsende Ruhm wurde Descartes zum Verhängnis, als die junge Königin Christine von Schweden auf ihn aufmerksam geworden war und unbedingt wollte, daß er eine wissenschaftliche Akademie für sie aufbauen sollte. Darüber hinaus bestand sie schließlich darauf, jeden Morgen um fünf Uhr eine philosophische Unterrichtsstunde von Descartes zu bekommen – und das in einer ungeheizten Bibliothek. Descartes hielt das rauhe nordische Klima nur fünf Monate durch. Einen Monat vor seinem 54. Geburtstag starb er. Christines Tage auf dem Thron waren ebenfalls gezählt; sie dankte vier Jahre später ab.

• Der Kartesianismus wurde von dem holländischen Philosophen Baruch (Benedictus) de Spinoza (1632–1677) ausgearbeitet und weiterentwickelt. Einstein, der sich oft auf Gott berief, erklärte einmal, daß er damit den Gott Spinozas meine: die Natur.

Manhattan. Die Bibliothek befindet sich ungefähr in der Bildmitte.

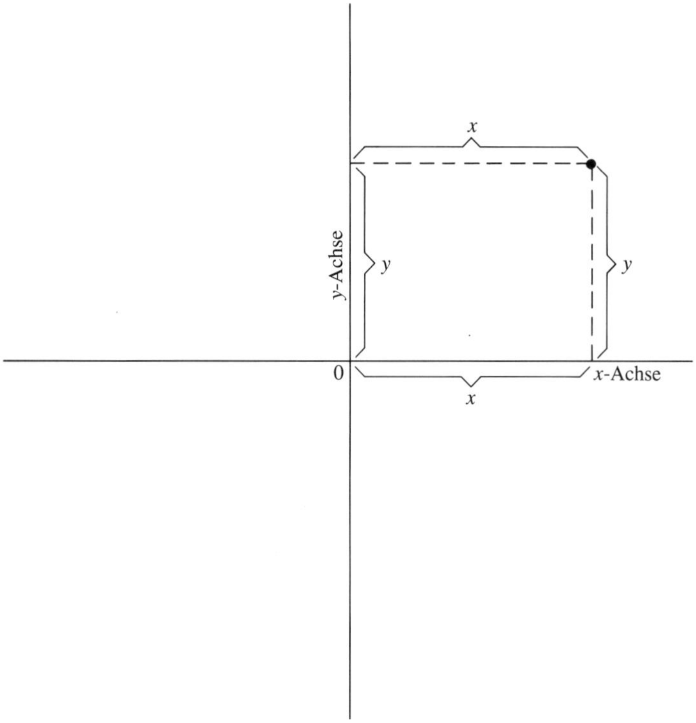

Position der Fliege in jedem Moment durch die drei Abstände zu den drei Ebenen gegeben ist, die durch die rechtwinklig aneinandergrenzenden Wände und die Decke aufgespannt werden.

Wir betrachten jetzt den einfacheren Fall einer ebenen Fläche, um diese Eingebung in eine mathematisch nutzbare Form zu bringen. Man ziehe zwei gerade Linien, die sich rechtwinklig schneiden, eine horizontale und eine vertikale. Dieses Paar senkrechter Achsen bildet ein Koordinaten- oder Bezugssystem. Jeder Punkt auf der Fläche kann in bezug auf dieses System durch zwei Zahlen gekennzeichnet werden, die man allgemein mit x und y bezeichnet. Die x-Koordinate entspricht dem Abstand zur vertikalen Achse, wobei ein Plus- oder Minuszeichen kennzeichnet, ob der Punkt rechts oder links von der y-Achse liegt. Die y-Koordinate gibt den senkrechten Abstand zur horizontalen x-Achse an. Auch hier gibt ein Plus- oder Minuszeichen an, ob sich der Punkt oberhalb oder unterhalb der Achse befindet. Der Gebrauch der Symbole x und y geht auf Descartes zurück, weshalb man sie als die *kartesischen Koordinaten* eines Punktes bezeichnet. Der Schnittpunkt beider Achsen, der bei $x = 0$ und $y = 0$ liegt, heißt *Ursprung* des Koordinatensystems.

Betrachten wir einen Punkt mit den Koordinaten x und y. Der Einfachheit halber wollen wir annehmen, daß beide Koordinaten positive Zahlen sind und sich der Punkt mithin irgendwo im rechten oberen Quadranten befindet. Dieser Punkt läßt sich vom Ursprung aus entlang einer geraden Linie erreichen. Ähnlich wie beim Spaziergang durch die Fifth Avenue und die 42. Straße kommt man auch im Koordinatensystem zu dem gegebenen Punkt, wenn man sich vom Ursprung aus horizontal um die Entfernung x und vertikal um die Entfernung y weiterbewegt, wobei die Reihenfolge beliebig ist.

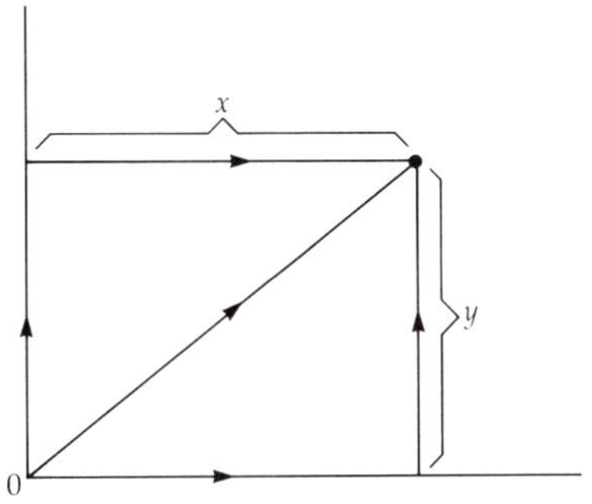

Die beiden Strecken der Längen x und y bilden zusammen mit der geraden Verbindungslinie zwischen Ursprung und Punkt ein rechtwinkliges Dreieck. Der Satz des Pythagoras besagt, daß das Quadrat des Abstandes zum Ursprung gleich der Summe der Quadrate der Längen x und y, also $x^2 + y^2$, ist. Allgemein ist das Abstandsquadrat zweier *beliebiger* Punkte 1 und 2 in der Ebene durch die Summe aus den Quadraten der *Differenzen* der jeweiligen x- und y-Werte gegeben:

$$(x_1 - x_2)^2 + (y_1 - y_2)^2.$$

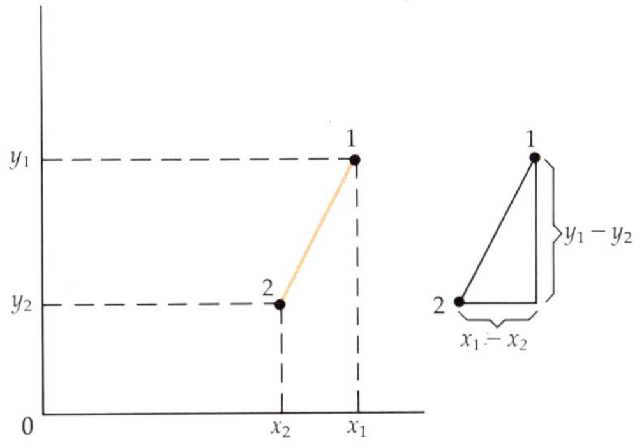

Vielleicht wurde das kartesische Bezugssystem historisch so spät eingeführt, weil es ein Element in die Beschreibung eingebracht hätte, das damals fremdartig anmutete. Tatsächlich ist ein absoluter Ort im Raum bedeutungslos, und nur die Lage *relativ* zu anderen Körpern ergibt einen Sinn. Ein Bezugssystem stellt eine Idealisierung einer solchen Situation dar. Ursprung und Orientierung eines Bezugssystems können frei gewählt werden (wir hatten schon von Anfang an *bewegte* Bezugssysteme zugelassen). In der Ebene, also dem durch die Koordinaten x und y beschriebenen *zweidimensionalen* Raum, bewirkt zum Beispiel die Verschiebung des Ursprungs entlang der x-Achse, daß sich die x-Koordinate jedes Punktes um einen festen Betrag ändert; das hat aber keinen Einfluß auf die Koordinaten*differenzen*, die die *relativen* Positionen der Punkte beschreiben. Auch eine Drehung des Bezugssystems um den Ursprung ändert lediglich den Wert der x- und y-Koordinate für jeden Punkt, nicht aber das Abstandsquadrat $(x_1 - x_2)^2 + (y_1 - y_2)^2$ *zwischen* zwei Punkten.

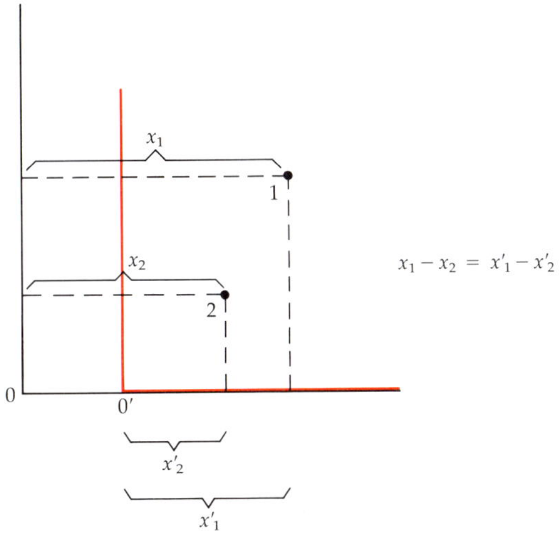

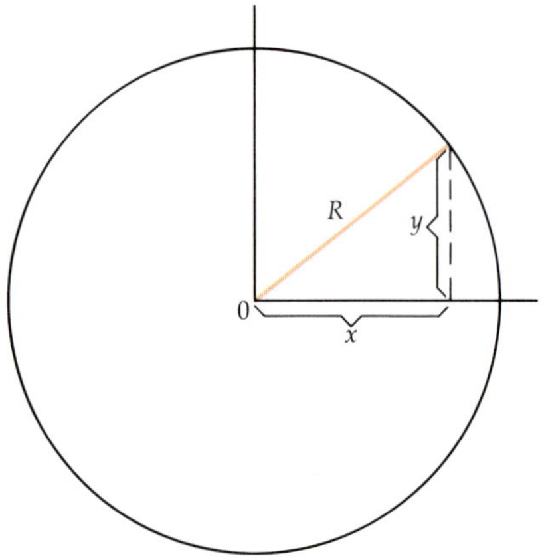

Ein Weg oder eine Kurve läßt sich stets dadurch beschreiben, daß man für jeden ihrer Punkte das Zahlenpaar der Koordinaten x und y angibt. Als einfaches Beispiel betrachten wir einen Kreis mit Radius R. Setzen wir den Ursprung des Bezugssystems in den Kreismittelpunkt, so läßt sich die Definition des Kreises als die Menge aller Punkte mit festem Abstand R vom Mittelpunkt in einer Gleichung schreiben, die x und y in Beziehung setzt:

$$x^2 + y^2 = R^2.$$

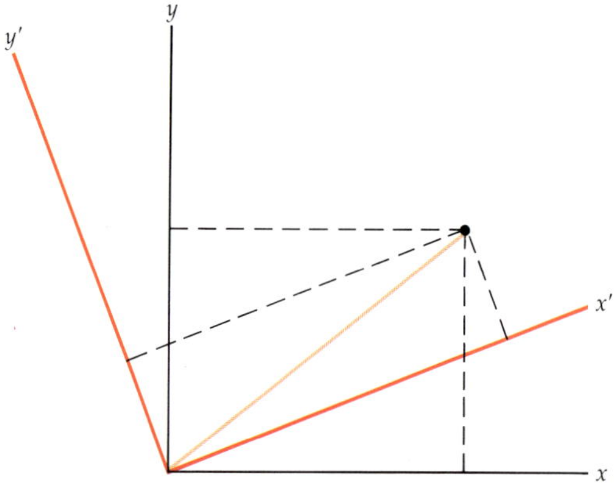

Jedes Paar (x, y), das dieser Gleichung genügt, definiert einen Punkt auf dem Kreis; ein Paar, das ihr nicht genügt, entspricht einem Punkt außerhalb des Kreises.

Ein anderes Beispiel sind Geraden. So beschreibt die Gleichung $x = k$ (k sei eine positive Konstante) die Menge aller Punkte, die sich im festen Abstand k rechts von der y-Achse befinden, also eine Gerade parallel zur y-Achse. Die Gleichung $x = y$ beschreibt die Menge aller Punkte im rechten oberen und linken unteren Quadranten, die von x- und y-Achse gleich weit entfernt sind. Sie bilden eine Gerade, die durch den Ursprung (0, 0) verläuft und um 45 Grad gegen die Achsen geneigt ist. Allgemein lautet die Gleichung einer beliebigen Geraden $x = ay + b$, wobei a und b frei wählbare Konstanten sind (insbesondere erhalten wir für $a = 0$, $b = k$ und $a = 1$, $b = 0$ wieder unsere beiden Beispiele von oben). Bei zwei beliebigen Punkten auf der Geraden ist die Differenz ihrer x-Koordinaten proportional zur Differenz ihrer y-Koordinaten; in den obigen Beispielen beträgt die Proportionalitätskonstante Null beziehungsweise Eins.

Von der zweidimensionalen Ebene ist es nur noch ein kleiner Schritt zum *dreidimensionalen* Raum, in dem wir leben (und in dem sich auch Descartes und die Fliege befanden). Ein dreidimensionales Koordinatensystem besteht aus drei jeweils aufeinander senkrecht stehenden Achsen, die sich in einem Punkt, dem Ursprung des Systems, schneiden. Die senkrechten Abstände eines gegebenen Punktes zu jeder der von Achsenpaaren aufgespannten drei Ebenen bilden die Werte der Koordinaten x, y und z. Ein positives oder negatives Vorzeichen unterscheidet wiederum zwischen den beiden Seiten jeder Ebene. Die zweimalige Anwendung des Satzes von Pythagoras zeigt, daß für den Punkt (x, y, z) die Summe $x^2 + y^2 + z^2$ gleich dem Quadrat des Abstandes vom Ursprung ist. Allgemein ist das Abstandsquadrat zwischen zwei *beliebigen* Punkten 1 und 2 durch

$$(x_1 - x_2)^2 + (y_1 - y_2)^2 + (z_1 - z_2)^2$$

gegeben. Verschiebungen des Ursprungs ändern nicht die Koordinatendifferenzen, die ja relative Positionen beschreiben. Auch bei Rotationen des Koordinatensystems bleiben die relativen Abstände konstant.

Die Kugeloberfläche

Unter einer Kugeloberfläche (oder Sphäre) versteht man die Menge aller Punkte im dreidimensionalen Raum, die einen konstanten Abstand zu einem festen Punkt haben. Diesen Abstand, den Radius der Kugel, bezeichnen wir mit R. Wählt man den festen Punkt, den Kugelmittelpunkt, als Ursprung eines Koordinatensystems, so sind die Punkte auf der Kugel durch die Beziehung

$$x^2 + y^2 + z^2 = R^2$$

gekennnzeichnet. Damit wird die Kugeloberfläche als geometrisches Objekt in einem dreidimensionalen Raum beschrieben. Die Oberfläche selbst ist aber *nicht* dreidimensional, denn es genügen *zwei* Koordinaten, um einen Punkt auf der Oberfläche eindeutig festzulegen. Davon wird bei geographischen Längen und Breiten alltäglich Gebrauch gemacht. Die Breitenkreise beginnen bei null Grad am Äquator und steigen bei abnehmendem Umfang zu den Polen auf 90 Grad, 90° N am Nordpol und 90° S am Südpol. Rechtwinklig dazu verlaufen die Längenkreise, die alle durch die Pole gehen. Sie beginnen am Meridian in Greenwich bei null Grad und werden in östlicher und westlicher Richtung bis 180 Grad gezählt.

Die Kugeloberfläche ist eine zweidimensionale Fläche, die in den dreidimensionalen euklidischen Raum eingebettet ist. Ein Sec-

Ein dreidimensionales Koordinatensystem.

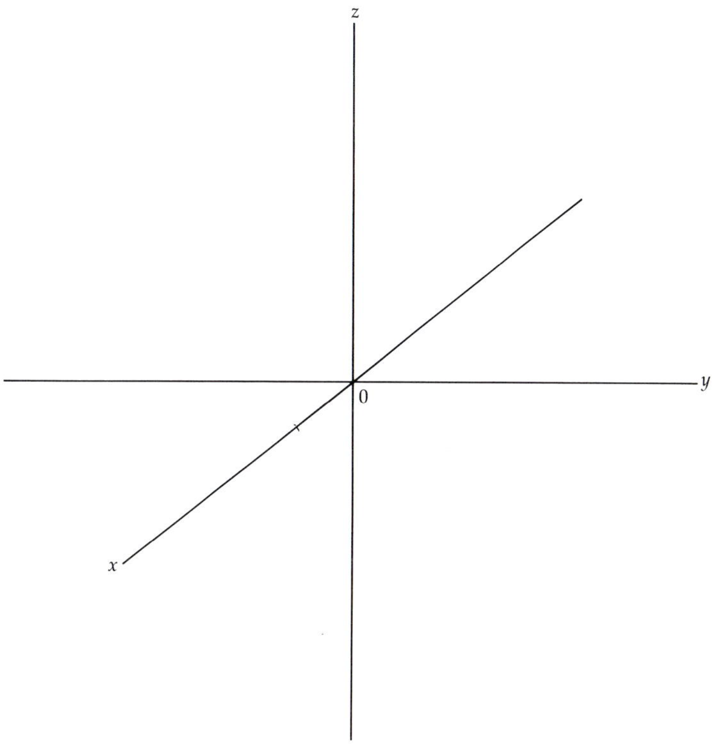

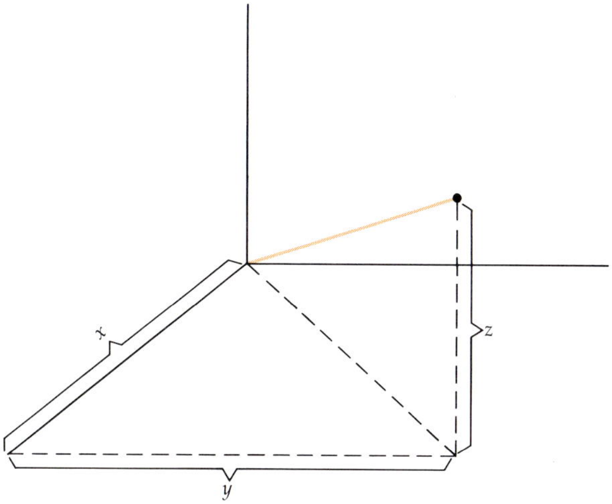

Die Koordinaten eines Punktes in einem dreidimensionalen Koordinatensystem.

mann, der die Ozeane der Erde durchkreuzt, oder ein Geometer, der sein Land vermißt, interessiert sich nur für die Eigenschaften der Erdoberfläche: Was stellt der Beobachter *auf* dieser Oberfläche über sie fest? Ist die Geometrie der Erdoberfläche oder einfacher, die Geometrie der Sphäre euklidisch?

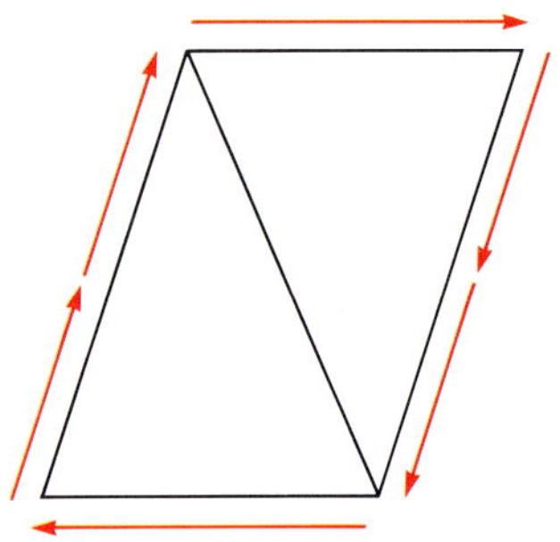

Woran erkennt man eine euklidische Geometrie? Zum Beispiel an den Eigenschaften der folgenden Konstruktion: Man zeichne eine gerade Linie einer bestimmten Länge und füge an ihren beiden Enden zwei weitere gleich lange Linien an, die mit der ursprünglichen Linie denselben Winkel bilden. Beide Enden der neuen Strecken können jetzt durch eine gerade Linie verbunden werden, die *dieselbe Länge* hat wie die ursprüngliche Grundlinie. Wenn wir den Randlinien der geschlossenen Figur bei einem Eckpunkt beginnend folgen und dabei an zwei aufeinanderfolgenden Winkeln zweimal die Richtung geändert haben, bewegen wir uns gerade in die entgegengesetzte Richtung wie am Anfang. Wir haben uns dann also um 180 Grad gedreht, das heißt, um die Hälfte des vollen Kreiswinkels. Beenden wir den Umlauf, indem wir zum Startpunkt zurückkehren, so addieren sich die vier Winkel der Figur zu 360 Grad, dem Winkel eines *vollen Kreises*, auf. Wir teilen jetzt die Figur in zwei Hälften, indem wir entgegengesetzte Ecken durch eine Strecke verbinden. Dabei entstehen zwei deckungsgleiche Dreiecke, die, wenn sie gedreht werden, vollständig übereinstimmen. Die Winkelsumme muß daher bei *jedem* Dreieck die *Hälfte des vollen Kreiswinkels* betragen, also 180 Grad. Nun beträgt das Verhältnis von Kreisumfang zu Radius 2π: das ist das Bogenmaß von 360 Grad.

Lange glaubte man, daß die Erdoberfläche flach und eben sei; das bezeugt indirekt, daß die Geometrie eines *sehr kleinen* Gebietes auf der Kugel (oder jeder anderen Oberfläche) nahezu euklidisch ist. Hat man die Kugelgestalt der Erde einmal akzeptiert, so stellt sich die Frage, ob die Geometrie auch für die Erde als *Ganzes* euklidisch ist.

Wir wollen eine *gerade Linie* auf einer Kugeloberfläche zeichnen, die wir auch weiterhin als die Verbindungslinie kürzester Entfernung zwischen zwei Punkten definieren. Eine straff gespannte Schnur zum Beispiel, die zwei Punkte verbindet, verläuft entlang einer Geraden. Liegen die Punkte auf dem Äquator, so folgt die Schnur der Äquatorlinie und damit einem Großkreis. (Ein Großkreis entsteht entlang eines Schnittes, der die Kugel halbiert.) Dabei ist der Äquator nichts Besonderes, denn jede gerade Linie auf einer Kugel ist Teil eines Großkreises. (Der allgemeine Ausdruck für die Kurve kürzesten Abstandes lautet *Geodäte*, was wörtlich „Erdverteiler" bedeutet.)

Beginnen wir mit einer geraden Linie auf dem Äquator und tragen wir senkrecht dazu an ihren Enden gerade Linien gleicher Länge nach Norden hin ab. Diese Linien sind Teile von Großkreisen senkrecht zum Äquator, also Teile von Längengraden. Wir verbinden nun wieder beide Enden durch eine gerade Linie und prüfen, ob deren Länge mit der Länge der ursprünglichen Linie auf dem Äquator übereinstimmt. Daß dies *nicht* der Fall ist, zeigt sich um so deutlicher, je näher die Enden am Nordpol liegen. Die Längenkreise laufen nach Norden hin immer näher zusammen und schneiden sich alle am Nordpol. Die Länge der vierten Linie verkürzt sich zum Pol hin auf Null.

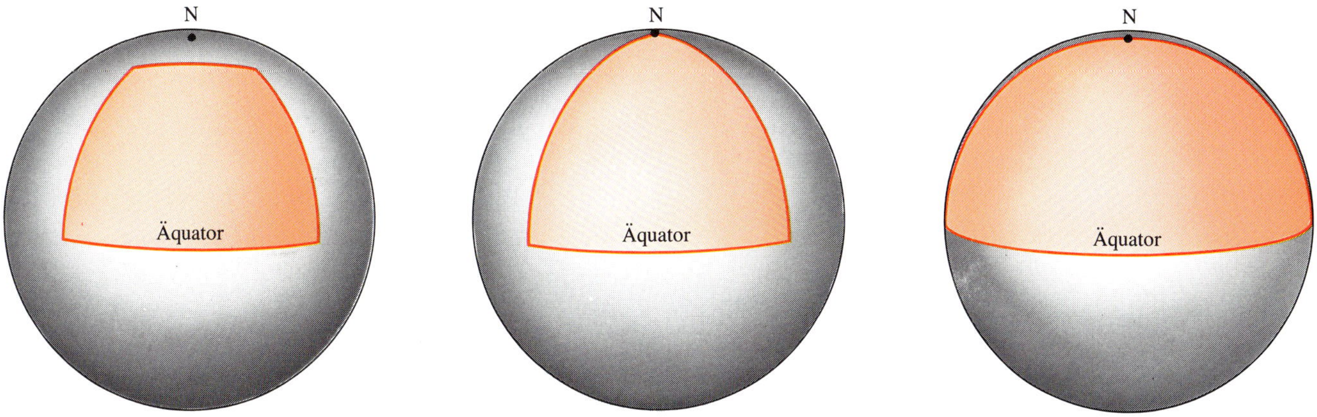

Verfolgen wir beide Linien vom Äquator aus bis zum Nordpol, so erhalten wir insgesamt ein Dreieck. Da die Linien senkrecht auf dem Äquator stehen, ist dort bereits eine Winkelsumme von 180 Grad erreicht, weshalb die Winkelsumme des gesamten Dreiecks 180 Grad *plus* den Winkel am Pol beträgt. Vergrößern wir diesen Polarwinkel, so wächst die Fläche des Dreiecks proportional dazu. Wenn er den Wert 180 Grad erreicht (im Bogenmaß ist das π), überdeckt das Dreieck die Hälfte der nördlichen Halbkugel oder ein Viertel der gesamten Kugeloberfläche, deren Inhalt $4\pi R^2$ ist. Also hat das Dreieck dann den Flächeninhalt πR^2. Wir ersehen daraus, daß die Winkelsumme den Wert π um einen *Betrag übersteigt*, der gleich der *Fläche* des Dreiecks geteilt durch R^2 ist. Diese Beziehung gilt für jedes beliebige Dreieck auf einer Kugel.

Was folgt für Kreise? Man zeichne einen Kreis um den Nordpol, indem man ein Seil von dort bis zum Äquator straff spannt und das Ende um den Globus führt. Der entstehende Kreis hat dann den gleichen Umfang wie die Kugel mit Radius R, nämlich $2\pi R$. Die Länge der geraden Strecke vom Pol zum Äquator, das heißt, der Kreisradius auf der Kugeloberfläche, beträgt ein Viertel dieses Umfanges. Deshalb ist das Verhältnis von Kreisumfang zu Kreisradius auf der Kugel nicht $2\pi = 6{,}28\ldots$, sondern $2\pi R/(\frac{1}{4} \times 2\pi R) = 4$. Was passiert, wenn wir das Seil vom Nordpol bis zum Südpol spannen? Der Kreis ist dann auf den Punkt am Südpol geschrumpft, und das Verhältnis von Umfang zu Radius ist gleich *Null*!

Die Geometrie der gekrümmten Kugeloberfläche ist, um einen von Gauß eingeführten Begriff zu gebrauchen, *nichteuklidisch*. Die

Die Konstruktion eines Kreises auf einer Kugel (links) und lokale kartesische Koordinaten am Äquator und am Nordpol (rechts).

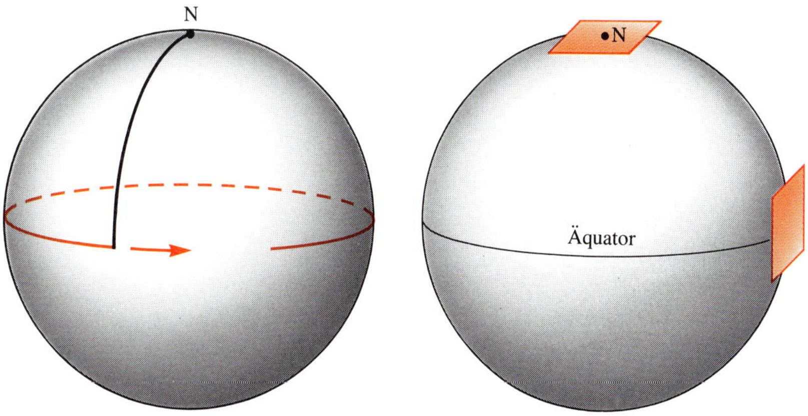

Tatsache, daß die Geometrie in jedem sehr kleinen Bereich der Oberfläche euklidisch *ist*, bedeutet keinen Widerspruch. Das kartesische Koordinatensystem, das sich in einem kleinen euklidischen Gebiet, zum Beispiel am Äquator, einführen ließ, stimmt nämlich *nicht* mehr mit einem entsprechenden System für einen weit entfernten kleinen Bereich, zum Beispiel in der Umgebung des Nordpols, überein.

Nichteuklidische Geometrie

Die Grundprinzipien der euklidischen Geometrie wurden in der Renaissance, einer Zeit des wissenschaftlichen Aufbruches, einer eingehenden Prüfung unterzogen. Dabei standen Euklids *Elemente* als Ganzes nicht zur Diskussion, sondern nur die Gültigkeit eines einzelnen Axioms, des letzten aus dem ersten Buch. In Kurzform gebracht beinhaltet der lange griechische Originaltext folgendes: Gegeben seien eine Gerade und ein Punkt außerhalb dieser Geraden. Dann kann durch diesen Punkt eine und nur eine Gerade gezeichnet werden, die parallel zur ersten Geraden verläuft. Späteren Mathematikern schien dieses Parallelenaxiom weder aus sich selbst heraus offensichtlich zu sein, noch war klar, ob es sich aus anderen akzeptierten Axiomen herleiten ließ. Girolamo Saccheri konnte jedoch in einer Arbeit, die 1733 in Mailand veröffentlicht wurde, zeigen, daß das Parallelenaxiom folgen würde, wenn es nur genau ein Dreieck gäbe, bei dem die Winkelsumme 180 Grad beträgt. Bei dem Versuch, die Gültigkeit dieser Aussage zu beweisen, betrachtete Saccheri auch nichteuklidische Alternativen, glaubte jedoch, daß sie durch seine Überlegungen widerlegt wären. Gauß machte sich im Alter von zwölf Jahren mit den Grundlagen der Geometrie vertraut, die ihn dann sein Leben lang beschäftigten. Vier Jahre später kam ihm dann der Verdacht, daß Euklid noch nicht das letzte Wort zur Geometrie gesprochen habe. Im Alter von vierzig Jahren schrieb Gauß 1817 dazu:

»Ich komme immer mehr zu der Überzeugung, dass die Notwendigkeit unserer Geometrie nicht bewiesen werden kann, wenigstens nicht vom menschlichen Verstande noch für den menschlichen Verstand. Vielleicht kommen wir in einem anderen Leben zu anderen Einsichten in das Wesen des Raums, die uns jetzt unerreichbar sind. Bis dahin müsste man die Geometrie nicht mit der Arithmetik, die rein a priori steht, sondern etwa mit der Mechanik in gleichen Rang setzen...«[3]

Gauß vermutete also, daß man die wahre Geometrie des Raumes experimentell auffinden müsse. Einige Jahre später führte er einen solchen Versuch aus, indem er auf der Erdoberfläche die Winkel eines Dreiecks mit den Seitenlängen 70, 87 und 107 Kilometer maß. Es ergab sich keine Abweichung von der euklidischen Geometrie.

Man weiß, daß Gauß auch eine nichteuklidische Geometrie entwickelt hat, die er aber nicht veröffentlichte – aus Angst vor dem „Geschrei der Böotier", wie er im Jahre 1829 schrieb. Damit spielte er auf ein Volk im alten Griechenland an, das für seine geistige Trägheit bekannt war.

Das erste System einer nichteuklidischen Geometrie wurde 1829 von einem russischen Mathematiker veröffentlicht: Nikolai Iwanowitsch Lobatschewski, der damals

Professor und Rektor an der noch jungen Universität von Kazan• war. In dieser Arbeit, die erstmals 1826 angekündigt worden war, wird eine Geometrie beschrieben, bei der durch einen beliebigen Punkt unendlich viele Geraden gehen, ohne eine gegebene Gerade zu schneiden. In dieser nichteuklidischen Geometrie ist die Winkelsumme eines Dreiecks *kleiner* als 180 Grad, wie bei der von Gauß untersuchten Geometrie.

Die Zeit für die Betrachtung nichteuklidischer Geometrien schien gekommen zu sein. János Bolyai, ein ungarischer Armeeoffizier, kam 1823 zu ähnlichen Schlußfolgerungen und veröffentlichte sie 1831 als Anhang zu einer Arbeit seines Vaters, Wolfgang Bolyai. Bemerkenswert daran ist, daß Wolfgang Bolyai ein früherer Freund von Gauß war; aber es gibt keinen Hinweis dafür, daß der zurückhaltende Gauß seine kritische Einstellung zu Euklid jemals vor dieser Veröffentlichung Bolyai gegenüber erwähnt hat. Immerhin erkannte Gauß den Beitrag des jüngeren Bolyai nie öffentlich an; dagegen setzte er sich um 1840, nachdem er auf Lobatschewskis Arbeit aufmerksam geworden war, dafür ein, daß dieser 1842 in die Göttinger Akademie gewählt wurde.

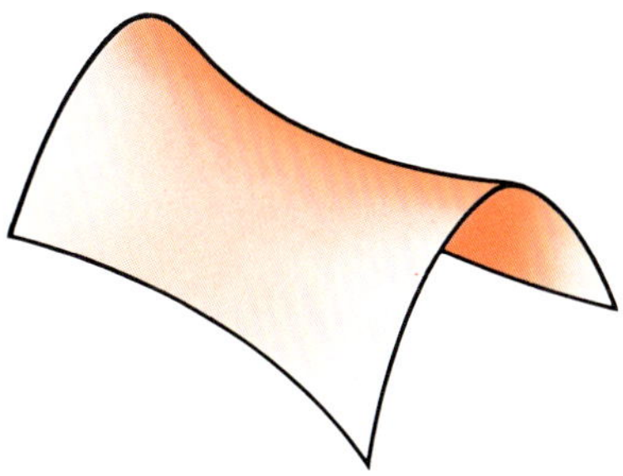

Interessant ist, daß die drei Entdecker einer nichteuklidischen Geometrie, Gauß, Lobatschewski und Bolyai, alle ein System untersuchten, bei dem die Winkelsumme eines Dreiecks *kleiner* als 180 Grad ist, während diese Winkelsumme bei dem naheliegenden Fall der Kugel•• 180 Grad übersteigt. Ein Beispiel für einen Raum, in dem Dreiecke eine Winkelsumme unter dem euklidischen Wert aufweisen, ist eine Sattelfläche, die sich dadurch auszeichnet, daß ihre Krümmung in einer Richtung positives und in der dazu senkrechten Richtung negatives Vorzeichen hat (darüber bald mehr).

Der Königsweg zur Geometrie

Über dem Eingang zu Platons Akademie außerhalb Athens soll der folgende Spruch gestanden haben: »Nur wer die Geometrie beherrscht, möge hier eintreten.« Zu denjenigen, die keine Schwierigkeiten hatten, diese Schwelle zu überschreiten, gehörte Manaechmus, der um etwa 350 vor Christus als erster die Ellipse, Parabel und Hyperbel als Kegelschnitte beschrieb (obwohl diese Bezeichnungen auf Apollonius von Perga zurückgehen). Zwei Jahrtausende später entdeckte Kepler die Ellipse am Sternhimmel wieder.

Der Legende nach soll Alexander der Große, der Eroberer der damals bekannten Welt, Manaechmus gebeten haben, ihm einen einfachen Weg zur Beherrschung der Geometrie zu zeigen. Manaechmus erwiderte, daß es

• Kazan ist heute die Hauptstadt der Tatarischen Autonomen Sozialistischen Sowjetrepublik; es liegt 700 Kilometer östlich von Moskau an der Wolga.

•• Vielleicht war dabei eine unbewußte Abneigung gegen eine Geometrie im Spiel, bei der es zu einer gegebenen Geraden *keine* Parallele gibt. Auf einer Kugel schneiden sich je zwei Großkreise zweimal; das verdeutlichen die Längenkreise, die sich alle an den Polen schneiden.

Alexander der Große, dargestellt während der Schlacht von Issos (Museum von Neapel).

zwar königliche Wege und Wege für das gemeine Volk gebe, um über Land zu reisen, aber in der Geometrie nur ein Weg für alle offen stehe. Diese demokratische Einstellung wird oft in der kürzeren antimonarchistischen Form ausgedrückt: „Es gibt keinen Königsweg zur Geometrie." Manchmal wird dieser Spruch einer späteren Zeit zugeordnet, mit Euklid und Ptolemäus I als handelnden Personen. Wie dem auch sei, es *gibt* einen Königsweg zur Geometrie. Carl Friedrich Gauß hat ihn entdeckt, und er ist mit Maßstäben gepflastert.

In einem hinreichend kleinen Gebiet ist die Geometrie jeder Oberfläche euklidisch. Für ein Dreieck auf einer Kugel überschreitet die Winkelsumme den Wert π um einen Betrag, der durch das Verhältnis der Dreiecksfläche zum Quadrat des Kugelradius gegeben ist. Sind alle Dreieckslängen sehr klein im Verhältnis zu diesem Radius, so wird der Überschuß vernachlässigbar klein sein; die Geometrie ist innerhalb so kleiner Abstände euklidisch. Wir können dann kartesische Koordinaten einführen und die Quadrate von Abständen als Summe der Quadrate von Koordinatendifferenzen berechnen. Wie schon erwähnt, hat ein solches Koordinatensystem,

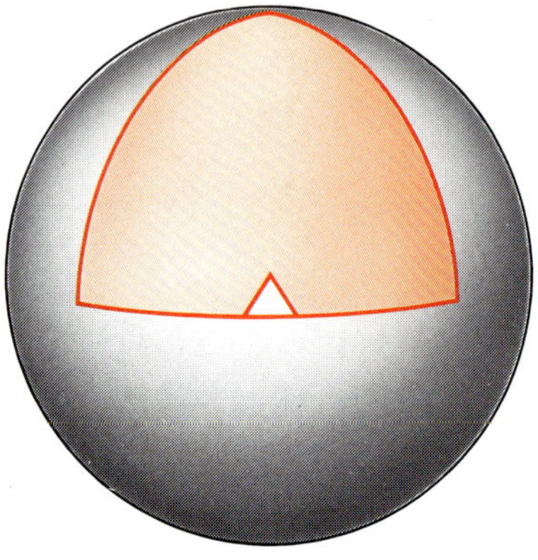

das für ein kleines Gebiet der Kugel eingeführt wurde, keine Bedeutung für ein relativ weit entferntes kleines Gebiet der Kugel.

Koordinaten, die wie Breite und Länge auf der gesamten Kugel sinnvoll sind, können also nicht kartesisch sein und werden mit gutem Grund als *Gaußsche Koordinaten* bezeichnet. Kartesische Koordinaten lassen sich unmittelbar mit Hilfe des Abstandsbegriffes interpretieren: Erhöht man x um eine Einheit, so wandert der untersuchte Punkt parallel zur x-Achse um eine Einheit weiter. Gauß erkannte, daß man diese einfache Beziehung bei gekrümmten Oberflächen aufgeben muß; Koordinaten sind dann nur noch

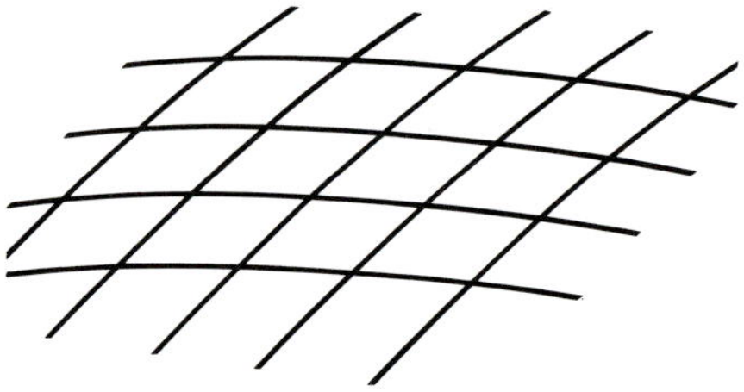

als *Bezeichnungen* zu verwenden. Dazu zeichne man zwei Scharen von Kurven auf eine Oberfläche, so daß sich die verschiedenen Kurven der einen Schar untereinander nicht schneiden (außer vielleicht an isolierten Punkten), aber jede Kurve der einen Schar alle Kurven der anderen kreuzt. Jeder beliebige Punkt der Oberfläche ist dann durch das spezielle Kurvenpaar charakterisiert, dessen Schnittpunkt an der bewußten Stelle liegt. Zum Beispiel schneidet ein Breitenkreis auf der Erde keinen weiteren Breitenkreis, und ein Längenkreis kreuzt (außerhalb der beiden Pole) keinen weiteren Längenkreis; aber jeder beliebige Breitenkreis schneidet alle Längenkreise und vice versa. Daß sich diese Kreise rechtwinklig schneiden, ist ein besonderer Umstand, der mit der Symmetrie der (beinahe) kugelförmigen Erde zusammenhängt. Eine weitere Besonderheit liegt darin, daß eine Abweichung von einem Grad geographischer Breite immer demselben Abstand von etwa 110 Kilometern auf der Erde entspricht. Insoweit läßt dies alles noch keinerlei Anzeichen dafür erkennen, daß Längen- und Breitengrade keine kartesischen Koordinaten sind. Das wird erst deutlich, wenn wir die Abstände betrachten, die bei einer Änderung der *Länge* um ein Grad durchlaufen werden. Am Äquator beträgt der zugehörige Abstand wiederum etwa 110 Kilometer, aber bei der Breite von New York (41° N) sind es nur 83 Kilometer. Und bei einer Breite von 89° N, 110 Kilometer vom Nordpol entfernt, entsprechen einem Längengrad gerade noch 1,9 Kilometer.

Wenn Gaußsche Koordinaten im allgemeinen keinen einfachen Zusammenhang mit Abständen erkennen lassen, wie kann man daraus Abstände berechnen? Betrachten wir ein kleines Gebiet auf einer Oberfläche, die als Ganzes durch Gaußsche Koordinaten beschrieben werden kann; bezeichnen wir diese Koordinaten mit u und v. Innerhalb des kleinen Gebietes können wir natürlich zusätzlich auch kartesische Koordinaten x und y einführen. Wandern wir jetzt innerhalb des kleinen Gebietes von einem Punkt zu einem anderen, so läßt sich diese Änderung durch eine kleine Änderung von x und y beziehungsweise ebenso von u und v ausdrücken. Die kleinen Änderungen von x und y hängen über gewisse multiplikative Faktoren mit den kleinen Änderungen von u und v zusammen, wobei diese Faktoren innerhalb des kleinen Gebietes annähernd konstant sind.

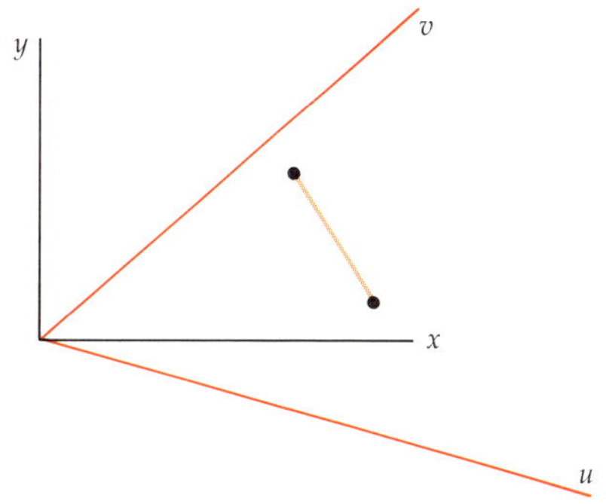

Sie ändern sich jedoch, wenn man die gesamte Oberfläche durchläuft. Die Länge der geraden Linie, die beide Punkte innerhalb des kleinen Gebietes verbindet, ist über den Satz des Pythagoras durch die Änderungen in x und y gegeben – das Längenquadrat ist gleich der Summe aus den Quadraten der Änderungen in x und y. Diese Summe kann wiederum als Summe aus *drei* Beiträgen geschrieben werden: ein Vielfaches vom Quadrat der kleinen Änderung in u; ein Vielfaches vom doppelten Produkt der kleinen Änderungen in u und v sowie ein Vielfaches vom Quadrat der kleinen Änderung in v. Die drei Multiplikatoren – oder Koeffizien-

ten –, die Gauß mit E, F, G bezeichnete, sind innerhalb des kleinen Gebietes konstant, ändern sich jedoch im allgemeinen, wenn man die gesamte Oberfläche durchläuft.

Die drei• Koeffizienten, die auf der gesamten Oberfläche definiert sind, charakterisieren Ergebnisse von *Abstandsmessungen*, die auf der Oberfläche selbst durchgeführt werden. Wir bezeichnen sie deshalb als Koeffizienten für die *Metrik* (der Oberfläche). Ein Winkel, der durch die Seiten*längen* eines *kleinen* Dreiecks festgelegt ist, wird deshalb eindeutig durch den Wert der Metrik an seinem Scheitelpunkt (Eckpunkt des Dreiecks) bestimmt. Die Fläche eines *kleinen* rechtwinkligen Gebietes, also das Produkt aus zwei rechtwinklig aufeinanderstehenden *Längen*, ist durch die Metrik an diesem Ort gegeben. Daraus läßt sich die Fläche eines beliebigen *großen* Gebietes auf der Oberfläche berechnen, indem man solche kleinen Flächeninhalte aufaddiert. Ähnlich ergeben sich endliche Abstände zwischen zwei Punkten entlang einer gegebenen Verbindungskurve, wenn man die Kurve in kleine Abschnitte zerlegt und die Längen all dieser kleinen Segmente aufaddiert. Wir können dann nach den *Kurven kleinster Länge*, das heißt, den *Geodäten* der Oberfläche fragen. Mit Hilfe der Geodäten, also der Geraden dieser Oberfläche, können wir dann auch *große* Dreiecke konstruieren und deren Winkel messen. Damit läßt sich schließlich auch prüfen, ob die Oberfläche euklidisch ist oder nicht. Anschaulicher ausgedrückt: Wir können danach fragen, ob die Oberfläche *flach* oder *gekrümmt* ist.

Krümmung

Erinnern wir uns: Auf der gekrümmten Oberfläche einer Kugel mit Radius R überschreitet die Winkelsumme eines geodätischen Dreiecks den Wert π um den Betrag der Dreieckfläche dividiert durch R^2. Zweifellos ist der Faktor $1/R^2$ ein Maß für die Krümmung der Kugel: Je kleiner der Radius, desto stärker ist die Kugel gekrümmt und desto größer ist der Wert von $1/R^2$. Wir erhalten den *euklidischen* Grenzwert, wenn $1/R^2$ dem Wert *Null* zustrebt und die Winkelsumme im Dreieck π ergibt. Das geschieht, wenn R sehr groß wird. Warum ist die Krümmung durch das *Quadrat* $1/R^2$ und nicht direkt durch $1/R$ gegeben? Weil die Oberfläche zweidimensional ist. Wenn man die Kugel an einem Punkt senkrecht aufschneidet, so entsteht in der Schnittebene ein Kreisbogen,

• Können wir sicher sein, daß wirklich drei Koeffizienten notwendig sind? Gibt es zwischen ihnen allgemeine Beziehungen, so daß eine kleinere Anzahl ausreicht? Nein, sofern man verlangt, daß die beiden Kurvensysteme, welche die Gaußschen Koordinaten liefern, frei gewählt werden dürfen. Bei gegebenem v bewegt sich der Punkt bei *kleiner* Änderung von u entlang einer *geraden* Linie. Es steht uns frei, welche Zahl wir der Länge dieser Linie zuordnen. Entsprechend kann bei festem u der Länge, die durch *kleine* Änderung in v erzeugt wird, eine beliebige Zahl zugeordnet werden. Und schließlich kann auch der Winkel zwischen diesen beiden geraden Linien frei gewählt werden. Diese *drei*fache Wahlfreiheit erfordert die Festlegung von *drei* Koeffizienten innerhalb jeder kleinen Fläche.

dessen Krümmung natürlich mit $1/R$ gemessen wird. Wir können am gleichen Punkt der Kugeloberfläche jedoch einen zweiten Schnitt anlegen, der senkrecht zum ersten verläuft, und erhalten dann einen anderen Kreisbogen wiederum mit der Krümmung $1/R$. Das Krümmungsmaß der Fläche ist das Produkt dieser eindimensionalen Krümmungen, also $1/R^2$.

Warum diese Interpretation richtig ist, wird klar, wenn wir eine Sattelfläche betrachten. Schneiden wir sie senkrecht zur Sattelachse auf, so bekommen wir wie bei der Kugel einen Kreisbogen. Ein Schnitt parallel zu dieser Achse ergibt aber eine Kurve mit *entgegengesetztem* Krümmungssinn. Das wird im Krümmungsmaß durch ein *Minuszeichen* ausgedrückt. Die Krümmung der zweidimensionalen Sattelfläche, das Produkt der Krümmungen in den beiden senkrechten

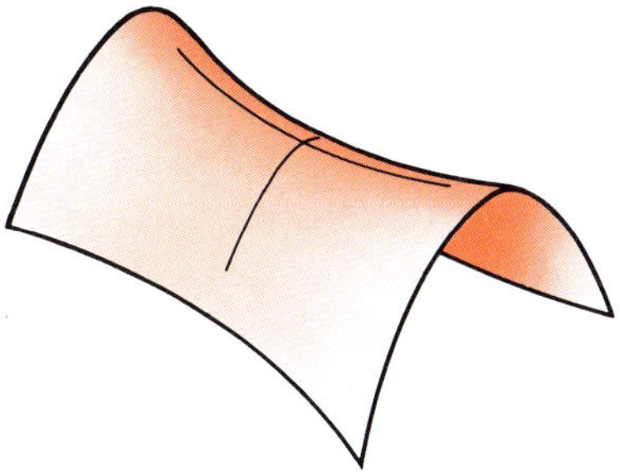

Hauptrichtungen, ist dann *negativ*. Bei der Sattelfläche sollte die Winkelsumme eines Dreiecks, die ja von π um das Produkt aus Dreieckfläche mal *Krümmung* abweicht, *kleiner* als π sein. Und das ist in der Tat bei Flächen mit *negativer* Krümmung der Fall.

Wir verfügen damit über eine präzise Definition von Krümmung, die eine feine Unterscheidung ermöglicht. Und sie impliziert eine bemerkenswerte Eigenschaft, die Gauß 1827 als *Theorema egregium* veröffentlicht hat. Dieses Theorem besagt, daß die (so definierte) Krümmung vollständig durch eine *Metrik* bestimmt ist. Mit anderen Worten: Die Gaußsche Krümmung ist eine innere Eigenschaft der Fläche und hängt nicht von deren dreidimensionalem Aussehen ab. Diese Eigenschaft erklärt sich daraus, daß die Krümmung an einem Punkt durch die Winkel und den Flächeninhalt eines sehr kleinen Dreiecks gegeben ist, also durch meßbare Größen *innerhalb* der Fläche. Als innere Eigenschaft der Fläche kann die Gaußsche Krümmung an einem Punkt nicht von der speziellen Wahl der Gaußschen Koordinaten für diesen Punkt abhängen.

Im folgenden wollen wir an einem Beispiel demonstrieren, wie irreführend intuitive Vorstellungen – oder vielleicht sollten wir sagen, der Gebrauch von umgangssprachli-

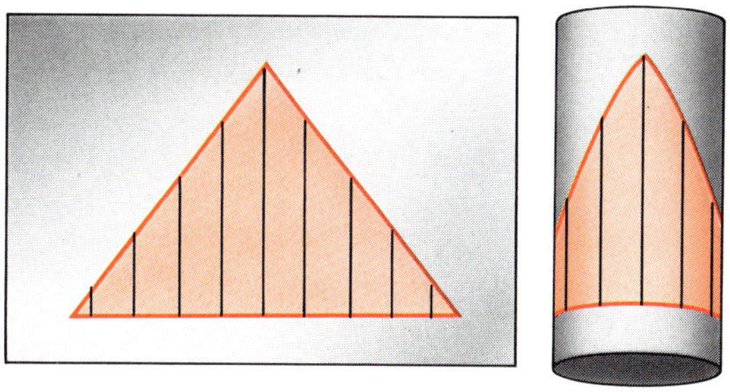

chen Begriffen ohne präzise Definition – sein können. Eine Papierseite, die auf einem Tisch liegt, stellt eine ebene Fläche dar; ihre Geometrie ist euklidisch. Ein darauf gezeichnetes Dreieck hat die Winkelsumme 180 Grad. Wir wollen das Blatt jetzt zu einem kreisförmigen Zylinder zusammenrollen, so daß das Papier nicht überlappt. Im umgangssprachlichen Sinn ist die Oberfläche nun gekrümmt, und man könnte meinen, ihre Geometrie sei nun nichteuklidisch. Der

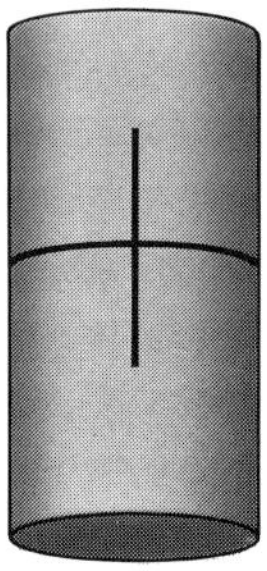

Schein trügt: Die Winkelsumme beträgt auch bei dem Dreieck auf der Zylinderoberfläche immer noch 180 Grad.

Was hier zählt, ist nicht das, was man gefühlsmäßig unter Krümmung versteht, sondern der exakte Wert der *Gaußschen* Krümmung. Schneiden wir den Zylinder senkrecht zu seiner Achse auf, so bekommen wir einen Kreisbogen, dessen Krümmung gleich dem Kehrwert des Kreisradius ist. Was folgt für den Schnitt entlang der Zylinderachse? *Diese* Schnittlinie ist eine Gerade mit Krümmung *Null*. Die Gaußsche Krümmung, das Produkt der beiden eindimensionalen Krümmungen, beträgt mithin *Null*. Die Geometrie der zweidimensionalen Zylinderoberfläche ist also euklidisch, unabhängig davon, wie diese Fläche in drei Dimensionen aussieht.•

Georg Friedrich Bernhard Riemann (1826 – 1866).

Riemann

Im Jahre 1853, zwei Jahre vor Gauß' Tod, mußte sein 27jähriger Schüler Bernhard Riemann seine Antrittsvorlesung vor der Göttinger Fakultät halten, um die Stelle eines Dozenten zu bekommen; als Bezahlung standen nur die Studiengebühren der Studenten in Aussicht, die seine Vorlesungen besuchen würden. Es war üblich, drei Themenvorschläge einzureichen, und ebenso üblich, daß nur unter den beiden ersten gewählt wurde. Auf seine beiden ersten Themen hatte sich Riemann gründlich vorbereitet, aber das dritte Thema, die Grundlagen der Geometrie, hatte er nicht so gut durchgearbeitet. Gauß, der mehr als sechzig Jahre lang mit den Grundlagen der Geometrie gerungen hatte, konnte diesem Thema jedoch nicht widerstehen. Für Riemann, der als Assistent in Wilhelm Webers Seminar mit Untersuchungen über Elektrizität, Magnetismus, Licht und Gravitation beschäftigt war (was *nicht* wesentlich zu seinem Ruhm beitrug), war das einfach zu viel. Er wurde krank. Als er sich 1854 nach Ostern wieder erholt hatte, vollendete er den Vortrag innerhalb von sieben Wochen. Nun verschob Gauß den Termin aus gesundheitlichen Gründen und setzte für den Vortrag als Termin schließlich Freitag, den 10. Juni 1854, 11.30 Uhr, fest.

Riemanns epochemachende Vorlesung hatte den Titel *Über die Hypothesen, welche der Geometrie zugrunde liegen*. Worin bestand dabei die große Leistung Riemanns? Für jemanden, der geometrisch denkt, sind zwei Dimensionen ein Leichtes, drei Dimensionen Routine und vier Dimensionen unmöglich. Für einen algebraisch denkenden Menschen sind zwei, drei oder vier Dimensionen nur Spezialfälle für Räume mit *beliebiger* Dimension. In diesem Sinn war Riemann Algebraiker. Er erweiterte die innere Geometrie, die Gauß für zwei Dimensionen entwickelt hatte und die zwei Koordinaten erforderte, auf Räume mit $n = 2, 3, 4\ldots$ Dimensionen und Koordinaten. Die Metrik, die beim zweidimensionalen Raum für $n = 2$ durch drei Größen festgelegt ist, erfordert für $n = 3$ sechs Größen, für $n = 4$ zehn und so fort. Im Falle von $n = 3$ läßt sich das nachvollziehen, indem man dem zweidimensionalen Raum eine dritte Koordinate hinzufügt. Das Abstandsquadrat zwischen nahe beiein-

• Damit wird nicht geleugnet, daß es *Unterschiede* zwischen einer ebenen Fläche und einem Zylinder gibt. Entfernt man sich auf der Ebene entlang einer Geraden von einem Punkt, so wird man niemals zu diesem Punkt zurückkehren. Beim Zylinder können dagegen Bewegungen senkrecht zur Zylinderachse zum Ausgangspunkt zurückführen.

anderliegenden Punkten enthält dann als Summanden auch das Quadrat der Änderung der dritten Koordinate mit einem multiplikativen Koeffizienten sowie zwei Produkten aus der Änderung der dritten Koordinate mit den beiden Änderungen der beiden ersten Koordinaten, jeweils multipliziert mit einem Koeffizienten. Das ergibt drei zusätzliche Summanden, die zu den ursprünglichen drei Größen addiert werden müssen, insgesamt also sechs Koeffizienten für $n = 3$. Bei $n = 4$ müssen wir entsprechend einen plus *drei*, also vier Koeffizienten zu den sechs für $n = 3$ hinzuaddieren; das ergibt insgesamt zehn. Auf diese Weise setzt sich das Spiel fort.•

Das führt übrigens amüsanterweise wieder zu den mystischen Anfängen der Arithmetik bei Pythagoras und seinen Nachfolgern zurück. Zu einer Zeit, als man mit Kieselsteinen zählte (was sich in dem lateinischen Wort *calculus* für Kieselstein erhalten hat), galten diejenigen Zahlen, für die sich die Kieselsteine in einer Dreiecksfigur anordnen ließen, als etwas Besonderes. So ergeben sich aufeinanderfolgend die Dreieckszahlen 1, 3, 6, 10 ..., wenn man die Zahl der Kie-

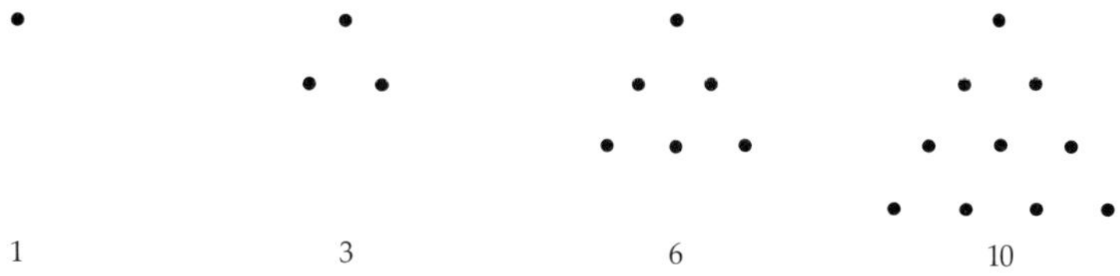

selsteine auf jeder Dreieckseite um Eins erhöht. Die Pythagoräer interessierten sich besonders für die vierte Dreieckszahl, die *Tetractys*: $10 = 1 + 2 + 3 + 4$. Sie stellte das Universum dar.••

Riemannsche Geometrie

Wir wollen uns im folgenden überlegen, was in einem n-dimensionalen Raum mit gegebener Metrik unter Riemannscher Geometrie zu verstehen ist. Genau wie in der zweidimensionalen Gaußschen Geometrie müssen exakte Begriffe für Winkel, Flächen (die man jetzt besser Volumina••• nennen sollte), Geodäten und schließlich *Krümmung* definiert werden. Für $n = 2$ hatte Gauß an jedem Punkt die innere Krümmung eingeführt. Darauf baute Riemann auf. Man zeichne von

---

• Die Anzahl der Größen, die benötigt werden, um die Metrik im n-dimensionalen Raum festzulegen, beträgt $1 + 2 + 3 + \ldots + n$ oder, als Summenformel geschrieben (siehe Exkurs 5.1):

$$\frac{1}{2}n(n+1).$$

Wenn man zu diesem Ausdruck $n + 1$ hinzufügt, ergibt sich ein Ausdruck derselben Form, bei dem n durch $n + 1$ ersetzt ist:

$$\frac{1}{2}n(n+1) + n + 1 = \frac{1}{2}(n+1)(n+2).$$

Hierin spiegelt sich für beliebiges n das wieder, was wir beim Übergang von zwei auf drei und von drei auf vier Dimensionen vorgenommen haben.

•• In der Pythagoräischen Kosmologie, die noch Kopernikus beeinflußt hat, kreisten *zehn* Körper um ein Zentralfeuer (das von der Erde aus nicht sichtbar war, weil es von einer „Gegenerde“ verdeckt wurde). Diesem Zentrum am nächsten war Antichthon, die Gegenerde (die ebenfalls nicht sichtbar war); danach kamen Erde, Mond und Sonne, die fünf damals bekannten Planeten und zuletzt die Fixsterne. Alle Gestirne wurden im pythagoräischen System durch das reflektierte Licht des Zentralfeuers erleuchtet. Die zehn Körper bewegten sich mit Geschwindigkeiten, die mit der Entfernung vom Zentrum stiegen; sie erzeugten dabei immer höhere Töne, die sich auf harmonische Weise zur (unhörbaren) kosmischen Sphärenmusik verbanden. Immerhin ein Anfang.

••• Von der *Fläche* eines kleinen rechtwinkligen Gebietes, die als das Produkt zweier senkrechter Längen definiert ist, kommen wir wie folgt zum *Volumen* eines entsprechend kleinen Gebietes: Wir bilden das Produkt seiner n senkrecht stehenden Seitenlängen. Das so definierte Maß hängt nicht von der speziellen Wahl der Koordinaten ab.

einem Punkt aus in eine Richtung ein sehr kurzes Stück einer Geodäte. Danach wähle man eine dazu senkrechte Richtung aus und zeichne, vom selben Punkt ausgehend, ein anderes kurzes Geodätenstück in dieser Richtung. Die beiden senkrechten Linien definieren eine zweidimensionale Fläche mit einer bestimmten Gaußschen Krümmung. Ist der Raum selbst zweidimensional, so sind wir hier am Ende. Bei drei Dimensionen, $n = 3$, können wir an diesem Punkt eine dritte Geodäte anlegen, die senkrecht auf den beiden ersten Geodäten steht. Damit werden zusätzlich zur ursprünglichen zweidimensionalen Fläche, die durch beide Geodäten definiert ist, zwei weitere Flächen eingeführt, und jede davon hat eine bestimmte Gaußsche Krümmung. Für Räume der Dimensionen $n = 2$ beziehungsweise $n = 3$ beträgt also die Zahl der Gaußschen Krümmungen Eins beziehungsweise Drei. Auch an dieser Stelle begegnen wir den Dreieckszahlen Eins und Drei.

Bei n Dimensionen erhält man für n aufeinander senkrecht stehende Geodäten an einem Punkt als Anzahl der Gaußschen Krümmungen $\frac{1}{2}n(n-1) = 1, 3, 6, \ldots$ für $n = 2, 3, 4, \ldots$ Die einzelnen Krümmungen hängen zwar von den Geodäten ab, die die verschiedenen zweidimensionalen Flächen definieren, aber die Summe von allen $\frac{1}{2}n(n-1)$ Krümmungen ist davon *unabhängig*. Diese Summe kennzeichnet eine Art mittlere Krümmung an einem Punkt, die nur noch von der Metrik bestimmt ist. Sofern es sich um einen euklidischen oder flachen Raum handelt, was erfordert, daß sämtliche Gaußschen Krümmungen überall verschwinden, hat die mittlere Krümmung den Wert Null. Die Umkehrung gilt jedoch nicht: Die mittlere Krümmung kann überall verschwinden, ohne daß der Raum flach sein muß. Schließlich hängt die mittlere Krümmung an einem Punkt *nicht* von der Wahl der speziellen n-dimensionalen Koordinaten (als Bezeichnung) für die Umgebung des Punktes ab.

Die physikalische Seite

Riemann beendete seine berühmte Vorlesung mit den folgenden Worten:

»Die Frage über die Gültigkeit der Voraussetzungen der Geometrie im Unendlichkleinen hängt zusammen mit der Frage nach dem inneren Grunde der Maßverhältnisse des Raumes ... der Grund der Maßverhältnisse (muß) außerhalb, in darauf wirkenden bindenden Kräften, gesucht werden.

Die Entscheidung dieser Fragen kann nur gefunden werden, indem man von der bisherigen durch die Erfahrung bewährten Auffassung der Erscheinungen, wozu Newton den Grund gelegt, ausgeht und diese, durch Tatsachen, die sich aus ihr nicht erklären lassen, getrieben, allmählich umarbeitet; solche Untersuchungen, welche wie die hier geführte von allgemeinen Begriffen ausgehen, können nur dazu dienen, daß diese Arbeit nicht durch die Beschränktheit der Begriffe gehindert und der Fortschritt im Erkennen des Zusammenhangs der Dinge nicht durch überlieferte Vorurteile gehemmt wird.

Es führt dies hinüber in das Gebiet einer anderen Wissenschaft, in das Gebiet der Physik, welches wohl die Natur der heutigen Veranlassung nicht zu betreten erlaubt.«[4]

Das war 1854. Sechzig Jahre sollten vergehen, bis man die Natur dieser „bindenden

Kräfte“, die die Metrik der Geometrie bestimmen, verstehen konnte. Es sind *Gravitations*kräfte.

Riemann starb früh, im Alter von nur 39 Jahren. Angenommen, er hätte 20 Jahre länger gelebt, bis zum 20. Juli 1886 (fast ein Jahr vor dem Michelson-Morley-Experiment), würde dann vielleicht er die Einsteinsche Gravitationstheorie entwickelt haben? Es mag enttäuschen, aber die Antwort ist wahrscheinlich Nein. Riemann dachte bei Raum stets an den dreidimensionalen Raum. Noch fehlte die gesamte physikalische Entwicklung, die in der Speziellen Relativitätstheorie gipfelte und die *Zeit* mit dem Raum verknüpfte. In der relativistischen Welt nimmt die vierdimensionale Geometrie den Platz ein, den zuvor der dreidimensionale Raum hatte. Aber worin besteht die besondere Raum-Zeit-Geometrie der Speziellen Relativitätstheorie?

Raum-Zeit und Geometrie

Die Geometrie wurde auf den metrischen Begriff des Abstandes gegründet, der eine vom Koordinatensystem unabhängige Beziehung zwischen zwei Punkten zum Ausdruck bringt. Wir kennen bereits ein Maß, das, im Gegensatz zu zeitlichen und räumlichen Intervallen, diesen Charakter der Absolutheit besitzt. Es ist die Differenz $L^2-(cT)^2$, die wir bereits in Kapitel 2, wenn auch mit umgekehrten Vorzeichen, diskutiert hatten. Dabei kennzeichnen L und T den räumlichen beziehungsweise zeitlichen Abstand zwischen zwei Ereignissen 1 und 2. (Mit dem veränderten Vorzeichen folgen wir einer heute üblichen Konvention.) Wenn wir jedem Ereignis drei räumliche kartesische Koordinaten x, y, z und eine Zeitkoordinate t zuordnen, lautet die absolute Differenz:

$$(x_1 - x_2)^2 + (y_1 - y_2)^2 + (z_1 - z_2)^2 - (ct_1 - ct_2)^2.$$

Hätte auch der vierte Term ein positives Vorzeichen, so ergäbe diese Summe das Abstandsquadrat in einer vierdimensionalen *euklidischen* Geometrie. Die Geometrie der Speziellen Relativitätstheorie ist eine vierdimensionale euklidische Geometrie, mit einem *Unterschied*: Die kausalen Zusammenhänge, bei denen diese absolute Größe positiv, Null oder negativ sein kann, wurden in Kapitel 3 dargelegt.

Negative Abstandsquadrate mögen ein geometrischer Alptraum sein, ernste algebraische Probleme werfen sie aber nicht auf. Obwohl diese vierdimensionale Raum-Zeit-Geometrie nicht exakt euklidisch ist, ist der vierdimensionale Raum sicher *flach*. Die zehn Koeffizienten, die seine Metrik bestimmen, sind feste Zahlen; sie können 0, $+1$ und -1 betragen. Die Metrik ändert sich *nicht* beim Übergang von einem Punkt zu einem anderen, was ein untrügliches Zeichen dafür ist, daß die Krümmung verschwindet.

Äquivalenzprinzip und Geometrie

Betrachten wir die sowjetische Raumstation *Saljut 8* in ihrer Erdumlaufbahn und, in einer höheren Bahn, das amerikanische *Space Shuttle Columbia* mit dem *Spacelab* der Europäischen Weltraumbehörde an Bord. In einem Teil der *Columbia* befinden sich vier Astronauten, die verschiedene Experimente in einem anderen Teil überwachen, der di-

Astronauten in einer russischen Raumstation und in *Skylab*.

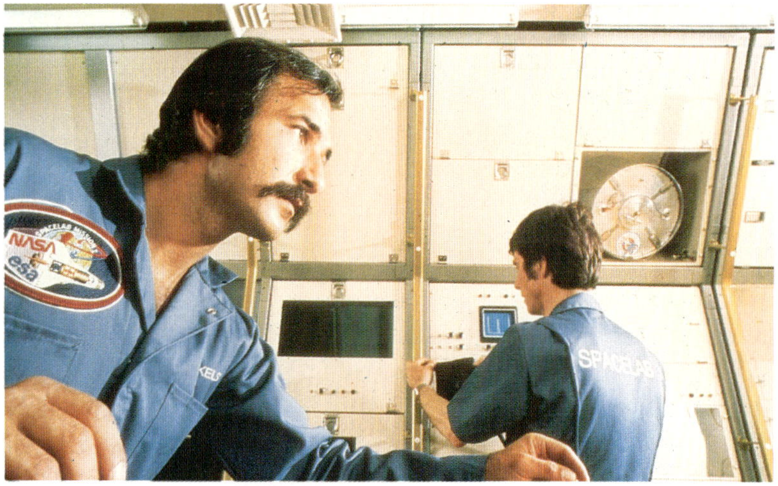

rekt dem Weltraum ausgesetzt ist. Für die Astronauten in beiden Raumschiffen gibt es keinerlei Anzeichen einer Erdanziehung oder einer Beschleunigung. Beide Effekte sind ununterscheidbar. Diese Äquivalenz von konstanter Beschleunigung und gleichförmigem Gravitationsfeld wurde von Einstein zum Prinzip erhoben. Dieses Prinzip besagt, daß sich innerhalb hinreichend kleiner Raum-Zeit-Gebiete stets geeignete beschleunigte Bezugssysteme (hier frei fallende Raumschiffe) finden lassen, in denen jede physikalische Wirkung eines Gravitationsfeldes entfällt, so daß die Gesetze der Speziellen Relativitätstheorie anwendbar werden. Das läßt sich durch Vorgänge innerhalb des Raumschiffes verdeutlichen: Wird ein Gegenstand, zum Beispiel ein Schraubenschlüssel, angestoßen, so fliegt er mit konstanter Geschwindigkeit geradlinig davon (bis er irgendwo anstößt). Ein Lichtstrahl breitet sich ebenfalls geradlinig aus, und zwar mit seiner charakteristischen Geschwindigkeit c.

Die Spezielle Relativitätstheorie gilt innerhalb eines beliebigen Raumschiffes für dessen eigenes, frei fallendes Bezugssystem. Allerdings kann es sich bei zwei Raumschiffen um zwei völlig verschiedene beschleunigte Bezugssysteme handeln, etwa wenn sich beide Raumschiffe auf entgegengesetzten Seiten der Erde befinden. Darüber hinaus gehen Uhren an beiden Orten unterschiedlich. Wie wir in Kapitel 4 gelernt haben, tickt die Uhr im Raumschiff mit der niedrigeren Bahnhöhe aus zwei Gründen langsamer. Zum einen schloß Einstein aus seinem Äquivalenzprinzip, daß *ruhende* Uhren dort langsamer gehen, wo das Gravitationsfeld stärker ist – und das trifft für die erdnähere Position zu. Diese Vorhersage wurde experimentell mit großer Genauigkeit bestätigt. Zum anderen wissen wir aus der Speziellen Relativitätstheorie, daß *bewegte* Uhren langsamer gehen. Das untere Raumschiff fliegt in dem stärkeren Gravitationsfeld schneller, weshalb der Gang seiner Uhren verlangsamt ist. Dieser zusätzliche speziell-relativistische Effekt ist halb so groß wie der gravitationsbedingte.

Um es allgemeiner auszudrücken: Innerhalb kleiner Gebiete gilt eine flache Geometrie, aber für stark abweichende Orte sind dann sehr unterschiedliche Bezugssysteme erforderlich. Wenn sich eine Koordinate um eine Einheit ändert, so hat das an verschiedenen Orten eine unterschiedliche metrische Bedeutung. Fällt jetzt der Groschen? Natürlich, ein Gravitationsfeld bedeutet ja, daß die Geometrie der Raum-Zeit *gekrümmt* ist.

Einstein

Im Jahre 1911 ging Albert Einstein von Zürich nach Prag, um dort eine Professur für theoretische Physik an der traditionsreichen Universität anzutreten, die 1348 von Karl IV, Kaiser des Heiligen Römischen Reiches, gegründet worden war. Es wurde nur ein kurzes Gastspiel. Im Sommer 1912 war Einstein wieder in Zürich, nach einer triumphalen Rückkehr an seine alte Hochschule, die Eidgenössische Technische Hochschule – nun allerdings als Professor für theoretische Physik. Dort traf er (welch glücklicher Umstand!) wieder auf seinen alten Freund Marcel Grossmann, der am gleichen Institut einen Lehrstuhl für Mathematik hatte. Weshalb dies ein glücklicher Umstand war? Weil Einstein bereits die entscheidende Idee mitbrachte:

»...es konnte nicht mehr gefordert werden, daß Koordinatendifferenzen unmittelbare Ergebnisse von Messungen mit idealen Maßstäben beziehungsweise Uhren bedeuten sollten. Diese Erkenntnis plagte mich sehr, denn ich vermochte lange nicht einzusehen, was dann die Koordinaten in der Physik überhaupt bedeuten sollten? Die Erlösung aus diesem Dilemma kam erst etwa 1912...«[5]

Einstein hatte die Notwendigkeit einer vierdimensionalen Riemannschen Metrik erkannt. Später bemerkte er dazu:

»Von der Riemannschen Arbeit erfuhr ich erst zu einer Zeit, in der die Grundprinzipien der allgemeinen Relativitätstheorie schon längst klar konzipiert waren.«[6]

Jetzt galt es, diese grundlegenden Prinzipien einschließlich den physikalischen Vorstellungen von der Gravitation und dem Äquivalenzprinzip in eine ungewohnte mathematische Sprache zu übertragen. Grossmann stand Einstein dabei zur Seite und führte ihn in die mathematische Literatur ein; immerhin waren Riemanns Ideen in den zurückliegenden 60 Jahren von deutschen und italienischen Mathematikern weiterentwickelt worden. Dazu schrieb Einstein zu Beginn dieser Arbeitsphase an einen Kollegen:

»Ich beschäftige mich jetzt ausschließlich mit dem Gravitationsproblem und glaube nun, mit Hilfe eines hiesigen befreundeten Mathematikers aller Schwierigkeiten Herr zu werden. Aber das eine ist sicher, daß ich mich im Leben noch nicht annähernd so geplagt habe, und daß ich große Hochachtung für die Mathematik eingeflößt bekommen habe, die ich bis jetzt in ihren subtileren Teilen in meiner Einfalt für puren Luxus ansah! Gegen dies Problem ist die ursprüngliche Relativitätstheorie eine Kinderei.«[7]

Einstein und Grossmann verfolgten während der beiden Jahre ihrer Zusammenarbeit einen mühsamen Weg, der keineswegs geradlinig zum Erfolg führte. Einstein beschrieb das damals so:

»Als heuristische Hilfsmittel sind bei jenen Untersuchungen in bunter Mischung physikalische und mathematische Forderungen verwendet...«[8]

Später bemerkte er im Rückblick:

»Wir hatten schon zwei Jahre vor der endgültigen Veröffentlichung der allgemeinen Relativitätstheorie die korrekten Feldgleichungen betrachtet, erkannten aber nicht, daß diese physikalisch anwendbar waren.«[9]

Es ist nicht abwegig, das „wir" in dieser Aussage wie folgt aufzulösen: Grossmann, der Mathematiker, schlug die Anwendung des Riemannschen Krümmungsbegriffes vor; Einstein, der Physiker, war in dieser Materie noch nicht so vertraut und verwarf den Gedanken. Die Zusammenarbeit endete im Frühjahr 1914, als Einstein zum Direktor des Kaiser-Wilhelm-Instituts der preußischen Akademie in Berlin ernannt wurde. Als Schweizer Staatsbürger aus Überzeugung bemerkte Einstein dazu:

»Die Herren Berliner spekulieren mit mir wie mit einem prämierten Leghuhn; aber ich weiß nicht, ob ich noch Eier legen kann!«[10]

Er legte ein *goldenes* Ei.

Materie und Metrik

Im Gravitationsfeld ist die Geometrie der Raum-Zeit, wie sie durch ihre Metrik beschrieben wird, gekrümmt. Das wirft zwei grundlegende Fragen auf: Wie bewegt sich Materie bei gegebener Metrik in dieser Geometrie? Und umgekehrt: Welche Raum-Zeit-Metrik ergibt sich aus der Materieverteilung, die das Gravitationsfeld erzeugt? Es handelt sich um zwei Seiten einer Medaille, wobei die Herausforderung in einem Rückbezug liegt: *Materie* in *Bewegung* erzeugt ein Gravitationsfeld, das seinerseits die Raum-Zeit-Metrik bestimmt, die die *Bewegung* der *Materie* vorgibt.

In dem kleinen Gebiet innerhalb eines frei fallenden Raumschiffes bewegt sich Materie auf Geraden und mit konstanter Geschwindigkeit; dabei schließt Materie hier auch das Licht ein. Es handelt sich um Geraden eines *vier*dimensionalen Raumes. Änderungen einer räumlichen Koordinate hängen nicht nur von den Änderungen der anderen Raumkoordinaten ab, sondern auch von einer Änderung in der Zeit. Wir können nun alle geraden Bahnabschnitte für die kleinen Gebiete zusammensetzen, um eine Gerade im weiteren Sinne zu erzeugen: eine *Geodäte* der gegebenen Geometrie. Sie beschreibt die *Bewegung* der *Materie.*

Im nächsten Schritt wollen wir uns die Arbeit erleichtern und die Einheiten von Raum und Zeit so wählen, daß die Lichtgeschwindigkeit c gleich Eins ist. Die Astronomen gehen ähnlich vor, indem sie *ein* Lichtjahr als die Entfernung definieren, die Licht in *einem* Jahr durchläuft. Ein anderes Beispiel wäre eine Zeiteinheit von einer Mikrosekunde bei einer Längeneinheit von 299, 79

Metern. Bei solchen Einheiten sind Energie und Masse gleich: $E = m$.

Die Feldgleichungen der Gravitation

Warning: The Surgeon General Has Determined That the Next Seven Paragraphs Are Dangerous

Warnung! Das Lesen der nächsten sieben Abschnitte gefährdet Ihre Gelassenheit. Der zuständige Minister.

In der Newtonschen Physik ist die Gravitation eine Eigenschaft der Materie. Was dabei zählt, ist nur die Verteilung der Masse im Raum, das heißt, die *Materiedichte*, die an einem gegebenen Punkt durch einen bestimmten Betrag zahlenmäßig festgelegt ist.

Aber durch Kräfte wird Materie natürlich auch in Bewegung versetzt. Der dadurch entstehende Materiefluß ist an jedem Punkt durch das Produkt aus Dichte und Geschwindigkeit gegeben. Für diesen Fluß gibt es drei unabhängige Richtungskomponenten; daher müssen für jeden Punkt drei zusätzliche Zahlen angegeben werden. Man benötigt also insgesamt vier Zahlen, um die Dichte und den Fluß von Materie zu beschreiben. Das würde genügen, sofern wir die Spezielle Relativitätstheorie nicht zu berücksichtigen brauchten. Die besagt nämlich, daß Masse gleich Energie ist, und mit der Energie kommt auch der Impuls ins Spiel.

Wie in Kapitel 3 ausgeführt wurde, hat der Übergang zu einem bewegten Bezugssystem eine Mischung von Energie und Impuls zur Folge. Wir müssen deshalb die *Impulsdichte* und den *Impulsfluß* in die Beschreibung einbeziehen. Die Impulsdichte ist durch drei Größen festgelegt; für den Fluß werden dagegen neun Größen benötigt, weil es für jede der drei Impulskomponenten drei mögliche Flußrichtungen gibt. Für die Dichte und den Fluß von Masse und Impuls ergäbe dies insgesamt also $1 + 3 + 3 + 9 = 16$ Größen, sofern alle diese Größen voneinander unabhängig wären.

Einige Größen stimmen jedoch überein. Der Energiefluß ist *Energie*dichte mal Geschwindigkeit und damit dasselbe wie die Impulsdichte, die *Massen*dichte mal Geschwindigkeit ist. Damit gibt es schon drei Beziehungen. Darüber hinaus stimmt zum Beispiel der Fluß, der sich für die x-Komponente des Impulses in bezug auf die y-Richtung ergibt, mit dem Fluß der y-Komponente des Impulses in x-Richtung überein. Dabei ist der Fluß für die x-Komponente des Impulses in y-Richtung gleich dem Produkt aus Massendichte und den beiden Geschwindigkeitskomponenten in x- und y-Richtung. Zusammen mit den entsprechenden xz- und yz-Beziehungen für die beiden anderen Komponenten des Impulsflusses ergeben sich drei weitere Identitäten. Insgesamt gibt es also sechs Gleichungen, durch die sich die Anzahl der Größen von 16 auf zehn reduziert. Um Dichte und Fluß von Energie und Impuls an einem Punkt festzulegen, genügen also zehn Größen. Wieder sind wir auf die mystische Tetractys der Pythagoräer gestoßen, aber wichtig hier ist vor allem die Tatsache, daß diese Zahl die Metrik der vierdimensionalen Raum-Zeit festlegt.

Energie und Impuls sind Erhaltungsgrößen, was zusätzliche Einschränkungen für die zehn Größen mit sich bringt, die die räumliche Verteilung und den Fluß von Energie

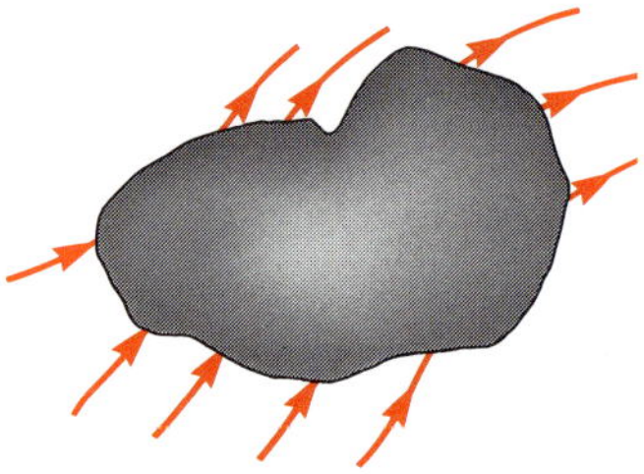

und Impuls beschreiben. Untersuchen wir das zunächst für die flache Raum-Zeit der Speziellen Relativitätstheorie. Die materielle *Energie* in einem gewissen dreidimensionalen Volumen ändert sich nur, wenn es einen Energie*fluß* durch die zweidimensionale Oberfläche dieses Volumens gibt. Innerhalb des Volumens wird Energie weder erzeugt noch vernichtet. Das ergibt für sehr kleine Volumina eine lokale Beziehung zwischen der zeitlichen Änderung der Energie*dichte* und der räumlichen Änderung des Energie*flusses* („lokal" besagt hier, daß sich die Beziehung nur für die unmittelbare Umgebung eines Punktes anwenden läßt). Zusammen mit den drei analogen Beziehungen für den Impuls ergeben sich insgesamt *vier* einschränkende Gleichungen. Für eine gekrümmte Raum-Zeit gelten vier ähnliche, allerdings kompliziertere Beziehungen. Der entscheidende Unterschied besteht darin, daß Energie und Impuls von Materie nicht mehr erhalten sind. Sie werden jetzt zwischen der Materie und dem Gravitationsfeld ausgetauscht.

Betrachten wir eine scheinbar ähnliche Situation: elektrisch geladene Teilchen in einem elektromagnetischen Feld. Die mechanischen Eigenschaften der Teilchen sind auch hier nicht erhalten, weil Energie und Impuls mit dem elektromagnetischen Feld ausgetauscht werden. Man kann aber die verschiedenen mechanischen Dichten und Flüsse durch jene des elektromagnetischen Feldes ergänzen und dann zeigen, daß für das gesamte System vier einfache lokale Erhaltungssätze gelten. Das elektromagnetische Feld unterscheidet sich allerdings in einer wichtigen Hinsicht vom Gravitationsfeld: Wenn *Sie* behaupten, daß die Dichte der Gravitationsenergie an einem bestimmten Punkt einen bestimmten Wert habe, kann *ich* mit gleichem Recht sagen, daß sie *Null* sei, sofern ich mich in einem frei fallenden Bezugssystem befinde. Nach dem Äquivalenzprinzip sind dort nämlich alle Anzeichen für ein Gravitationsfeld verschwunden. Natürlich kann ich meine Behauptung nur für ein kleines Gebiet aufrechterhalten. Die Realität der Gravitationsenergie steht im großen außer Frage; es ist nur unmöglich, sie auf eindeutige Weise an einzelnen Punkten anzugeben. Dieses Problem bereitete Einstein so viele Schwierigkeiten bei seinem Versuch, seine bereits entwickelten physikalischen Prinzipien mit der Mathematik der gekrümmten Raum-Zeit zu verknüpfen.

Bewegte Materie erzeugt ein Gravitationsfeld, das für die Krümmung der Raum-Zeit-Geometrie verantwortlich ist. Um diesen Zusammenhang zwischen Geometrie und Physik präzise zu formulieren, müssen wir nach einer Beziehung zwischen den Größen suchen, die Krümmung beziehungsweise Materie spezifizieren. Wir wissen, daß wir an jedem Punkt zehn Größen angeben müssen, um bewegte Materie zu beschreiben; fassen wir diese zehn Größen unter der Symbolbezeichnung T zusammen. Wie finden wir zehn analoge Größen, die die Krümmung festlegen? Die Antwort folgt sofort:

An jedem Punkt gibt es eine mittlere Krümmung, die von der Metrik, aber nicht von der speziellen Wahl der Koordinaten abhängt. Wir wollen diese Krümmung mit dem Volumen eines kleinen vierdimensionalen Gebietes multiplizieren, das ebenfalls eine koordinatenunabhängige Größe ist. Die Summe aus allen diesen Produkten definiert auf dem gesamten Raum eine Art totaler Krümmung, die nur von der Metrik abhängt; in welchem speziellen Koordinatensystem diese Metrik ausgedrückt ist, spielt also keine Rolle.

Wir wollen jetzt nach der *Änderung* der Gesamtkrümmung fragen, die durch beliebige kleine Veränderungen der Metrik an allen Punkten des Raumes hervorgerufen wird. Diese Änderung ergibt sich wiederum aus einer Summe von Produkten. Dabei treten als Faktoren eines einzelnen Produktes auf: das Volumen eines kleinen Gebietes, das einen bestimmten Punkt umgibt; die Änderung von einer der zehn Komponenten der Metrik an diesem Punkt; und schließlich ein Koeffizient, der dieser Komponente entspricht. Wir addieren dann die zehn möglichen Änderungen an einem Punkt und summieren alle diese Änderungen innerhalb kleiner Volumina auf, um die Änderung der gesamten Krümmung zu erhalten. Die zehn *Koeffizienten* an einem Punkt, die von der Metrik abhängen, sind die gesuchten Krümmungen. Sie bilden zusammen die sogenannte *Einstein-Krümmung*, die wir mit dem Symbol *G* bezeichnen wollen.

Nun kommt der entscheidende Schritt. Nehmen wir an, wir verändern das Koordinatensystem ein bißchen, indem wir jede der vier Koordinaten um einen kleinen, beliebig gewählten Betrag variieren. Eine solche Koordinatenänderung erzeugt kleine Änderungen der Metrik. Die koordinatenunabhängige gesamte Krümmung darf sich dabei freilich *nicht* ändern. An jedem Punkt, dessen vier Koordinaten frei veränderlich sind, gibt es deshalb vier einschränkende Bedingungen für die Einstein-Krümmung *G*. Es stellt sich heraus, daß diese Einschränkungen formal mit den vier Einschränkungen an *T übereinstimmen*! Schlußfolgerung: *G* ist proportional zu *T*; das heißt, von den zehn Größen, die die Raumkrümmung des Gravitationsfeldes kennzeichnen, ist jede proportional zur entsprechenden Größe für die Materie, die das Gravitationsfeld erzeugt. (Der Proportionalitätsfaktor ist eine universelle Konstante.) Das sind die Einsteinschen Feldgleichungen für die Gravitation.

Der Triumph

Anfang 1915 regte sich wieder der Physiker in Einstein: Er dachte an die möglichen *experimentellen* Folgen seiner Arbeit. Das brachte ihn offenbar auf eine neue Fährte. Hören wir, was er im November jenes Jahres bei den drei aufeinanderfolgenden wöchentlichen Sitzungen der Preußischen Akademie berichtete:

»In den letzten Jahren war ich bemüht, auf die Voraussetzung der Relativität auch nicht gleichförmiger Bewegungen eine allgemeine Relativitätstheorie zu gründen. Ich glaubte in der Tat, das einzige Gravitationsgesetz gefunden zu haben ... verlor ich das Vertrauen zu den von mir aufgestellten Feldgleichungen vollständig ... So gelangte ich zu der Forderung einer allgemeineren Kovarianz der Feldgleichungen zurück, von der ich vor drei Jahren, als ich zusammen mit meinem Freund Grossmann arbeitete, nur mit schwerem Herzen abgegangen war. In der Tat waren wir damals der im nachfolgenden gegebenen Lösung des Problems bereits ganz nahe gekommen.

Das Relativitätspostulat in seiner allgemeinsten Fassung, welches die Raumzeitkoordinaten zu physikalisch bedeutungslosen Parametern macht, führt mit zwingender

Notwendigkeit zu einer ganz bestimmten Theorie der Gravitation, welche die Perihelbewegung des Merkur erklärt.«[11]•

Der große Göttinger Mathematiker David Hilbert veröffentlichte die Feldgleichungen der Gravitation fast zur gleichen Zeit wie Einstein. Hilbert hatte bei einem Vortrag Einsteins von dessen früheren Versuchen gehört, und obwohl er unabhängig zum selben Ergebnis gekommen war, leugnete Hilbert nie, daß Einsteins Bemerkungen ihn inspiriert hatten. Hilbert bemerkte einmal, daß jeder Gassenjunge in Göttingen mehr von vierdimensionaler Geometrie verstehe als Einstein. Trotzdem habe Einstein das Werk vollbracht und nicht die Mathematiker. Hilbert schlug Einstein sogar für den nach Bolyai benannten Mathematik-Preis vor (den Einstein allerdings nicht bekam).

• Wie sich doch die wirkliche Geschichte dieser intensiven Suche mit ihren Irrtümern und ihren Anstrengungen von den Versionen im Hollywood-Stil unterscheidet! Charles Chaplin schreibt in seiner Autobiographie von einem Dinner im Jahre 1926, bei dem Frau Einstein von jenem Morgen erzählt habe, an dem ihr Mann die Relativitätstheorie entwickelt hätte. Einstein habe an diesem Tag sein Frühstück kaum angerührt und sei dann mit der Bemerkung »Ich haben eine wunderbare Idee!« die Treppe hinauf in sein Arbeitszimmer gerannt. Dort habe er sich zwei Wochen vergraben, sei dann herunter gekommen und habe schließlich zwei Blatt Papier auf den Tisch gelegt und gesagt: »Das ist es.«

Einstein und Chaplin, 1931 in Hollywood photographiert.

Newton und Einstein

Was hatte es mit der Perihelbewegung des Merkur auf sich? Worum geht es bei der Geschichte von der gravitationsbedingten Lichtablenkung an der Sonne, um die wir uns seit Kapitel 4 nicht mehr gekümmert haben? Diese beiden Fragen skizzieren den Hintergrund, vor dem sich die Konfrontation zwischen der Physik Newtons mit Kräften und Beschleunigungen und der Physik Einsteins mit Krümmungen und Geodäten abspielt. So verschiedenartig die Begriffe auch sein mögen, sie müssen dennoch eine weithin übereinstimmende Physik wiedergeben – zumindest im Hinblick auf das Sonnensystem, wo die Raumschiffe nach Newtons Gesetzen durch den Weltraum gelenkt werden.

Um zu verstehen, wie die Physik Einsteins jene von Newton einschließt und erweitert, wollen wir T, die zehn Größen, die bewegte Materie beschreiben, mit der einen Newtonschen Materiedichte vergleichen. Unter den zehn Komponenten von T beziehen sich neun explizit auf Bewegungen, wobei die Geschwindigkeiten relativ zur Lichtgeschwindigkeit beschrieben sind (wir arbeiten ja mit Einheiten, in denen $c = 1$ ist). In bezug auf diese Skala sind Geschwindigkeiten im Sonnensystem sehr klein; die Bahngeschwindigkeit der Erde beträgt zum Beispiel nur ein

Zehntausendstel der Lichtgeschwindigkeit. Vernachlässigen wir diese Bewegung, so reduziert sich Einsteins Beschreibung in der Tat auf die Newtonschen Gesetze.

Die Lichtablenkung

Was Einstein von Newton unterscheidet, ist die Abhängigkeit fundamentaler Größen von der Bewegung. Um das Einsteinsche Konzept zu überprüfen, suchen wir bei Körpern mit möglichst hoher Geschwindigkeit nach bewegungsabhängigen Einflüssen auf ihre Eigenschaften. Als Körper mit höchstmöglicher Geschwindigkeit bietet sich dabei das Licht selbst an. Einstein benutzte 1911 das Äquivalenzprinzip, um die Lichtablenkung am Sonnenrand vorherzusagen; wir haben das in Kapitel 4 bereits angeschnitten; für den vorhergesagten Ablenkwinkel ergab sich derselbe Wert, wie er aus der Newtonschen Mechanik für einen Körper mit Geschwindigkeit c folgt. Wir erwarten jetzt natürlich einen zusätzlichen Effekt aufgrund der Bewegung, der im Bereich der Lichtgeschwindigkeit in der gleichen Größenordnung liegen sollte wie der Newtonsche Ablenkwinkel.

Wir wollen nun genauer vorgehen als früher und uns daran erinneren, daß es sich bei den zehn Komponenten von T um Dichten und Flüsse von Energie und Impuls handelt. Nicht nur die Energie (Masse) ist mit Gravitation verbunden, sondern auch der Impuls. Energie und Impuls stimmen für einen Lichtstrahl überein ($c = 1$), was die (richtige) Vermutung nahelegt, daß die Allgemeine Relativitätstheorie den *doppelten*• Newtonschen Wert vorhersagt. Verdoppeln wir die 0,875 Bogensekunden von Gleichung 4.2, so erhalten wir 1,75 Bogensekunden; das ist eine Richtungsänderung, die in Mondentfernung eine Länge von wenigen Kilometern ausmacht und in Sonnenentfernung etwas mehr als tausend Kilometern entspricht (der Sonnenradius beträgt 700000 Kilometer).

Eddington

Einstein veröffentlichte seine Vorhersage 1915, als Europa vom selbstmörderischen Wahnsinn des Ersten Weltkrieges erschüttert wurde. Eine einzige Kopie seiner Arbeit gelangte über das neutrale Holland in die Hände von Sir Arthur Stanley Eddington, damals Professor für Astronomie in Cambridge. Als überzeugter Kriegsgegner hatte Eddington Zeit, dieses „bißchen" Physik aus Deutschland schätzen zu lernen. Einstein hatte schon 1911 bemerkt, daß die Lichtablenkung nur bei einer totalen Sonnenfinsternis beobachtbar sei. Aber nicht jede

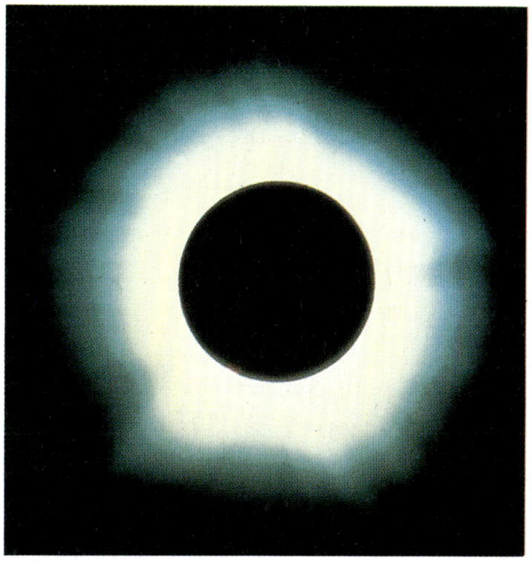

Sonnenkorona.

• Diese physikalische Erklärung zur Lichtablenkung wird in Kapitel 6 durch geometrische Überlegungen noch weiter verfolgt.

Sir Arthur Stanley Eddington (1882 – 1944).

beliebige Finsternis würde genügen, wie Eddington erklärte:

»Die Lichtablenkung betrifft Sterne in Sonnennähe, weshalb sich die einzige Gelegenheit, diesen Effekt zu beobachten, während einer totalen Finsternis bietet, bei der der Mond das grelle Licht verdeckt. Auch dann erreicht uns noch viel Licht aus der Sonnenkorona, die sich weit über die Scheibe hinaus erstreckt. Es ist also notwendig, daß ziemlich helle Sterne in Sonnennähe stehen, die nicht im Schein der Korona verschwinden. Weiterhin können die Verschiebungen dieser Sterne nur relativ zu anderen Sternen gemessen werden, die vorzugsweise weiter von der Sonne weg stehen und weniger verschoben sind. Wir brauchen deshalb eine ausreichende Zahl dieser hellen Sterne, die als Bezugspunkte dienen sollen.

In abergläubischen Zeiten hätte ein Naturphilosoph, der ein wichtiges Experiment durchführen will, einen Astrologen konsultiert, um den günstigsten Termin für den Versuch herauszufinden. Heutzutage würde ein Astronom, der die Sterne befragt, vernünftigerweise ankündigen, daß der günstigste Tag des Jahres, um Licht zu wiegen, der 29. Mai sei. Der Grund dafür ist, daß die Sonne auf ihrer jährlichen Bahn entlang der Ekliptik Gebiete unterschiedlicher Sternenzahl durchläuft, am 29. Mai aber in der Mitte eines ganz außergewöhnlichen Haufens heller Sterne steht, einem Teil der Hyaden, der bei weitem das beste Sternfeld darstellt, dem die Sonne begegnet ... glücklicherweise ereignete sich eine Finsternis am 29. Mai 1919.«[12]

Bei den Hyaden oder „Regenmachern" (für die Griechen kündigte der Sonnenaufgang in diesem Sternhaufen den Beginn der Regenzeit an) handelt es sich um einen *V*-förmigen Sternhaufen im Sternbild Stier. Ganz in der Nähe steht der helle Stern Aldebaran, der allerdings nicht zu diesem Haufen gehört. Der Königliche Astronom Sir Frank Dyson machte 1917 auf diese außergewöhnliche Gelegenheit aufmerksam. Daraufhin wurden zwei britische Expeditionen ausgeschickt, um die Finsternis an verschiedenen Punkten innerhalb der Totalitätszone zu beobachten. Während die eine nach Sobral in Nordbrasilien ging, schlug die andere, an der Eddington teilnahm, ihr Lager auf einer Rennbahn der Insel Principe vor der Küste Westafrikas auf.

Am Morgen des 29. Mai tobte auf Principe ein heftiger Gewittersturm. Zu Beginn der fünfminütigen Totalitätsphase war der Himmel jedoch klar genug, um einige photographische Platten zu belichten. Leider entstanden dabei nur auf zwei Platten vermeßbare Sternaufnahmen. Auf den ersten Blick schien in Sobral alles besser auszusehen. Der Himmel war zwar auch dort anfangs bedeckt, aber die Wolken rissen während der sechs Minuten Totalität für fünf Minuten in der Sonnenumgebung auf, so daß man 26 Platten belichten konnte. Auf 22 davon waren Sternbilder zu sehen. Leider stellte sich heraus, daß nur sieben brauchbar waren; die Sonnenstrahlen hatten bei einem der Teleskope den Spiegel für die Zentrierung des Sonnenbildes aufgeheizt und verbogen. (Mit diesem Spiegel sollte das Sonnenbild auf dieselbe Stelle fokussiert werden.)

Eine durch die Sonne verursachte Verschiebung der Sternposition ließ sich nur feststellen, wenn Aufnahmen derselben Himmelsregion für einen anderen Zeitpunkt des Jahres verfügbar waren, an dem die Sonne irgendwo anders stand. Deshalb kehrte die Sobral-Expedition erst im Juli zurück. Eddington hatte aber die Ergebnisse früherer Messungen bei sich und konnte deshalb auf einer der brauchbaren Platten sofort die Positionen der in Sonnennähe sichtbaren fünf Sterne vermessen.

Wir haben bisher nur die Vorhersagen zur Lichtablenkung am Sonnenrand beobachtet, aber in dieser Position konnte kein Stern beobachtet werden. Die Lichtwege verliefen in unterschiedlichen Abständen zur Sonne, aber bei keinem war der Abstand im Punkt geringster Annäherung geringer als der doppelte Sonnenradius. Bei größter Annäherung sollte die Lichtablenkung umgekehrt proportional zum Abstand vom Sonnenmittelpunkt sein.• Eine Messung bei größerem Abstand kann mit dem vorausgesagten Wert für streifenden Lichteinfall am Sonnenrand verglichen werden, indem man die gemessene Ablenkung mit dem Verhältnis von tatsächlichem Abstand zu Sonnenradius multipliziert. (Hat die Ablenkung beim doppelten Sonnenradius einen bestimmten Wert, so ist dieser Wert am Sonnenrand doppelt so groß.) Auf diese Weise konnten die fünf Messungen direkt ausgewertet werden. Eddington fand dabei eine durchschnittliche Verschiebung, die mit der Vorhersage der Allgemeinen Relativitätstheorie übereinstimmte. Er meinte später, das sei der größte Augenblick in seinem Leben gewesen.

Über die endgültigen Resultate und die Unsicherheiten der verschiedenen Messungen schrieb Eddington:

»Die Messungen an den Principe-Platten sind genau genug, um die Möglichkeit der „halben Ablenkung“ (der 1911-Vorhersage von 0,875 Bogensekunden) ausschließen zu können. Die Sobral-Platten schließen diesen Wert praktisch mit Sicherheit aus.«[13]

Als die Ergebnisse der Expedition der Royal Astronomical Society am 6. November 1919 vorgelegt wurden, erläuterte Eddington die Bilder auf den Platten so:

»Ich möchte behaupten, daß sie zweifellos Einsteins Vorhersage bestätigen. Es wurde ein unmißverständliches Resultat erzielt, nämlich, daß Licht in Einklang mit Einsteins Gesetz der Gravitation abgelenkt wird.«

Eddington informierte Einstein telegraphisch von dieser experimentellen Bestätigung. Nach einem Augenzeugenbericht reagierte Einstein gelassen. Er habe gewußt, daß seine Theorie richtig ist. Auf die Frage, wie er bei negativem Ausgang der Experimente reagiert hätte, antwortete er: »Da könnt' mir halt der liebe Gott leid tun. Die Theorie stimmt doch.«[14] Wer das anmaßend findet, sei daran erinnert, daß Einstein damals bereits von einer grundlegenderen Bestätigung seiner Theorie durch die Perihelbewegung des Merkur wußte (davon wird bald die Rede sein).

• Wir wissen, daß nach der Allgemeinen Relativitätstheorie der Ablenkwinkel am Sonnenrand $4g'R/c^2$ beträgt (siehe Gleichung 4.1). Dabei ist R der Sonnenradius und g' die Fallbeschleunigung an der Sonnenoberfläche. Die gleiche Beziehung gilt aber auch für jeden größeren Wert von R, wenn sich g' entsprechend Newtons Gravitationsgesetz proportional zu $1/R^2$ ändert. Insgesamt ergibt sich dann eine $1/R$-Abhängigkeit. (Ähnliche Aussagen wurden im Fall der gravitationsbedingten Rotverschiebung in Kapitel 4 gemacht.)

Exkurs 5.3

Die Finsternis von 1780

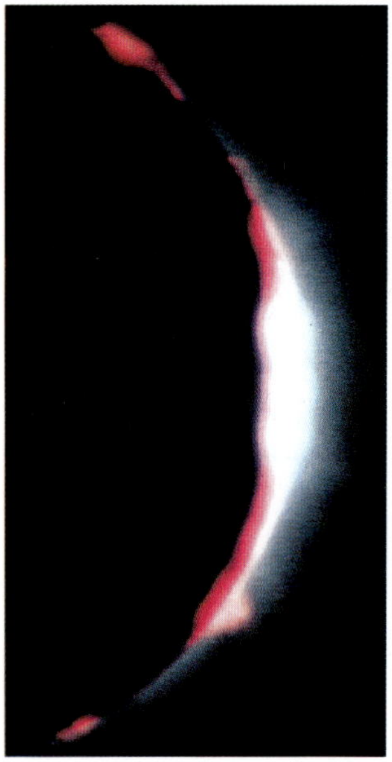

Als die Briten während des Zweiten Weltkrieges eine Finsternisexpedition planten, um Einsteins Vorhersage zu überprüfen, zeigten sie damit einmal mehr, daß Wissenschaft für sie über nationalen Interessen steht. Einen ähnlichen Fall hatte es davor schon einmal bei einer Finsternis gegeben, als die aufständischen Kolonien Nordamerikas eine Expedition zusammenstellten. Die erste Möglichkeit, eine totale Finsternis zu beobachten, stand für den 27. Oktober 1780 an. Die berechnete Totalitätszone erlaubte nur wenige Beobachtungsorte, die auch auf dem Wasserweg erreichbar sein mußten, da sich die Instrumente nicht über Land transportieren ließen. Diese Stellen lagen im westlichen Teil der Bucht von Penobscot, an der Küste des heutigen Bundesstaates Maine. Aber gerade dieses Gebiet hatten damals die Briten besetzt.

John Hancock, der erste Unterzeichner der Unabhängigkeitserklärung, war zu jener Zeit Sprecher der gesetzgebenden Versammlung von Massachusetts und bat den britischen Kommandanten der Bucht von Penobscot in einem Brief um freie Durchreise für die Expedition:

»Sr. Es wird erwartet, daß sich am 27sten des nächsten Okt. eine sehr bemerkenswerte Sonnenfinsternis ereignen soll ... falls man sich auf die Länge und Breite dieses Ortes auf den Karten verlassen kann, soll das Zentrum des Mondschattens auf dem Höhepunkt gerade die Bucht von Penobscot passieren ... Die allgemeine Versammlung dieses Staates hat Vorkehrungen getroffen, befähigte Personen zur Beobachtung auszuwählen ... es wird nicht daran gezweifelt, daß Sie als ein Freund der Wissenschaft nicht nur die Erlaubnis für dieses Unternehmen geben, sondern alles, was in Ihrer Macht steht, unternehmen werden, um die Beobachtungen so erfolgreich wie möglich zu machen. Obwohl wir politische Feinde sind, sollten wir uns in bezug auf die Wissenschaft dem Brauch aller zivilisierten Völker anschließen, sie entweder zusammen oder getrennt zu unterstützen, wenn sich eine Gelegenheit dazu bietet.«

Die Erlaubnis wurde gewährt. Der Leiter der Expedition, auf den im Brief angespielt wird, war Reverend Samuel Williams, Hollis-Professor für Mathematik und Physik an der damals 144 Jahre alten Harvard-Universität. Am Finsternistag herrschten ausgezeichnete Beobachtungsbedingungen, aber man mußte feststellen, daß man aufgrund von Rechen- oder Kartierungsfehlern die Totalitätszone knapp verfehlt hatte. Es war aber doch nicht alles umsonst. Der Bericht der Expedition enthielt die erste Beschreibung eines Phänomens, das 60 Jahre später wiederentdeckt wurde: Am Mondrand war kurz vor und nach der Totalitätsphase eine Kette kleiner Lichtflecken zu beobachten, als das Sonnenlicht nur durch die Täler auf dem Mond zur Erde gelangen konnte.

Radioteleskope

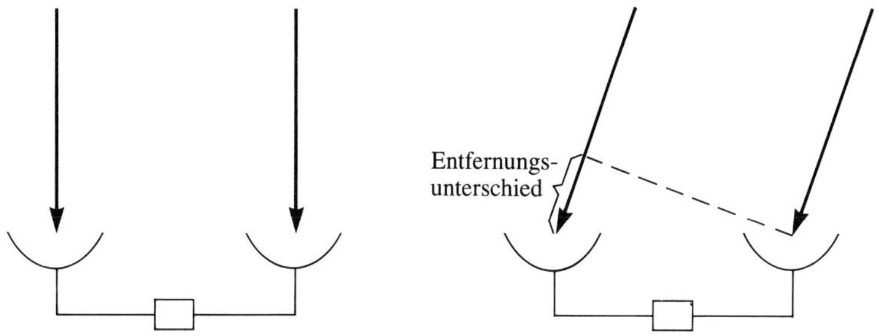

Finsternismessungen dieser Art wurden über Jahre hinweg fortgesetzt, aber erst seit dem Beginn der Radioastronomie wurde Einsteins Vorhersage mit hoher Genauigkeit bestätigt. Werden Radioteleskope paarweise zusammengeschaltet, so lassen sich auch kleine Winkeländerungen äußerst präzise bestimmen. Dabei wird von derselben Welleneigenschaft – der Interferenz – Gebrauch gemacht, auf der das Michelson-Morley-Experiment beruhte. Dahinter steht die folgende Grundidee.

Nehmen wir zunächst an, daß Wellen einer bestimmten Wellenlänge, die von einer Radioquelle am Himmel ausgehen, zwei Radioteleskope erreichen. Die Richtung, aus der die Strahlung eintrifft, stehe dabei senkrecht zur Grundlinie, die beide Teleskope verbindet. Die empfangenen Signale werden zum Mittelpunkt dieser Linie weitergeleitet, wo sie zusammentreffen. Da beide Signale völlig identisch sind, verstärken sie sich gegenseitig und erzeugen ein intensiveres Signal. Jetzt wollen wir annehmen, daß die Wellen unter einem kleinen Winkel zu dieser senkrechten Richtung eintreffen. Dann ist die Entfernung zum einen Teleskop größer als zum anderen; der Unterschied entspricht dem Produkt aus der Länge der Grundlinie und dem Bogenmaß des Einfallswinkels. Wenn dieser Differenzbetrag gleich einer halben Wellenlänge ist, also gleich der Entfernung vom Wellenberg zum Wellental, so löschen sich die beiden Signale am Mittelpunkt der Grundlinie gegenseitig aus.

Um genau zu sehen, wie empfindlich diese Meßtechnik auf kleine Winkeländerungen anspricht, wollen wir eine Radiofrequenz von 8085 Megahertz betrachten; das entspricht einer Wellenlänge von 3,708 Zentimetern. Für die Grundlinie wählen wir als Länge 35 Kilometer. Die Winkeländerung, durch die eine Verstärkung der Wellen in Auslöschung übergeht, läßt sich im Bogenmaß als das Verhältnis von halber Wellenlänge zur Länge der Grundlinie ausdrücken und entspricht etwa einer Zehntel Bogensekunde.• Aber auch kleine Bruchteile dieses Winkels lassen sich bei diesem Verfahren noch messen.

Am Nationalen Observatorium für Radioastronomie in Green Bank, West Virginia, sind auf einer solchen Grundlinie drei große Antennen im Abstand von einigen Kilometern aufgestellt, und eine kleinere Antenne steht hoch oben in den Alleghany Mountains. Dieses etwas weiter entfernte Teleskop kann mit jedem der drei anderen zu einem Paar zusammengeschaltet werden. Die Antennen empfangen bei Frequenzen von 8085

• Dieser Winkel ist gleich

$$\frac{1}{2}\left(\frac{3{,}708 \times 10^{-5}\ \text{km}}{35\ \text{km}}\right) = 0{,}530 \times 10^{-6}\ \text{Radian,}$$

oder, da 1 rad = $2{,}06 \times 10^5$ Bogensekunden beträgt,

$0{,}530 \times 0{,}206 = 0{,}109$ Bogensekunden.

Die Antennen von Greenbank.

und 2695 Megahertz. Diese Information wird genutzt, um den frequenzabhängigen Einfluß elektrisch geladener Teilchen in der heißen Sonnenkorona auf die Ausbreitung der Radiowellen zu berücksichtigen (ein Einfluß, der sich bei Radiowellen stärker auswirkt als bei Licht).

Die Natur hat zum Glück dafür gesorgt, daß sich gerade dort starke Radioquellen befinden, wo die Sonne – von der Erde aus betrachtet – am Himmel vorbeizieht. Im April bewegt sich die Sonne durch eine solche Gruppe von Quellen: Drei Quasare (*quasi*stell*are* Objekte), die am Himmel ziemlich genau auf einer Geraden liegen. Als 1975 in Green Bank die Ablenkwinkel gemessen wurden, bestätigte sich Einsteins Vorhersage mit einer Genauigkeit von einem Prozent.

Die Perihelbewegung des Merkur

Ceres

Zu den fünf Planeten der Antike (zu denen Kopernikus im 16. Jahrhundert die Erde

Exkurs 5.4

Uranus und Neptun

Uranus war seit 1690 bereits mehrmals beobachtet worden, bevor ihn Sir William Herschel 1781 als Planet identifizierte. Im Jahre 1820 zeigte sich, daß die Bewegung des Uranus nicht mit den Newtonschen Gesetzen übereinstimmte, auch wenn man die Gravitationsstörungen durch die großen, weiter innen kreisenden Planeten Jupiter und Saturn bei den Bahnberechnungen berücksichtigte. Als Ursache für die unerklärten Bahnabweichungen vermutete man zwar einen äußeren, unbekannten Planeten, aber es war unklar, wo man nach diesem schwachen „Störenfried“ suchen sollte. Dieses Problem wurde 1845 von John Couch Adams (1819–1892), einem Mitglied des St. John's College der Universität Cambridge, gelöst, und wenig später, aber unabhängig von ihm, machte auch Urbain Jean Joseph Leverrier (1811 bis 1877) eine entsprechende Voraussage. Erst nachdem zwei übereinstimmende Vorhersagen vorlagen, war das Interesse der beobachtenden Astronomen geweckt. In den Nächten des 23. und 24. September 1846 wurde der vorhergesagte Planet an der Berliner Sternwarte entdeckt. 1848 erhielt Adams die Copley-Medaille der Royal Society, im selben Jahr, als auch der Adams-Preis gestiftet wurde. Elf Jahre später bekam Maxwell diesen Preis für seine Arbeit über die Saturnringe, wie wir in Kapitel 1 bereits erwähnten.

Vergleich der Titius-Bode-Zahlen mit den relativen Radien der Planeten

Titius-Zahl	0,4	0,7	1,0	1,6	2,8	5,2	10	19,6
relativer Radius	0,3871	0,7233	1,0	1,524		5,203	9,539	19,18
Planet	Merkur	Venus	Erde	Mars		Jupiter	Saturn	Uranus

hinzugefügt hatte) gesellte sich im Jahre 1781 ein weiterer Planet: Uranus (siehe Exkurs 5.4). Zwanzig Jahre später führte der schwäbische Philosoph Georg Wilhelm Friedrich Hegel (1770–1831) Gründe dafür ins Feld, warum *Sieben* die wahre Gesamtzahl der Planeten sein könnte. Aber schon vor der Veröffentlichung gab es Anzeichen dafür, daß die Wirklichkeit anders aussieht.

Man wußte bereits seit 1766, daß die Radien der Planetenbahnen eine auffällige Regelmäßigkeit aufweisen, die als Bode-Titiussche Reihe bekannt ist (sie wurde von Johann Daniel Titius entdeckt und von Johann Elert Bode erneut veröffentlicht). Betrachten wir die Zahlenfolge:

0, 3, 6, 12, 24, 48, 96, 192, ...,

in der jede Zahl nach dem zweiten Glied doppelt so groß ist wie ihre Vorgängerin. Wenn wir zu jeder Zahl vier addieren, erhalten wir die Folge:

4, 7, 10, 16, 28, 52, 100, 196, ...

Vergleichen wir jetzt diese Zahlenfolge mit den aufeinanderfolgenden Radien der Planetenbahn, wobei wir unter Radius die große Halbachse der Ellipse verstehen. (Wir vereinbaren, daß wir die Zahlen jeder Folge durch ihr drittes Element dividieren, welches somit den Wert Eins annimmt.) Die Vergleichszahlen sind in der Tabelle aufgelistet, wobei wir die äußeren Planeten um eine Spalte nach rechts verrückt haben.

Die Lücke, die dadurch zwischen Mars und Jupiter auftrat, veranlaßte die Astronomen, nach einem „fehlenden" Planeten zu suchen, während die normale Arbeit natürlich fortgesetzt wurde. Damals arbeitete Giuseppe Piazzi (1746–1826) in Palermo an einem Sternkatalog. Am ersten Tag des 19. Jahrhunderts (dem 1. Januar 1801) entdeckte er dabei ein neues Objekt. In der dritten Nacht konnte er feststellen, daß sich dieses Objekt weiter*bewegt* hatte; es mußte sich um einen Kometen oder gar um einen *Planeten* handeln. Piazzi führte 42 Nächte lang Beobachtungen durch, bevor ihn eine Krankheit zum Abbruch zwang. Er berichtete dem wachsamen Johann Elert Bode (1747–1826) seine Beobachtungen in einem Brief. Aber als der Brief Ende März bei Bode in Berlin ankam, war das Objekt bereits im Glanz des Sonnenlichtes verschwunden.

Folgendes Problem stellte sich: Piazzis Beobachtungen erfolgten in einer Zeitspanne, die viel zu kurz war, um mit damaligen Rechenmethoden eine Bahnbestimmung vorzunehmen. War es trotzdem möglich, die Bahn des Objektes zu bestimmen, um eine Wiederentdeckung nach dem Verlassen der Sonnenumgebung zu ermöglichen? Gauß nahm diese große Herausforderung an.

Welche Informationen benötigt man, um die Bahn eines Körpers mit den Newtonschen Gesetzen bestimmen zu können? Es reicht aus, für einen bestimmten Zeitpunkt Ort und Geschwindigkeit des Körpers zu kennen. Newtons Gesetze liefern dann die Beschleunigung zu dieser Zeit; daraus läßt sich die Beschleunigungsänderung pro Zeit erschließen, und so fort. Schritt für Schritt baut sich die Bahn des Körpers auf. Um einen Ort im dreidimensionalen Raum zu kennzeichnen, benötigt man drei Zahlen, nämlich seine Koordinaten. Ebenso sind drei Zahlen zur Festlegung einer Geschwindigkeit nötig. Insgesamt braucht man deshalb sechs Zahlen, um eine Bahn berechnen zu können. Bei astronomischen Beobachtungen kann man an einem bestimmten Zeitpunkt die Richtung eines entfernten Körpers messen, die durch zwei Winkel, analog zu Breite und Länge, festgelegt ist. Wenn man also zu *drei* verschiedenen Zeitpunkten beobachtet, erhält man *sechs* Größen, und die reichen aus, um die gesamte Bahn zu bestimmen.

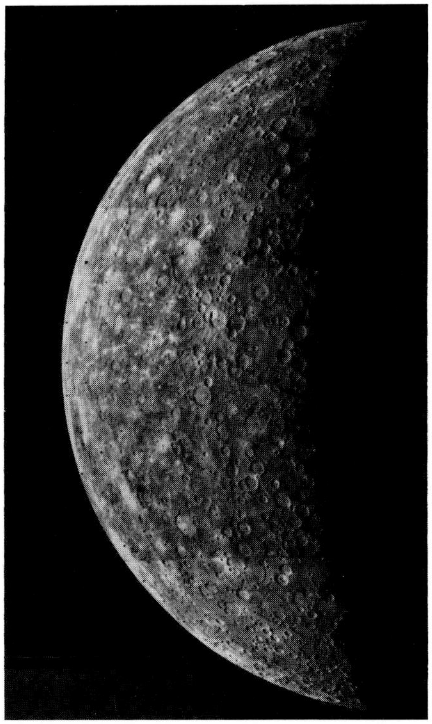

Mariner 10-Aufnahme des Merkur aus 200 000 Kilometern Entfernung.

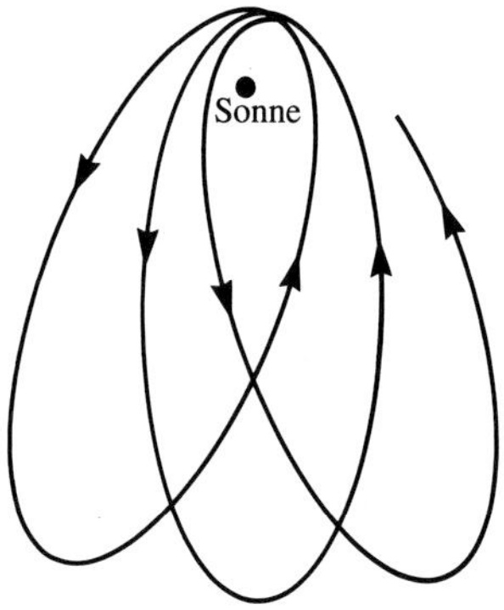

Im November 1801 hatte Gauß seine Rechnungen beendet (was 150 Jahre vor dem Computerzeitalter keine einfache Aufgabe war). Das neue Objekt wurde in der Nacht des 31. Dezember 1801 wiederentdeckt. Es handelte sich um den ersten Kleinplaneten oder Asteroiden: Ceres, so benannt nach der Schutzgöttin Siziliens. Der Radius der Ceresbahn liegt beachtlich nahe an dem Wert, den die Bode-Titiussche Reihe vorhersagt. Bei der winzigen Ceres handelte es sich allerdings *nicht* um den gesuchten großen Planeten. Mittlerweile kennt man Tausende solcher Kleinplaneten.

Merkur

Gauß stützte sich bei seiner Arbeit auf die Newtonschen Gesetze, die er als gültig voraussetzte. Mehr als ein Jahrhundert danach richtete sich die Aufmerksamkeit auf Abweichungen von diesen Gesetzen. Bei Experimenten zur Lichtablenkung wird die hohe Lichtgeschwindigkeit ausgenutzt, um den relativistischen Einfluß der Bewegung so groß wie möglich zu machen. Es gibt aber noch einen anderen Weg. Auch viel kleinere Effekte lassen sich messen, wenn sie sich im Laufe der Zeit aufsummieren. Das rückte die periodischen Bahnbewegungen der Planeten in ein neues Licht. Was spielt sich dabei ab?

Am besten überlegt man sich das anhand eines extremen Beispiels: einer Ellipsenbahn mit hoher Exzentrizität, auf der ein Planet sehr nahe an die Sonne herankommt und sich dann sehr weit von ihr entfernt, um schließlich wieder zurückzukehren – nach Newtons Gesetzen auf derselben Bahn. Während sich der Planet der Sonne nähert, nimmt seine Geschwindigkeit zu, und es kommen die bewegungsabhängigen Effekte der Allgemeinen Relativitätstheorie ins Spiel: Die Kräfte zwischen Planet und Sonne werden *stärker*. Infolgedessen fliegt der Planet in einem etwas weiteren Bogen um die Sonne als ein Newtonscher Planet, bevor er wieder langsam in Richtung des äußeren Umkehrpunktes umschwenkt. Deshalb dreht sich die große Halbachse der Bahn im gleichen Sinn wie der Planet mit jedem Umlauf um einen kleinen Winkel weiter. Diese Verschiebung oder *Präzession* läßt sich am Perihel, dem sonnennächsten Punkt der Bahn, am besten feststellen. Sie ist bei einem Planeten um so größer, je mehr seine Bahn diesem extremen Beispiel gleicht.

Damit sind wir beim sonnennächsten Planeten Merkur, dessen Bahn die höchste Exzentrizität unter den Planetenbahnen aufweist, wenn man einmal von dem fernen kalten Pluto absieht. Die Achse der Merkurbahn dreht sich im Laufe eines Jahrhunderts um 574 Bodensekunden – eine Tatsache, die schon seit der Zeit Leverriers bekannt war, der wie Adams aus Bahnunregelmäßigkeiten des Uranus die Existenz des Planeten Nep-

Exkurs 5.5

Die Perihelbewegung

Die bewegungsabhängigen Effekte der Allgemeinen Relativitätstheorie führen insbesondere bei den Planetenbahnen zu Abweichungen von den Newtonschen Gesetzen, was sich in einer langsamen Drehung der Bahnellipse äußert; man spricht hier von Perihelbewegung oder auch Periheldrehung. Die im Sonnensystem vorkommenden Geschwindigkeiten sind klein im Vergleich zur Lichtgeschwindigkeit c. In welcher Größenordnung die relativistischen Effekte liegen, ergibt sich aus dem γ-Faktor; er weicht für kleine Werte des Geschwindigkeitsverhältnisses v/c um den Betrag $\frac{1}{2}(v/c)^2$ von Eins ab. Wenn man diesen Betrag mit dem Faktor 6 multipliziert, ergibt sich der Winkel, um den sich die Bahn während eines Umlaufs weiterdreht; dabei ist also der Winkel, ausgedrückt als Bruchteil von 360 Grad, gleich $3(v/c)^2$. Dies gilt für annähernd kreisförmige Bahnen. Allgemeiner müssen wir bei einer Ellipsenbahn den Mittelwert von $3(v/c)^2$ bilden und mit dem Verhältnis a^2/b^2 aus dem Quadrat der großen Halbachse a zum Quadrat der kleinen Halbachse b multiplizieren. Für die Erde, die sich auf einer nahezu kreisförmigen Bahn bewegt, beträgt der Wert von v/c $0{,}994 \times 10^{-4}$. Nach 100 Erdumläufen, also einem Jahrhundert, ergibt sich für den Winkel der Perihelverschiebung in Bogensekunden ($360° = 360 \times 60 \times 60 = 1{,}296 \times 10^6$ Bogensekunden) der Betrag

$$10^2 \times 3\,(0{,}994 \times 10^{-4})^2 \times (1{,}296 \times 10^6)$$

$$= 3{,}84 \text{ Bogensekunden/Jahrhundert.}$$

Dieser Winkel läßt sich kaum messen, nicht nur, weil er so klein ist, sondern auch, weil das Perihel der nahezu kreisförmigen Erdbahn nur schwer exakt lokalisiert werden kann. (Wie sollte man bei einer Kreisbahn auch eine Verschiebung feststellen?)

Beim innersten Planeten Merkur ist die Situation günstiger. Wir können den Wert seiner Perihelverschiebung berechnen, wenn wir das Verhältnis der großen Halbachsen (a) von Merkur und Erde ausnützen; es beträgt 0,3871. Nach dem Dritten Keplerschen Gesetz ist die dritte Potenz von a dem Quadrat der Umlaufzeit T proportional, also $T^2 \sim a^3$. Daraus folgt zunächst, daß sich der Mittelwert von $(v/c)^2$, der ja proportional zu a^2/T^2 ist, insgesamt mit $1/a$ ändert. Um die Perihelverschiebung pro Jahrhundert berechnen zu können, müssen wir wissen, wie viele Umläufe in dieser Zeitspanne stattfinden; diese Zahl ergibt sich, wenn wir 100 Jahre durch die Periode T dividieren. Nun ist T proportional zu $a^{3/2} = a \times \sqrt{a}$. Deshalb muß die Perihelverschiebung pro Jahrhundert mit dem Kehrwert von $a^2 \times \sqrt{a}$ variieren. Hieraus folgt, daß die Präzessionsgeschwindigkeit bei der Merkurbahn um einen Faktor $(^1/_{0,3871})^2 \times {}^1/_{\sqrt{0,3871}} = 10{,}73$ höher ist als bei der Erdbahn. Daneben gibt es noch eine kleine Korrektur, die auf dem Verhältnis der Halbachsen der Merkurbahn beruht. Dieser Faktor beträgt $(a/b)^2 = 1{,}044$. Das Produkt beider Zahlen ergibt 11,2, woraus für die Winkelverschiebung des Perihels bei Merkur folgt:

$$11{,}2 \times 3{,}84 = 43{,}0 \text{ Bogensekunden/Jahrhundert.}$$

Optische und radioastronomische Messungen ergaben einen experimentellen Wert, der mit dieser Voraussage auf weniger als ein Prozent genau übereinstimmt. Ein Sechstel des theoretischen Wertes rührt von der Gravitationswirkung der Sonne auf die Gravitationsenergie zwischen Planet und Sonne her. Die Übereinstimmung zwischen Theorie und Experiment zeigt, daß die Gravitationsenergie der Gravitation unterliegt; die Genauigkeit entspricht dabei ungefähr der Präzision des in Kapitel 4 diskutierten Tests zum Äquivalenzprinzip.

tun vorhergesagt hatte (siehe Exkurs 5.4). Von diesen 574 Bogensekunden pro Jahrhundert ließen sich 531 Bogensekunden auf die Gravitationskräfte der bekannten Planeten zurückführen. In Erwartung eines ähnlichen Triumphes wie bei der Entdeckung des Neptun postulierte man nun einen neuen Planeten, der sich innerhalb der Merkurbahn bewegen sollte, um damit die restlichen 43 Bogensekunden pro Jahrhundert zu erklären. (Bei einer Verschiebung von 43 Bogensekunden pro Jahrhundert würde die Achse 30000 Jahrhunderte benötigen, um einen vollen Kreis zu beschreiben.) Man hatte bereits einen Namen für den hypothetischen Planeten: Vulcan. Aber er wurde trotz intensiver Suche nicht gefunden. Es galt deshalb als überwältigender Erfolg, daß die Allgemeine Relativitätstheorie die zusätzliche Perihelverschiebung von 43 Bogensekunden pro Jahrhundert vorhersagte.

In einem Brief, den er gegen Ende 1915 schrieb, schaute Einstein auf den mühsamen Weg zurück, der hinter ihm lag, und freute sich über den Erfolg.

»Sie bringen die endgültige Erlösung aus der Misere. Das Erfreulichste ist das Stimmen der Perihelbewegung . . .«[15]

Die Perihelbewegung beinhaltet mehr Allgemeine Relativitätstheorie als die Lichtablenkung. Wie wir in Kapitel 4 im Zusammenhang mit dem Äquivalenzprinzip gesehen haben, rufen alle Energieformen einschließlich der Gravitationsenergie selber Gravitation hervor. Das ist eine wesentliche Aussage der Allgemeinen Relativitätstheorie. Die gute Übereinstimmung der gemessenen Perihelbewegung mit dem vorhergesagten Wert (siehe Exkurs 5.5) zeigt mit einiger Genauigkeit, daß auch die Gravitationsenergie zwischen Planet und Sonne dem Gravitationseinfluß der Sonne unterliegt.

Weltweites Aufsehen erregten jedoch erst die Ergebnisse der britischen Sonnenfinsternisexpedition von 1919, die die vorhergesagte Lichtablenkung bestätigten. Damit begann Einsteins Ruhm in der Öffentlichkeit. Von Anfang an bewahrte er sich sein Gespür für das richtige Maß und den Sinn für Humor.

Ein Brief an die *London Times* enthielt, wie Einstein es ausdrückte, eine neue Anwendung des Relativitätsprinzips: In Deutschland werde er als „deutscher Gelehrter“ bezeichnet und in England als „Schweizer Jude“. Sollte es jemals sein Schicksal sein, als bête noire dargestellt zu werden, so werde er wohl für die Deutschen ein „Schweizer Jude“ und für die Engländer ein „deutscher Gelehrter“ werden.

Referenzen

[1] Herodot. *Historien*. Stuttgart (Alfred Kröner) 1971. S. 144.
[2] Euklid. *Elemente*. Halle (Waisenhaus-Buchhandlung) 1809. S. 1
[3] Gauß, C. F. *Werke*. Bd. 8. Leipzig (Teubner) 1900. S. 177.
[4] Weyl, H. *Raum, Zeit, Materie*. Berlin (Springer) 1923. S. 101.
[5] Einstein, A. *Mein Weltbild*. Frankfurt/Berlin/Wien (Ullstein) 1977. S. 137.
[6] Dukas, H.; Hoffmann, B. (Hrsg.) *Albert Einstein: The Human Side*. Princeton (University Press) 1979. S. 125.
[7] Einstein, A.; Sommerfeld, A. *Briefwechsel*. Basel/Stuttgart (Schwabe) 1968. S. 26.
[8] Einstein, A. *Sitzungsberichte der Preußischen Akademie der Wissenschaften*. Berlin (1914) S. 1030.
[9] Einstein, A. *The Origin of the General Theory of Relativity, G. A. Gibson Foundation Lecture*. Universität (Glasgow) 1933. S. 10f.
[10] Seelig, C. (Hrsg.) *Helle Zeit – Dunkle Zeit*. Braunschweig/Wiesbaden (Vieweg) 1986.
[11] Einstein, A. *Sitzungsberichte der Preußischen Akademie der Wissenschaften*. Berlin (1915) S. 778 und (1915) S. 847.
[12] Newman, J. (Hrsg.) *World of Mathematics*. Hemel Hempstead (1956) S. 1100.
[13] Ibid. S. 1101.
[14] Rosenthal-Schneider, I. *Reality and Scientific Truth*. Detroit (Wayne State University Press) 1980. S. 74.
[15] Einstein, A.; Besso, M. *Correspondance*. Paris (Hermann) 1972. S. 61.

Kapitel 6

An der Grenze

Nach der Sonnenfinsternis von 1919 erwiesen sich die Beobachtungen der britischen Expedition als phantastischer Erfolg für die Allgemeine Relativitätstheorie. Drei Jahre später schrieb Einstein:

»Der theoretisch arbeitende Naturforscher ist nicht zu beneiden, denn die Natur, oder genauer gesagt: das Experiment, ist eine unerbittliche und wenig freundliche Richterin seiner Arbeit. Sie sagt zu einer Theorie nie „ja", sondern im günstigsten Falle „vielleicht", in den meisten Fällen aber einfach „nein". Stimmt ein Experiment zur Theorie, bedeutet es für letztere „vielleicht", stimmt es nicht, so bedeutet es ein „nein". Wohl jede Theorie wird einmal ihr „nein" erleben, die meisten Theorien schon bald nach ihrer Entstehung.«[1]

Was für Antworten hat die „Natur, oder genauer gesagt: das Experiment" seitdem zu Einsteins Allgemeiner Relativitätstheorie gegeben? Und was steht noch aus?

In den ersten Jahrzehnten unseres Jahrhunderts stützte sich Einstein auf die verfügbaren Daten der optischen Astronomie. Wir leben heute im Zeitalter der Raumfahrt und der Radioastronomie, und mit dem Instrumentarium dieser hochentwickelten Technologie lassen sich die Ergebnisse früherer Tests präzisieren oder ganz neuartige Tests durchführen. Oder man sucht bei anderen Experimenten mit Apparaturen, die von speziellen Eigenschaften der Materie bei sehr tiefen Temperaturen Gebrauch machen, nach Signalen von Sternen, die als Gravitationsstrahlung zu uns gelangen und auf gewaltige Aktivitäten hinweisen.

Am 20. Juli 1976, 16 Tage nach der Zweihundertjahrfeier zur Unabhängigkeitserklärung, setzte der Landeteil der *Viking 1*-Sonde

Simulation der Marslandung von *Viking 2* am Jet Propulsion Laboratory (links) und Teilansicht von *Viking 1* auf dem Mars (rechts).

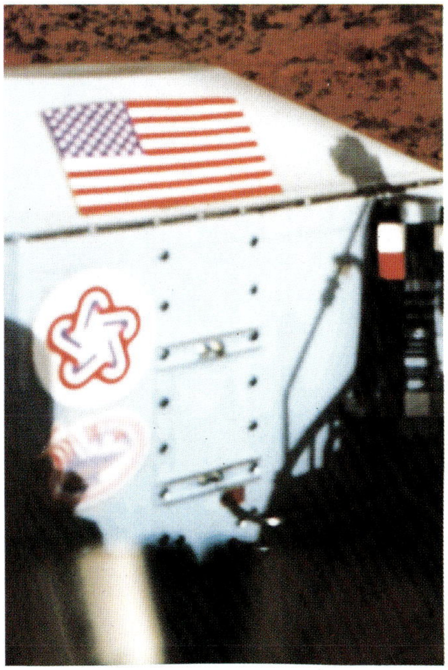

Mars in einer Aufnahme während des Anflugs von *Viking 1* (links) und die Marsoberfläche auf einem Bild von *Viking 2* (rechts).

im Gebiet Chryse auf der Marsoberfläche auf. Später folgte *Viking 2*, für deren Landegebiete man einen anderen Ort namens Utopia ausgewählt hatte. Unvergeßlich bleiben die ersten Fernsehbilder von der Oberfläche eines anderen Planeten. Sie wurden über Radiowellen vom Mars zur Erde gefunkt. Solche Radiowellen sollten noch eine andere Botschaft, ein weiteres „Vielleicht" für Einsteins Allgemeine Relativitätstheorie, übermitteln.

Der Mars-Parabolreflektor in Goldstone.

Die Lichtgeschwindigkeit

Die Goldstone Deep Space Station in der Mojave-Wüste in Kalifornien sendet Radiowellen aus, um Raumsonden auf ihrer Flugbahn zu verfolgen. Auch der Landeteil einer *Viking*-Sonde, der sich auf der Marsoberfläche befindet, empfängt die Radiosignale und sendet sie mit derselben Frequenz zur Erde zurück. Dasselbe gilt für den Orbiter der Sonde, der zusätzlich noch auf einer anderen Frequenz arbeitet.

Im leeren Raum bewegen sich Radiowellen konstant mit Lichtgeschwindigkeit, also 300000 Kilometern pro Sekunde. Die gemessenen Laufzeiten der Signale können deshalb in Entfernungen zwischen Mars und Erde umgerechnet werden, wobei sich dieser Abstand für die verschiedenen Konstellationen der Planeten auf ihren Umlaufbahnen änderte. Die präzise gemessenen Entfernungen variieren stetig zwischen einem Minimalwert von etwa 80 Millionen Kilometern und einem Maximalwert von 380 Millionen Kilometern – es sei denn, der Weg der Radiowellen führt dicht am Sonnenrand vorbei. Dann geschehen ungewöhnliche Dinge,

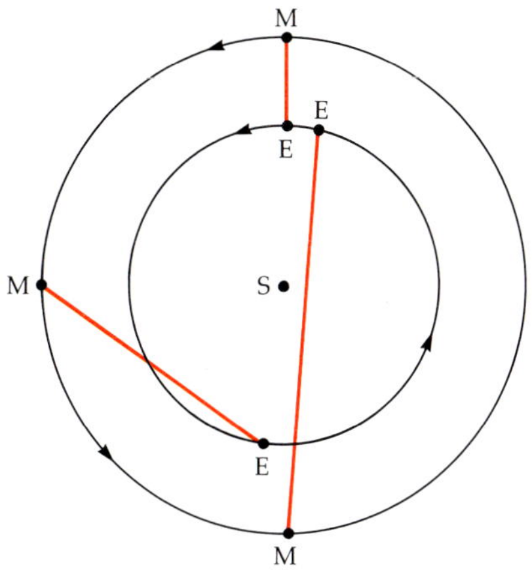

Verbindungslinien zwischen Erde und Mars relativ zur Sonne.

die jedoch aus theoretischer Perspektive keineswegs überraschend sind.

Der Raum um die Sonne ist nicht völlig leer. Dort befindet sich die Sonnenkorona, ein Gebiet energiereicher elektrisch geladener Teilchen, die die Geschwindigkeit elektromagnetischer Wellen beeinflussen. Auf Radiowellen verschiedener Frequenz wirken sich Gebiete elektrischer Aktivität unterschiedlich aus. Der Einfluß ist um so stärker, je geringer die Frequenz ist. Da die *Viking*-Sonden über zwei Frequenzen „angesprochen" werden, läßt sich der Einfluß der Korona identifizieren und eliminieren (vergleiche Kapitel 5). Danach kommt ein interessantes Ergebnis zutage.

Wenn sich die Radiowellen dem Sonnenrand nähern, scheint Mars seine Bahn zu verlassen und um mehr als 30 Kilometer davon abzuweichen, bevor er wieder zur gewohnten Bahn zurückkehrt. Etwa zweieinhalb Monate lang ergeben sich Abweichungen um mehr als 15 Kilometer gegenüber der regulären Bahn. Wenn man nicht gerade daran glaubt, daß Mars tatsächlich von seiner Bahn abkommt, bleibt nur der folgende Schluß übrig: Die beobachtete Verlängerung der Laufzeit von Radiosignalen beruht darauf, daß sich elektromagnetische Wellen in Sonnennähe *langsamer* im materiefreien Raum ausbreiten als sonst.

Newton

Licht und andere elektromagnetische Wellen werden im leeren Raum langsamer! Ist das

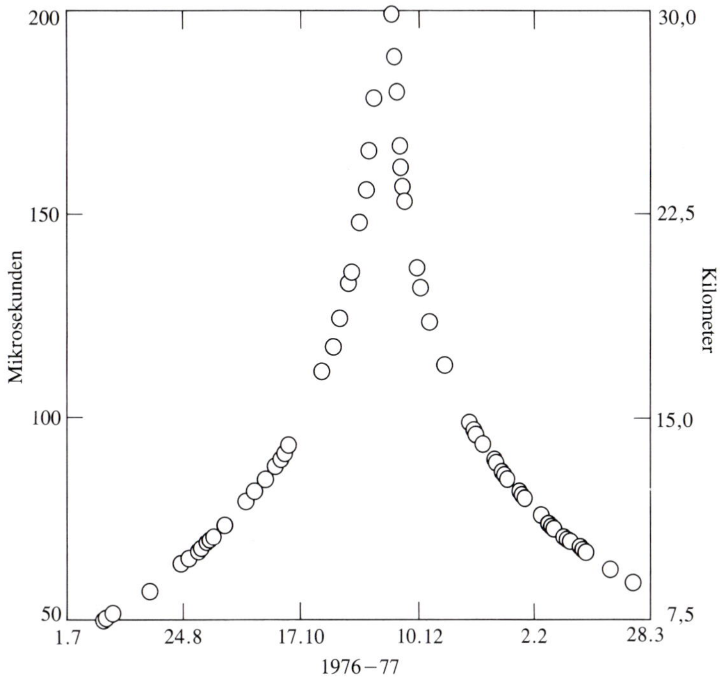

Die Verlängerung der Laufzeiten von Radiowellen zwischen Erde und Mars und die entsprechende Verschiebung der Marsposition.

zu erwarten? Das hängt davon ab, wen man fragt. Isaac Newton meinte, daß Licht aus Teilchen bestehe. Auf die Frage, wie sich Licht verhält, wenn es im leeren Raum am Sonnenrand vorbeiläuft, hätte er zweifellos wie folgt geantwortet: Licht muß sich wie jedes andere Teilchen verhalten; der einzige

Unterschied ist die sehr hohe Geschwindigkeit der Lichtkorpuskeln.

Von der Gravitation der Sonne angezogen, stürzt das Licht/Teilchen auf sie zu. Seine Geschwindigkeit wächst, bis der Punkt größter Annäherung erreicht ist. Wenn es sich von der Sonne entfernt, wird es langsamer und erreicht wieder seine ursprüngliche Geschwindigkeit; allerdings wird es aus seiner ursprünglichen Richtung abgelenkt. Wie in Kapitel 4 erwähnt, wurde diese Lichtablenkung erstmals zu Beginn des 19. Jahrhunderts (1804) anhand der Newtonschen Theorie vorhergesagt.

Licht *wird* natürlich am Sonnenrand abgelenkt, aber um einen *doppelt* so großen Winkel wie nach der Newtonschen Vorhersage. Das war das Ergebnis der Sonnenfinsternisexpedition von 1919, und spätere Experimente mit Radiowellen haben diesen Befund mit höherer Genauigkeit bestätigt. Aber wird das Licht in Sonnennähe tatsächlich schneller? Keineswegs.

Einstein (1911)

Wenden wir uns lieber Albert Einstein zu. *Er* wußte seit 1911, daß das Licht in Sonnennähe langsamer läuft. Auf diese Weise kam er zu seiner Vorhersage der Lichtablenkung, die mit dem Newtonschen Wert übereinstimmte. Da er aber nur die Hälfte der beobachteten Ablenkung vorhersagte, konnte er den wahren Betrag der Lichtverlangsamung nicht angeben. Messungen auf halbem Wege nützen *nichts*. (Es wurde gesagt, Einstein habe nicht explizit auf diesen zusätzlichen Test der Allgemeinen Relativitätstheorie hingewiesen. Richtig, aber zweitrangig. Einstein verstand den entscheidenden Punkt: die Veränderung der Lichtgeschwindigkeit im Gravitationsfeld.)

Einstein (1915)

Das führt uns zum Albert Einstein des Jahres 1915. Er hatte gerade nach einem Jahrzehnt mühevoller Arbeit seine Allgemeine Relativitätstheorie glanzvoll zu einem Abschluß gebracht. Die Theorie ging nun insofern weit über das Äquivalenzprinzip von 1907 bis 1911 hinaus, als sie eine vereinheitlichte Beschreibung von Raum und Zeit im Gravitationsfeld von Materie lieferte. Einstein leitete die Lichtablenkung jetzt aus der Annahme ab, daß der Lichtweg eine Geodäte in der gekrümmten Raum-Zeit ist. Diese Geodäte sollte die Länge *Null* besitzen. Darin drückt sich verallgemeinert die Eigenschaft von Lichtstrahlen aus, die im flachen Raum durch die Beziehung $L^2-(cT)^2=0$ beschrieben wird. Der Einstein von 1915 hätte wahrscheinlich auf unsere Zweifel mit dem folgenden Argument geantwortet, das auf einer Analogie zur Speziellen Relativitätstheorie beruht.

In einem gleichförmigen Gravitationsfeld, das die Beschleunigung g' hervorruft, wird eine Uhr in niedrigerer Höhe langsamer gehen: Sinkt sie um die Höhe h nach unten, so macht diese Verzögerung einen Bruchteil $g'h/c^2$ aus (wir hatten dies in Kapitel 4 be-

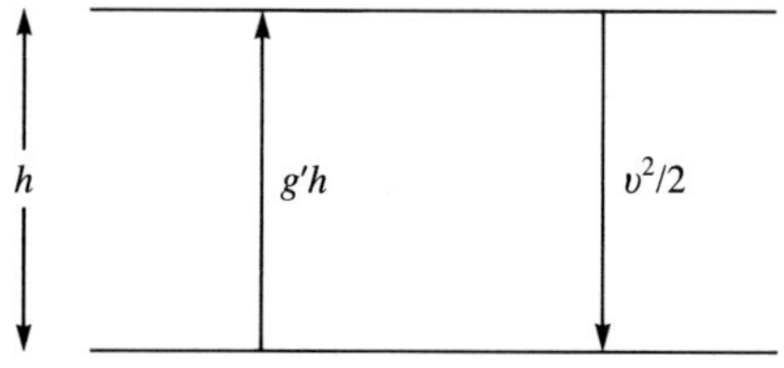

trachtet). Der Ausdruck $g'h$ entspricht aber gerade der potentiellen Energie, die eine Einheitsmasse ($m = 1$) nach dem Anheben um eine Höhe h gewonnen hat. Diese Energie ist gleich der kinetischen Energie $\frac{1}{2}v^2$, die die Einheitsmasse beim Durchfallen dieser Höhe zusätzlich erreicht. (Das gilt unter der Voraussetzung, daß v/c klein gegen Eins ist). Die Uhr geht um den Faktor $\frac{1}{2}(v/c)^2$ langsamer; das ist aber gerade die speziell-relativistische Zeit*dilatation* für die Geschwindigkeit v. Es gibt bei Bewegungen mit der Geschwindigkeit v aber noch einen weiteren Effekt der Speziellen Relativitätstheorie: Die Längen*kontraktion* in Bewegungsrichtung ist durch denselben Faktor $\frac{1}{2}(v/c)^2$ gegeben. Das macht verständlich, daß ein Maßstab nach dem Durchfallen einer Höhe h in einem gleichförmigen Gravitationsfeld in Feldrichtung um den Faktor $g'h/c^2$ verkürzt ist.

Die relative Zeit- oder Längenänderung um den Faktor $g'h/c^2$ gibt an, wie Maßstäbe oder Uhren von der Position in einem gleichförmigen Gravitationsfeld und der Fallbeschleunigung g' abhängen. Wir benötigen jedoch eine Beziehung zwischen der Metrik an jedem Punkt außerhalb der Sonne und der Metrik am – sehr weit entfernten – Beobachtungsort. Wir haben dieses Problem im Zusammenhang mit der Rotverschiebung des Sonnenlichtes bereits in Kapitel 4 angesprochen. Dabei stand die Sonnenoberfläche im Mittelpunkt; die relative Rotverschiebung beträgt dort bei einer Fallbeschleunigung g' am Sonnenrand (also beim Sonnenradius R) gerade $g'R/c^2$. Die Größe R ist in dieser Beziehung aber durch nichts ausgezeichnet. Sie kann durch jeden beliebig größeren Radius r ersetzt werden, solange wir die Abhängigkeit der Fallbeschleunigung vom Abstand, also die $1/r^2$-Abhängigkeit berücksichtigen (siehe Kapitel 4 und 5). Ersetzen wir also g' durch $g'(R/r)^2$, was die $1/r^2$-Abhängigkeit der Gravitationsbeschleunigung einbezieht und für die Sonnenoberfläche (wo $r = R$ ist) gleich g' ergibt. Multiplizieren wir diese Fallbeschleunigung für den Abstand r mit r/c^2, so finden wir $g'(R/r)^2 \times (r/c^2) = g'(R/c)^2/r$. Wir erkennen jetzt, wie sich die relative Zeitdilatation und die gleich große Längenkontraktion mit wachsendem Abstand zur Sonne in (radialer) Richtung des Gravitationsfeldes dem Wert Null nähern: Sie sind umgekehrt proportional zum Sonnenabstand.

Der Raum ist dreidimensional. Was passiert mit der Entfernungsskala in zwei Richtungen, die senkrecht auf der radialen Verbindungslinie zum Sonnenmittelpunkt stehen? Aus den bisherigen Überlegungen scheint zu folgen, daß dort alles beim alten bleibt: Ändert sich die Richtung dieser radialen Linie um einen kleinen Winkel, so ist die zugehörige Verschiebung im Abstand r zum Sonnenmittelpunkt einfach gleich diesem Winkel (im Bogenmaß) multipliziert mit r. Ist das alles? Nicht, wenn wir uns an Einsteins schwer errungene Erkenntnis erinnern, daß die Theorie die Raum-Zeit-Koordinaten zu physikalisch bedeutungslosen Parametern macht. Der Parameter r hat nur insofern physikalische Bedeutung als – und wie – er in diese Längenberechnungen eingeht. Wir könnten ihn durch irgendetwas anderes ersetzen, obwohl es naheliegt, seine ursprüngliche Bedeutung als Länge bei sehr großen Abständen beizubehalten. Angenommen, r werde durch $r - g'(R/c)^2$ ersetzt, was einer relativen Abnahme um $g'(R/c^2)/r$ entspricht. Da wir nur relative Änderungen berücksichtigen, die sehr viel kleiner als Eins sind, wird diese Verschiebung in *r* weder den radialen Kontraktionsfaktor noch den Zeitdilatationsfaktor wesentlich ändern. Jetzt werden aber auch Abstände in den beiden anderen räumlichen Richtungen verkürzt, und zwar um denselben Faktor, wie er in radialer Richtung auftritt. Mit diesen Raum-Zeit-Koordinaten ergibt sich somit ein *universeller* Faktor für die Zeitdilatation und die Längenkontraktion in *jeder* Richtung.

Ein Lichtstrahl bewegt sich weitab von jeder gravitierenden Masse mit der Geschwindigkeit *c*. Nähert er sich der Sonne, so braucht er länger (Einstein 1911), um eine kürzere Entfernung zu durchlaufen (Einstein 1915). Beide relative Änderungen sind gleich groß. Das Licht läuft deshalb *doppelt* so langsam, wie aus alleiniger Berücksichtigung der Zeit folgt. Da haben wir es wieder.

Verdoppeln wir nun das Ergebnis aus Kapitel 4, so finden wir für den Winkel der Lichtablenkung am Sonnenrand den Wert $4g'R/c^2$. Als numerischer Wert für den Ablenkwinkel ergibt sich im Bogenmaß $8{,}48 \times 10^{-6}$. Streift das Licht nicht den Sonnenrand, sondern liegt der Punkt größter Annäherung bei einem größeren Abstand *a*, so verkleinert

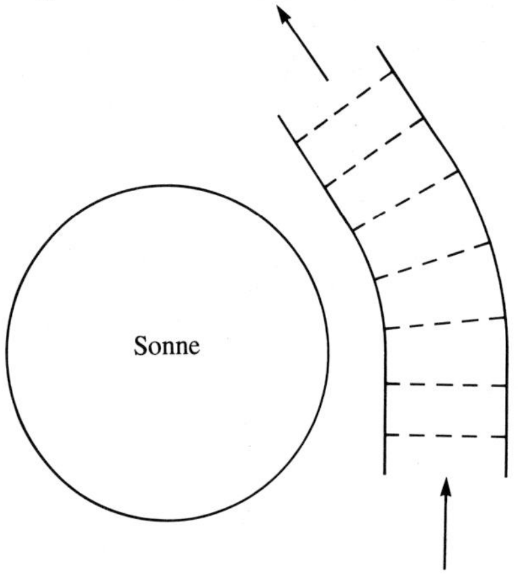

sich der Ablenkwinkel um den Faktor R/a; er ist dann durch $4g'(R/c)^2/a$ gegeben. Dieser Winkel gibt an, wie sich bei gegebener Zeit die durchlaufene Entfernung beim Ort größter Annäherung mit *a* ändert (erinnern wir uns an den Vergleich mit einer umkehrenden Parade in Kapitel 4).

Wenden wir uns zum Schluß noch der Entfernung zu, die Radiowellen zwischen Erde und Mars durchlaufen, wenn der Strahl nah an der Sonne vorbeiläuft. Wie wir gerade gesehen haben, ändert sich diese Entfernung mit dem Abstand *a* im Punkt größter Annäherung wegen der variierenden Lichtgeschwindigkeit entsprechend dem Ablenkwinkel $4g'(R/c)^2/a$. Wir können nun *a* in Einheiten des Sonnenradius ausdrücken, der $0{,}696 \times 10^6$ Kilometer beträgt. Dann erhalten wir für die scheinbare Abweichung des Mars von seiner Bahn:

$$8{,}48 \times 10^{-6}\frac{R}{a} = \frac{8{,}48 \times 0{,}696 \text{ km}}{a \text{ Sonnenradien}}$$

$$= \frac{5{,}90}{a} \text{ km/Sonnenradius.}$$

Die Messungen der *Viking*-Sonden bestätigen diese *a*-Abhängigkeit mit einer Genauigkeit von beinahe Eins zu Tausend. Das dürfte überzeugen.

Licht läuft in Sonnennähe langsamer, doch nur um vier Millionstel seiner Geschwindigkeit. Um vieles größer ist der Effekt bei kompakteren Sternen wie etwa Weißen Zwergen oder Neutronensternen. Man kann sogar davon ausgehen, daß das Licht in der Nähe eines vollständig kollabierten Sterns zum Stillstand käme! Ein solches extrem allgemein-relativistisches Verhalten erwartet man bei den sogenannten *Schwarzen Löchern*. Mit dem Nachweis dieser bizarren Objekte beschäftigt sich die astronomische Forschung heute an vorderster Linie. Aber das ist eine Geschichte für sich. Sie gehört nicht in den Rahmen dieses Buches, ähnlich wie die Aussagen der Allgemeinen Relativitätstheorie über die Struktur des Universums, die im wesentlichen die astronomische Seite von Einsteins Erbe darstellen.

Mach und Einstein

Der Name des österreichischen Physikers Ernst Mach ist heutzutage nichts Unbekanntes: Mach 1, Mach 2 – man gibt damit bei Überschallflugzeugen die Fluggeschwindigkeit in Vielfachen der Schallgeschwindigkeit an. Kommerziell genutzte Flugzeuge wie die Concorde können die Mach 1 überschreiten (und dadurch möglichst profitabel fliegen).• Machs Ruhm gründet sich auf etwas anderes. Seine Mechanik hat Einstein und die Entwicklung der Allgemeinen Relativitätstheorie anfangs stark beeinflußt.

Einstein schrieb 1916 im Rückblick auf Machs langes Leben (1838–1916):

»Von mir selbst weiß ich mindestens, daß ich insbesondere durch Hume und Mach direkt und indirekt sehr gefördert worden bin ... Mach hat die schwachen Seiten der klassischen Mechanik klar erkannt und war nicht weit davon entfernt, eine allgemeine Relativitätstheorie zu fordern, und dies fast schon vor fast einem halben Jahrhundert! ... Es ist nicht unwahrscheinlich, daß Mach auf die Relativitätstheorie gekommen wäre, wenn in der Zeit, als er jugendfrischen Geistes war, die Frage nach der Bedeutung der Lichtgeschwindigkeit schon die Physiker bewegt hätte.«[2]

Das war Einsteins großmütige Darstellung.

Mach hatte sein Leben lang an der Forderung festgehalten, daß sich eine physikalische Aussage nur auf beobachtbare Eigenschaften beziehen sollte (unter denen *er* einfache Wahrnehmungen wie Berührung, Farbe, Wärme verstand). In diesem Geist entwickelte Einstein 1905 die Spezielle Relativitätstheorie: Er untersuchte, was es heißt, Uhren anhand von Lichtsignalen zu synchronisie-

Ernst Mach (1838–1916).

• Sogar die Sowjets erkannten diese Forderung an. Als man im August 1984 hohe Betriebskosten in der offiziellen Bekanntmachung aufführte, mußte man einräumen, daß der Stolz der Aeroflot, die TU-144 SST, dauernd außer Dienst gestellt worden war.

ren. Aber in einem anderen Artikel aus diesem berühmten Jahr zeigte Einstein für die Brownsche Bewegung auf, wie sich aus der unbeobachtbaren Molekularbewegung beobachtbare Konsequenzen ergeben, und griff damit offen den mechanistischen Standpunkt der Physiker an, die die Existenz von Atomen noch immer bestritten. Der prominenteste Kritiker der Atomtheorie war Ernst Mach:

»Wir nehmen damit an, daß Dinge, die nie gesehen, nie getastet werden können, die überhaupt nur in unserer Phantasie und unserem Verstande existieren, nur mit den Eigenschaften und Beziehungen des Tastbaren behaftet sein können. Wir legen dem Gedachten die Beschränkung des Gesehenen auf.«[3]

In diesem Punkt hatte Mach durchaus recht: Atome halten sich *nicht* an solche Beschränkungen. Die Gesetze der Atomphysik (die erst ab 1925 klar erkennbar wurden) sind keine Gesetze des „Gesehenen und Getasteten". Als sich Einstein und Mach gegen Ende des Jahres 1913 trafen, um über diese Dinge zu diskutieren, räumte Mach zwar ein, daß Atome eine nützliche physikalische Hypothese seien, doch gestand er ihnen keinerlei „reale Existenz" zu.

»Mach hat die schwachen Seiten der klassischen Mechanik erkannt«, schrieb Einstein. Um zu verstehen, was er damit meinte, müssen wir Newtons Trägheitssatz, sein erstes Bewegungsgesetz, betrachten: Ein Körper, auf den keine äußere Kraft einwirkt, befindet sich in Ruhe oder gleichförmiger Bewegung. Diese Aussage nahm ein Bezugssystem als gegeben an, das Newton mit einem „absoluten Raum" gleichsetzte. Mach lehnte den „absoluten Raum" als ein fremdartiges Element ab: »Für mich gibt es nur relative Bewegung.« Seiner Meinung nach bilden die „Fixsterne" das Bezugssystem, und dementsprechend ging er davon aus, daß die Trägheit eines jeden Körpers letztendlich auf dem *physikalischen* Einfluß der entfernten *Materie* im Universum beruht. Aus Machs Einwand gegen einen „absoluten Raum", der physikalische Vorgänge bestimmt, ohne seinerseits von diesen beeinflußt zu werden, zog Einstein den Schluß, daß die Geometrie von Raum (und Zeit) Teil der physikalischen Beschreibung der Gravitationswirkung sein muß.

Hier ist es wichtig zu verstehen, warum Mach seine Idee auf der Grundlage der damals existierenden Gravitationstheorie nicht selbst weiterentwickeln konnte. Wir wissen, daß sich verschiedene inertiale Beobachter zueinander in relativer Bewegung befinden. Nun lehrt die Erfahrung, daß Inertialsysteme gerade solche Systeme sind, in denen die „Fixsterne" *nicht* rotieren (das ist die exakte Bedeutung der Aussage, daß die „Fixsterne" das Bezugssystem definieren). Wie bereits in Kapitel 1 erwähnt, ist ein Beobachter, der sich relativ zu einem Inertialsystem in *Rotation* befindet, *kein* inertialer Beobachter. Worin besteht der prinzipielle Unterschied zwischen den Änderungen des Bezugssystems, die durch eine geradlinige (Translations-)Bewegung beziehungsweise durch eine kleine Rotationsbewegung zustande kommen? Nun, bei einer kleinen Translation scheint sich die entfernte Materie im Universum um eine kleine Translation in entgegengesetzter Richtung zu verschieben, während eine kleine Rotationsbewegung etwas ganz anderes bewirkt: Hier scheint sich die entfernte Materie im

Universum (soweit dort die euklidische Geometrie gilt) mit einer Geschwindigkeit zu bewegen, die proportional zu dem Abstand der Materie wächst, also sehr *groß* werden kann. Das ist in der Tat ein fundamentaler Unterschied, für den Newtons Gravitationsgesetz keine *dynamische* Erklärung liefern kann. Die Newtonschen Gravitationskräfte hängen nur vom Ort, nicht aber vom Bewegungszustand ab. In dieser Hinsicht hat die Allgemeine Relativitätstheorie mit ihren bewegungsabhängigen Effekten eine völlig neue Situation geschaffen.

Bevor Einstein und Mach zusammentrafen, hatte Einstein im gleichen Jahr, 1913, in einem Brief an Mach über Relativität und Gravitation geschrieben. Er sprach zunächst davon, daß eine Sonnenfinsternis „nächstes Jahr" (1914) zeigen würde, ob Lichtstrahlen an der Sonne „gekrümmt" werden.• Dann ging er zwei Jahre vor der Fertigstellung der endgültigen Theorie auf folgende zwei Punkte ein:

• In diesem Jahr reisten einige deutsche Astronomen in ein Beobachtungsgebiet innerhalb der Totalitätszone. Sie kamen zur falschen Zeit an den falschen Ort, nämlich nach Rußland, wo sie bis zum Ende des Ersten Weltkrieges gefangengehalten wurden.

»Es hat sich ferner folgendes ergeben:

1) Beschleunigt man eine träge Kugelschale *S*, so erfährt nach der Theorie ein von ihr eingeschlossener Körper eine beschleunigende Kraft.
2) Rotiert die Schale *S* um eine durch ihren Mittelpunkt gehende Achse..., so entsteht im Inneren der Schale ein Coriolis-Feld, d. h. die Ebene des Foucault-Pendels wird ... mitgenommen.«[4]

Was ist ein Foucault-Pendel?

Das Foucaultsche Pendel

Jean Foucault, auswärtiges Mitglied der Royal Society, bestimmte 1850 die Geschwindigkeit des Lichtes in Wasser (siehe Exkurs 1.1) und erfand 1852 ein Kreiselgyroskop. Ein Jahr zuvor hatte er in der Kuppel des Pantheons in Paris ein 60 Meter langes Pendel aufhängen lassen. Das schwere Pendelgewicht war an einer Seite festgebunden, und Foucault setzte es in Bewegung, indem er das Halteseil durchbrannte. An dem Gewicht befand sich eine Spitze, die an den Umkehrpunkten der Schwingung Kerben in

Das Foucaultsche Pendel in der historischen und einer modernen Ausführung.

einen kreisförmigen Sandring auf dem Boden ritzte. Diese Kerben im Sand verschoben sich im Laufe der Zeit, was verdeutlichte, daß die Schwingungsebene des Pendels nicht konstant blieb: Sie drehte sich langsam *im Uhrzeigersinn*. Nichts sprach dafür, daß ein besonderer Drehsinn vor dem anderen ausgezeichnet ist.

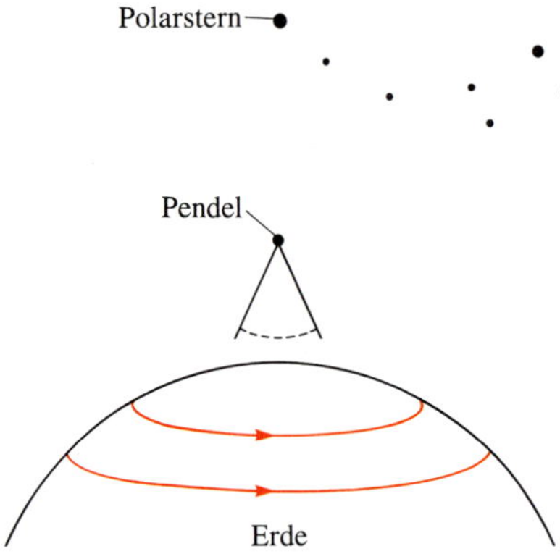

Das Ganze wird sofort deutlich, wenn wir das Experiment *al fresco* mit einem Pendel über dem Nordpol der Erde durchführen. Die Schwingungsebene des Pendels dreht sich im Uhrzeigersinn über dem Erdboden hinweg. Schauen wir zum Polarstern auf, der direkt über uns steht (was während des Winters auf der Nordhalbkugel *zu jeder Zeit* gilt), so sehen wir, daß sich die umgebenden Sterne im gleichen Tempo wie das Pendel um ihn drehen. Die Schwingungsebene des Pendels ruht in bezug auf die Sterne, während sich die Erde im *Gegenuhrzeigersinn* unter ihm hinwegdreht. Wir gingen zum Nordpol, weil nur dort (auf der Nordhalbkugel) der Aufhängepunkt des Pendels relativ zu den fernen Sternen ruht. An einem anderen Ort rotiert dieser Aufhängepunkt mit der Erde um die Polarachse, was eine Gegenrotation• bewirkt und den Effekt verkleinert. Beide Bewegungen heben sich am Äquator auf, so daß ein Foucaultsches Pendel dort relativ zum Erdboden *nicht* rotiert. Die Schwingungsebene des Pendels dreht sich in Paris (49 Grad nördlicher Breite) etwa in 32 Stunden einmal um 360 Grad; am Nordpol entspricht diese Rotationsperiode natürlich einem Sterntag: 23 Stunden und 56 Minuten.

Einstein wußte bereits 1913, daß eine rotierende „träge Kugelschale“ in der Umgebung eines Foucaultschen Pendels, dessen Schwingungsebene ansonsten relativ zu den Sternen ruht, einen *winzigen* Bruchteil ihrer Rotationsbewegung auf das Pendel übertragen muß: »... die Ebene des Foucault-Pendels wird ... mitgenommen.« Damit bekräftigte er Machs Hypothese über den Einfluß der entfernten Materie. Demnach schien es naheliegend, daß ein Großteil der Masse im Universum, in welchem Zustand der Rotation sie sich auch befinden möge, ihre Rotationsbewegung *völlig* auf alle übrige Materie übertrüge, was auf natürliche Weise dazu führen würde, daß relativ zu den entfernten Sternen *keine Rotation* auftritt.

Gyroskope: Kreisel als Meßinstrumente

Es sieht also so aus, als nähmen die Sterne Einfluß auf unser Leben. Allerdings wäre es sehr schön, wenn man diese eindrucksvolle Vorstellung von einer das gesamte Universum beherrschenden Gravitation, die alles zu einer einheitlichen Rotation zwingt, direkt durch Experimente im näheren Umkreis der

• Dies läßt sich einfach demonstrieren, wenn wir ein Gewicht an einen Faden hängen, unsere Hand als Aufhängepunkt benutzen und sie langsam auf einem horizontalen Kreis bewegen.

Erde prüfen könnte. Da die Erde rotiert, ist anzunehmen, daß sie die Schwingungsebene eines Pendels mit sich zieht. Leider dauert es Millionen Jahre, bis durch die Übertragung der Erdrotation auf das Pendel eine volle Drehung der Schwingungsebene zustande kommt. Diese langsame Bewegung ist nur bei hinreichend langer Beobachtungszeit bei einem Pendel nachweisbar, das trotz Luftwiderstand und Reibung stetig schwingt. Offenbar erfordert das Experiment eine luftleere Umgebung, also ein Vakuum. Das legt ein Satellitenexperiment nahe. Aber innerhalb eines Satelliten, der auf seiner Erdumlaufbahn frei fällt, gibt es ja *keine* Gravitation, so daß ein Pendel gar nicht schwingt. Foucault hätte einen Ausweg gewußt. Auch die Achse eines schnell kreiselnden Gyroskops ruht bezüglich der Sterne. Solche Kreiselgyroskope sind heute in der Navigation allgemein gebräuchlich und ersetzen die Sterne bei genauen Positionsbestimmungen auf See oder in der Luft.

Foucaults Kreiselgyroskop.

Ein Satelliten-Kreisel-Experiment wird seit langem an der Universität Stanford geplant. Bevor wir uns den technischen Wundern dieser Experimente zuwenden, müssen wir die gravitationsbedingten Effekte verstehen, die dabei nachgewiesen werden sollen. Dabei hilft uns eine Analogie zum Elektromagnetismus weiter, mit dessen bewegungsabhängigen Kräften wir tagtäglich zu tun haben (siehe Exkurs 6.1).

Exkurs 6.1

Der erste elektrische Telegraph

Es begann im Jahre 1820. Hans Christian Oersted hatte entdeckt, daß die Magnetnadel eines Kompasses in der Nähe eines stromdurchflossenen Drahtes ausschlägt. Das ist aber nur die Hälfte der Geschichte. Zur anderen Hälfte trug Michael Faraday elf Jahre später bei. Er beobachtete, daß die Relativbewegung eines Magneten und eines

Drahtes einen elektrischen Strom im Draht erzeugt. Zwei Jahre danach, 1833, baute Carl Friedrich Gauß zusammen mit seinem Freund und Kollegen Wilhelm Weber den ersten elektrischen Telegraphen. Dabei wird am einen Ende Faradays Entdeckung, am anderen Ende Oersteds Beobachtung ausgenutzt.

Die schnelle Auf- und Abbewegung eines Magneten, der sich zwischen Drahtspulen befindet, erzeugt zwei kurze elektrische Stromstöße (Faraday). Das bildete die Grundlage für den Sender. Bei dem Empfänger handelte es sich um eine Spule, über der ein nach Norden weisender Magnet aufgehängt war. Wenn die Stromstöße die Spule passierten, wurde der Magnet abgelenkt (Oersted); das konnte man anhand eines Lichtstrahls beobachten, der von einem Spiegel auf dem Magneten reflektiert wurde. Sender und Empfänger waren durch zwei Drähte verbunden, die einen geschlossenen Kreis bildeten. Man konnte zwei verschiedenartige Signale senden, indem man die Leitungen beim Sender umpolte; dadurch wurde der Magnet am Empfänger entweder nach links oder rechts abgelenkt. Man entwickelte einen Code, um die Buchstaben des Alphabets zu übermitteln. Damit ließen sich jedoch nur acht Buchstaben pro Minute durchgeben.

Unter großen Schwierigkeiten spannte Weber Eisendrähte zwischen der außerhalb von Göttingen gelegenen Sternwarte Gauß' über den Nordturm der Johanneskirche zu Webers Labor, das sich am Ufer des Leinekanals befand. Das war eine Entfernung von mehreren Kilometern. Webers erste Botschaft an Gauß soll die Mitteilung gewesen sein, daß ein Assistent aus Webers Labor unterwegs zur Sternwarte sei. Als man die Nachricht entschlüsselt hatte, war der Assistent eingetroffen. Trotzdem war sich Gauß der eindrucksvollen Anwendungsmöglichkeiten ei-

Elektromagnetismus und Gravitation

Ähnlichkeiten und Unterschiede zwischen Elektromagnetismus und Gravitation zeigen sich bereits darin, was wir über langsam bewegte Körper wissen. In beiden Fällen sind die Kräfte umgekehrt proportional zum Quadrat des Abstandes zwischen zwei (kleinen) Körpern. Die elektrische Kraft ist dem Produkt der Ladungen proportional und äußert sich als Abstoßungs- oder Anziehungskraft, je nachdem, ob die Ladungen gleiche oder entgegengesetzte Vorzeichen haben. Die Gravitationskraft, die proportional zum Massenprodukt ist, bewirkt dagegen *immer* eine Anziehung. Noch eindrucksvoller ist der gewaltige Unterschied in der Stärke beider Kräfte. Betrachten wir beispielsweise zwei atomare Teilchen gleicher Ladung, etwa zwei Protonen, die sich in einer bestimmten Entfernung voneinander befinden und eine (abstoßende) elektrische Kraft aufeinander ausüben. Um eine gleich starke (anziehende) Gravitationskraft zwischen zwei entsprechenden Körpern mit denselben Massen zu verwandeln, müßte jeder bei der gegebenen Entfernung aus 10^{18} Protonen bestehen.•

• Wer ungeduldig nach dem experimentellen Test fragt, sei darauf hingewiesen, daß man *nichts* mit nackten Protonen erreicht. Geeigneter sind Wasserstoffatome (Protonen *plus* Elektronen), da sie elektrisch neutral sind. Gravitationskräfte zeigen sich nur, sofern die um vieles stärkeren elektrischen Kräfte ganz und gar unterdrückt werden. Außerdem: wie sollte man all die 10^{18} Protonen zusammenhalten?

Die Erbauer des ersten Telegraphen.

ner solchen Nachrichtenübertragung, »deren Vorstellung einen schwindeln läßt«, völlig bewußt. An der praktischen Verwirklichung konnte er sich nicht beteiligen, da sein begrenztes Budget (150 Taler pro Jahr) ausschließlich für seine astronomischen Beobachtungen und die Erforschung des Erdmagnetismus bestimmt war. Dann kam Samuel Morse.

Dennoch bewegte Gauß den Physiker und Astronomen Carl August Ritter von Steinheil dazu, die Telegraphentechnik weiterzuentwickeln. 1838 bestätigte dieser Gauß' wichtige Vermutung, daß ein geschlossener Kreis aus Drähten überflüssig sei, da die leitende Erde als Rückweg dienen könne. Das Ende des ersten elektrischen Telegraphen kam um Weihnachten 1845, als ein Blitz in den Kirchturm einschlug und den Draht zerstörte. 30 Jahre später gab es allein in Großbritannien insgesamt schon 175 000 Kilometer Telegraphendrähte.

Rotation

Wir wollen wissen, wie die Gravitationswirkung massiver rotierender Körper aussieht. Fragen wir uns also zunächst, welche *elektromagnetischen* Effekte sich ergeben, wenn beispielsweise eine positiv geladene Kugel um eine Achse rotiert. Die Rotationsbewegung induziert ein *Magnetfeld*. Dieses Feld entspricht außerhalb der rotierenden Kugel dem Magnetfeld eines kleinen Stabmagneten, dessen Nord- und Südpol auf der Rotationsachse liegen. Das können wir leicht mit Faradays Methode überprüfen, indem wir Eisenfeilspäne auf ein Blatt Papier über der rotierenden Kugel streuen. Die Späne ordnen sich dann längs der magnetischen Kraftlinien im Raum an. Das Muster ähnelt dann in der Tat den Kraftlinien eines Stabmagneten. Die Stärke dieses Magnetfeldes ist umgekehrt proportional zur *dritten* Potenz der Entfernung und hängt zusätzlich von der Richtung ab: Bei zwei Punkten in gleicher Entfernung ist die Kraft in Richtung der Pollinie beispielsweise doppelt so groß wie in der dazu senkrechten Richtung.

Im Hinblick auf das äußere Magnetfeld könnte die positiv geladene Kugel ebensogut eine dünne geladene Kugelschale sein. Was passiert dann innerhalb der rotierenden Schale? Auch dort gibt es ein Magnetfeld, aber dieses Feld ist *gleichförmig* und hat überall innerhalb der Kugelschale die gleiche

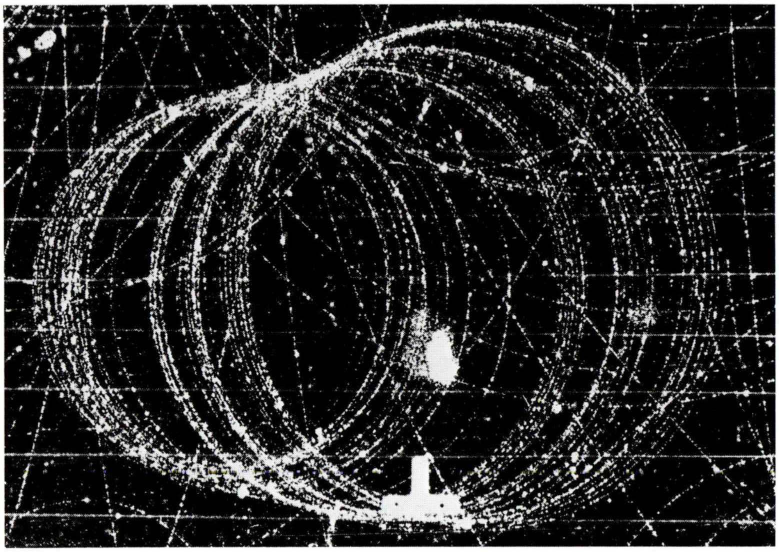

Die Kreisbahn eines Elektrons in einem Magnetfeld. Der Bahndurchmesser ändert sich, wenn das Elektron in ein Gebiet anderer Feldstärke gelangt.

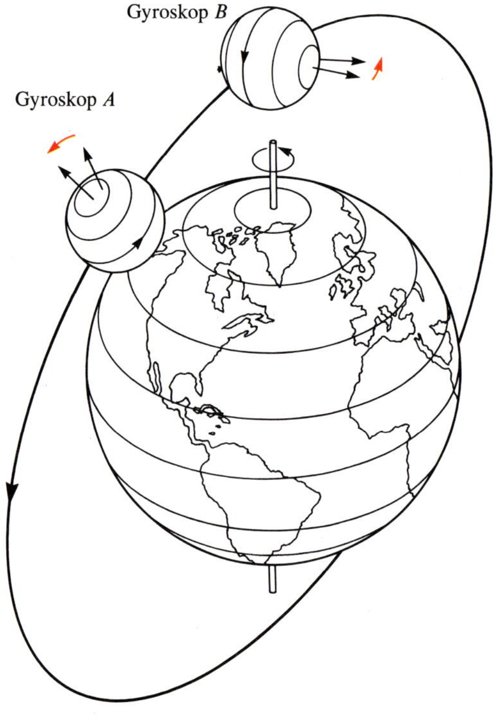

Satellitenkreisel. Die Rotationsachse des Gyroskops *A* liegt in der Bahnebene, die des Gyroskops *B* senkrecht zu dieser Ebene.

Richtung (parallel zur Rotationsachse) und die gleiche Stärke.•

Wie verhält sich ein negativ geladenes Teilchen, das sich innerhalb der rotierenden, positiv geladenen Schale bewegt? Das Magnetfeld lenkt ein solches Teilchen auf eine schraubenförmige Bahn, genau so wie in Teilchenbeschleunigern (siehe Kapitel 3). Eine negative Ladung wird innerhalb einer rotierenden positiven Ladungsverteilung in gleichem Drehsinn um die Rotationsachse kreisen. Die Zahl der Umläufe pro Zeiteinheit hängt mit der Beschleunigung des Teilchens zusammen: Sie ist durch das Verhältnis von einwirkender Kraft (proportional zu seiner Ladung) und seiner trägen Masse gegeben. Das Verhältnis von Ladung zu Masse ändert sich von einer Teilchenart zur anderen (es ist für ein Elektron 1836mal so groß wie für ein Proton).

Wir wollen nun die Analogie zur Gravitation weiter verfolgen, die wir mit der Wahl von *entgegengesetzten* anziehenden Ladungen vorbereitet haben. Die Rotation einer kugelförmigen Materieschale sollte jedes Teilchen in ihrem Inneren zu einer Rotationsbewegung im gleichen Drehsinn veranlassen. Was beim Elektromagnetismus das Verhältnis von Ladung und Masse ist, drückt sich bei der Gravitation im Verhältnis von *schwerer* zu *träger* Masse aus, wobei es sich um eine universelle Konstante handelt. Eine rotierende Materieschale zieht alle andere Materie mit sich und versetzt sie in eine gemeinsame Rotation. Die Analogie funktioniert.

• Auch das elektrische Feld innerhalb der Kugel ist gleichförmig – und zwar konstant *Null*. Das ist die besondere Eigenschaft des $1/r^2$-Gesetzes, dem die elektrische Kugel gehorcht.

Das Satelliten-Kreisel-Experiment

Wir wollen dieses Experiment in Analogie zum Elektromagnetismus beschreiben und einen Körper als „Magneten" bezeichnen, wenn seine Gravitationswirkung den tatsächlichen elektromagnetischen Eigenschaften eines wirklichen Magneten entspricht. Die massive rotierende Erde ist also ebenso ein „Magnet" wie das Kreiselgyroskop im Satelliten. Die Winkelabhängigkeit beim Magnetfeld eines Stabmagneten bedeutet dann, daß beide „Magnete" Drehkräfte aufeinander ausüben. Wenn sich der Kreisel gerade am geographischen Nordpol der Erde befindet und seine Achse senkrecht zur Erdachse ausgerichtet ist, sollte die Kreiselachse um die Erdachse rotieren. Das aber weicht von den Newtonschen Gesetzen ab, wonach der Kreisel seine Lage relativ zu den entfernten Sternen nicht ändern dürfte.

Natürlich können wir keinen Kreisel im Weltraum über dem Nordpol aufhängen. Dieser Situation entspricht am ehesten ein Satellit, der auf einer Umlaufbahn über beide Pole einen Kreisel mit sich führt. Durch die Bewegung des Kreisels kommt freilich ein weiterer Effekt ins Spiel. Die massive Erde ist für den Kreisel, der einen „Magneten" darstellt, eine bewegte „Ladung", ein „elektrischer" Strom, der ein „magnetisches" Feld erzeugt. Dieses „magnetische" Feld sucht den Kreisel zusätzlich zu drehen. Dieser Effekt (die sogenannte geodätische Präzession) ist am größten, wenn die Kreiselachse in der Bahnebene des Kreisels liegt (und ihre Richtung nur innerhalb dieser Ebene ändert). Der Effekt verschwindet, wenn die Kreiselachse senkrecht auf der Bahnebene steht. Da wir die räumliche Orientierung des Kreisels beliebig wählen können, läßt sich dieser störende Einfluß der Satellitenbewegung von dem gesuchten Effekt der Erdrotation trennen.

Wie groß ist die geodätische Präzession durch die Satellitenbewegung? Um welchen Bruchteil eines vollen Kreiswinkels dreht sich die Kreiselachse innerhalb der Bahnebene während eines Umlaufs um die Erde? Dieser Winkel ist proportional zu einem Faktor, den wir bei etlichen anderen relativistischen Effekten – gravitationsbedingte Rotverschiebung, Lichtablenkung, Laufzeitverzögerung – gefunden hatten: $g'R/c^2$, wobei g' die Fallbeschleunigung im Abstand R, hier dem Radius der Satellitenumlaufbahn, ist. Für eine Bahn, die unmittelbar am Erdboden um eine (atmosphärenfreie) Erde führen würde, wo die Beschleunigung also gerade den Wert g ($10 \text{m/s}^2 = 10^{-2} \text{km/s}^2$) annähme, ergäbe sich aufgrund des Erdradius R ($6{,}4 \times 10^3$km) für gR/c^2 der Betrag:

$$\frac{gR}{c^2} = \frac{(10^{-2}\ \text{km/s}^2)(6{,}4 \times 10^3\ \text{km})}{(3 \times 10^5\ \text{km/s})^2} = 7 \times 10^{-10}.$$

Um die Vorhersage der Allgemeinen Relativitätstheorie zu erhalten, müssen wir das mit dem Faktor $3/2$ multiplizieren. Während eines Erdumlaufs sollte sich die Kreiselachse in der Bahnebene um 1,05 Milliardstel des vollen Kreiswinkels weiterdrehen.

Bei einem realistischen Experiment müßte dieser Effekt über viele Umläufe aufsummiert werden. Wie viele Umläufe könnte ein Satellit im Jahr zurücklegen, wenn seine Bahn die Erde streift? Seit der Zeit von *Sput-*

nik (4. Oktober 1957) weiß man, daß ein Satellit die Erde auf einer niedrigen Umlaufbahn in etwa 90 Minuten einmal umkreist. Für den hypothetischen Satelliten, der die Erde streift, waren es nur 84 Minuten.• Teilen wir die Anzahl der Minuten eines Jahres ($5{,}3 \times 10^5$) durch diese Umlaufzeit, so erhalten wir für die Zahl der Umläufe pro Jahr $6{,}3 \times 10^3$. Die Kreiselachse sollte sich deshalb in einem Jahr um den folgenden Bruchteil eines vollen Kreises weiterdrehen: $(6{,}3 \times 10^3)\,(1{,}05 \times 10^{-9}) = 6{,}6 \times 10^{-6}$. Berücksichtigen wir nun, daß einem vollen Kreiswinkel $360 \times 3600 = 1{,}3 \times 10^6$ Bogensekunden entsprechen, so erhalten wir einen Winkel von knapp neun Bogensekunden pro Jahr. Für eine realistischere Umlaufbahn in einer Höhe von einem Zehntel Erdradius verringert sich dieser Winkel um etwa 25 Prozent auf sieben Bogensekunden pro Jahr. Diese jährliche Richtungsänderung entspricht beispielsweise dem Winkel, unter dem eine Strecke von 13 Kilometern in Mondentfernung erscheint.

Steht die Kreiselachse senkrecht zur Satellitenumlaufbahn, so entfällt der störende bewegungsabhängige Effekt, so daß nur noch der Einfluß der Erdrotation übrig bleibt. Ein Punkt am Erdäquator bewegt sich etwa 17mal langsamer als der streifende Satellit; außerdem befindet sich der größte Teil der Erdmasse näher am Mittelpunkt und bewegt sich wesentlich langsamer als der Punkt am Äquator. Deshalb und wegen der Schwankungen des „magnetischen“ Feldes der rotierenden Erde entlang der Satellitenbahn verringert sich der Winkel beträchtlich. Bei einem Satelliten, der in einer Höhe von einem Zehntel des Erdradius auf einer polaren Bahn um die Erde kreist, sollte die Kreisel-

Die Quarzkugel des reibungslosen Kreisels.

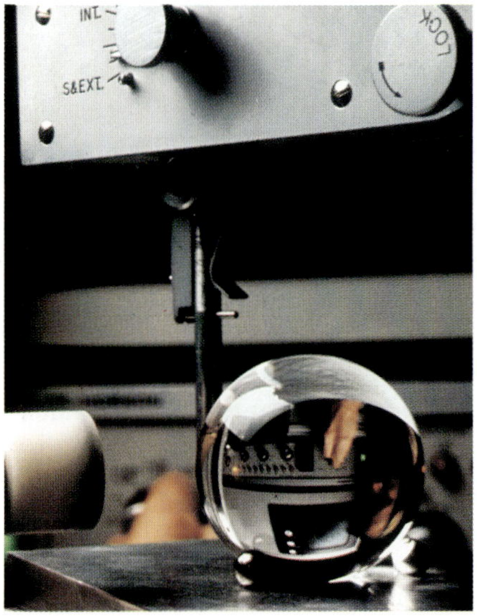

• Dieser Wert läßt sich leicht verstehen. Der Leser sei dazu aufgefordert, mit folgenden Eigenschaften der Mondbahn zu beginnen: Siderische Umlaufzeit um die Erde: 27,32 Tage; Bahnradius: $3{,}844 \times 10^5$ Kilometer. Danach wende man das Dritte Keplersche Gesetz der Planetenbewegung an, welches besagt, daß das Quadrat der Umlaufzeit der dritten Potenz des Bahnradius proportional ist. Was folgt daraus für die Umlaufzeit, die einer Bahn von $6{,}378 \times 10^3$ Kilometern entspricht?

Es geht auch anders. Der Satellit, der sich mit der Geschwindigkeit v auf einer streifenden Kreisbahn bewegt, deren Radius also dem Erdradius R entspricht, wird auf seiner Bahn durch die nach innen gerichtete Beschleunigung von $v^2/R = g$ (siehe Exkurs 4.2) gehalten. Die Satellitengeschwindigkeit $v = \sqrt{gR}$ ergibt multipliziert mit der Umlaufzeit T den Erdumfang von $2\pi R$. Deshalb folgt für die Umlaufzeit

$$T = 2\pi\sqrt{R/g}.$$

Das ist auch gerade die Schwingungsdauer eines Pendels der Länge R, das in einem *gleichförmigen* Gravitationsfeld der Beschleunigung g schwingt.

Die Äquivalenz beider Berechnungen ist eine Wiederholung von Newtons Entdeckung (um 1670): Aus der Fallbeschleunigung an der Erdoberfläche ergibt sich nach dem $1/r^2$-Gesetz für den Abstand des Mondes gerade eine Gravitationskraft, die diesen natürlichen Erd-Satelliten gerade auf seiner Bahn hält.

achse durch die Erdrotation nur um einen Winkel von 0,05 Bogensekunden pro Jahr im gleichen Drehsinn mitgezogen werden. Dieser Winkel entspricht einer Strecke von 100 Metern in Mondentfernung.

Supraleitung

Mit welcher raffinierten Technik kann man dermaßen kleine Winkel messen? Wie kann man einen reibungslosen Kreisel konstruieren, dessen Lage relativ zu den Sternen – abgesehen von den gesuchten Effekten der Allgemeinen Relativitätstheorie – so stabil bleibt, daß keine Abweichungen um mehr als eine Hundertstel Bogensekunde pro Jahr auftreten? Hier richten sich die Hoffnungen auf eine Technik bei extrem tiefen Temperaturen, nur wenige Grad über dem absoluten Nullpunkt; das entspricht der Temperatur des völlig dunklen und leeren Raumes. Das Entscheidende dabei ist die *Supraleitung*, die in einigen Materialien bei hinreichend tiefen Temperaturen auftritt: Sie leiten elektrische Ströme *ohne* jeden Widerstand und *ohne* Reibung.

Zunächst benötigen wir einen rotierenden Körper, der uns als Kreisel dient. Damit sich dieser Körper nicht aus anderen, unerwünschten Gründen dreht, muß er möglichst homogen sein. Das leistet eine Quarzkugel von vier Zentimetern Durchmesser, deren Dichte bis auf Abweichungen von weniger als Eins zu einer Million homogen ist und deren Radius nur um einige Zehnmillionstel gegenüber der exakten Kugelgestalt abweicht (die größte Unebenheit entspricht etwa der Größe eines Menschen, der auf der kugelförmigen Erde steht). Die Quarzkugel ist mit einem Film aus supraleitendem metallischen Niobium• überzogen. Kleine Spannungen an drei aufeinander senkrecht stehenden Elektrodenpaaren sorgen dafür, daß die Kugel eine feste Position in der schwerelosen Umgebung beibehält. Durch Gasströme wird die Kugel anschließend in Rotation versetzt, wobei sie etwa 200 Umdrehungen pro Sekunde erreicht; zuletzt wird dann das Gas abgepumpt, so daß die Kugel schließlich frei in einem nahezu perfekten Vakuum rotiert. Das ist der *reibungslose Kreisel*.

Das Ganze nützt aber nur dann etwas, wenn man mit großer Genauigkeit die Richtung der Kreiselachse im Raum feststellen kann. Auch hier hilft uns die Supraleitung weiter. In einem Supraleiter hängt der Fluß der negativ geladenen Elektronen nämlich nicht von den positiv geladenen Atomkernen ab. Und umgekehrt hat die rotationsbedingte Bewegung der Atomkerne in der supraleitenden Schicht auf der Kugel keinen Einfluß auf diese Elektronen. Die resultierende Relativbewegung von positiven und negativen Ladungen stellt einen elektrischen Strom dar, der ein Magnetfeld induziert. Ein rotierender Supraleiter wirkt deshalb wie ein schwacher Magnet, dessen Pole entlang der Rotationsachse liegen. Jede Bewegung dieser Achse erzeugt eine Veränderung dieses Magnetfeldes und kann durch Ströme nachgewiesen werden, die in supraleitenden Schleifen der Umgebung induziert werden.

Diese schwachen Ströme werden durch ein bemerkenswertes Gerät nachgewiesen, das

• Dieses Element wurde anfangs nach den Vereinigten Staaten Columbium genannt. Eine Mineralienprobe aus Massachusetts, die sich in der Sammlung des britischen Museums befand, führte 1801 zu seiner Entdeckung.

als SQUID bezeichnet wird – eine Abkürzung der englischen Bezeichnung *Superconducting Quantum Interference Device* für ein supraleitendes quantenmechanisches Interferometer. Dabei wird die Tatsache ausgenutzt, daß sich die Anzahl der magnetischen Kraftlinien, die eine supraleitende Schleife durchziehen, nur um einen diskreten Wert ändern kann, eben nur in Quantensprüngen. Wie aber kann man diese winzigen Änderungen im Magnetfeld messen, wenn gleichzeitig viel stärkere störende Felder vorhanden sind? Auch hier hilft die Supraleitung weiter: Ein Supraleiter ist eine nahezu perfekte Abschirmung gegen Magnetfelder. Ist der Kreisel von einem solchen Leiter umgeben, so bleibt jedes winzige Feld innerhalb der Abschirmung nahezu konstant. Dadurch werden auch die kleinen Änderungen nachweisbar, für die wir uns interessieren.

Es genügt aber nicht, einen reibungsfreien Kreisel zu besitzen und seine Bewegung nachweisen zu können, sondern diese Bewegung muß im Hinblick auf das Bezugssystem der fernen Sterne angegeben werden. Man benötigt also ein Fernrohr, das fest auf einen bestimmten Stern ausgerichtet ist, zum Beispiel Rigel im Sternbild Orion. Alle diese Instrumente sollen schließlich in ein Raumschiff verfrachtet und mit einem *Space Shuttle* in eine Umlaufbahn gebracht werden. Dabei tauchen dann zusätzliche Probleme auf.

Exkurs 6.2

Gravitationslinsen

Einstein hat bereits 1936 darauf hingewiesen, daß die Lichtablenkung durch massive Körper zu ungewöhnlichen astronomischen Erscheinungen führen könnte. Ein Stern, dessen Licht am Sonnenrand vorbeiläuft, scheint nach *außen* versetzt zu sein. Nehmen wir nun an, daß sich zwischen der Erde und einem sehr viel weiter entfernten astronomischen Objekt (beispielsweise einem Quasar) ein äußerst massiver und kompakter lichtablenkender Körper befinde. Licht, das an einer Seite dieses Körpers vorbeiläuft, wird so abgelenkt, daß sich das Bild des Quasars für den Beobachter auf der Erde nach außen verschiebt. Auf diese Weise wird das Licht auf beiden Seiten des Körpers gegensinnig abgelenkt, so daß zwei nach außen versetzte Bilder entstehen. Man sähe zwei Bilder desselben Quasars.

Ein Quasarpaar, dessen optische Eigenschaften verblüffend ähnlich waren, wurde 1979 entdeckt, als man die Radioquelle 0957 + 561 mit besserer Auflösung beobachtete. Diese Quasarzwillinge sind nur durch sechs Bogensekunden am Himmel getrennt. Hier schien Einsteins Vorhersage verwirklicht zu sein. Nachfolgende Beobachtungen im Radiobereich standen mit dieser Interpretation in Einklang, deckten aber auch Eigenschaften auf, die *nicht* mit dem einfachsten Modell übereinstimmten, das ein kompaktes massereiches Objekt als Gravitationslinse annimmt. 1980 und 1981 fand man im optischen Bereich eine schwache elliptische Galaxie nebst zugehörigem Galaxienhaufen, die nur eine Bogensekunde von einem der Bilder entfernt waren. Diese räumliche Verteilung der Galaxien läßt sich mit den beobachteten Eigenschaften bei verschiedenen Wellenlängen vereinbaren.

Ein weiterer Triumph für Einstein!

Die Theorie, die wir testen wollen, setzt voraus, daß sich der Kreisel nur unter dem Einfluß der Erdgravitation bewegt. Der Satellit, in dem sich der Kreisel befindet, ist aber dem leichten Druck der Atmosphäre ausgesetzt, die sich bis in diese Höhe fortsetzt. Außerdem übt die Sonnenstrahlung einen Druck auf den Satelliten aus. Um diese Effekte zu eliminieren, wird eine zweite Kugel im Inneren des Satelliten aufgehängt, die das ideale Teilchen der Theorie darstellen soll. Diese Kugel ist mit einem System aus Sensoren umgeben, die jede Verschiebung des Satelliten relativ zur Kugel registrieren und den Kurs des Satelliten über die Gasströme von Schubdüsen korrigieren. Bei diesem Gas handelt es sich um Helium, das aus dem flüssigen Helium zur Kühlung der supraleitenden Materialien verdampft.

Das Satelliten-Kreisel-Experiment gehört wissenschaftlich wie technologisch zu den Forschungsprogrammen an vorderster Linie. Irgendwann in den achtziger Jahren wird dieses bemerkenswerte Kreisel-Instrument von einem Space Shuttle in den Weltraum gebracht, um dort seine langwierigen Aufgaben zu erfüllen.

Gravitationswellen

Die Gravitationskräfte Newtons, die zwischen Massen wirken, sind analog zu den elektrischen Kräften zwischen Ladungen. Das Satelliten-Kreisel-Experiment soll testen, ob darüber hinaus auch Gravitationskräfte in Analogie zum Magnetismus existieren. Aus der Maxwellschen Vereinigung von Elektrizität und Magnetismus ergab sich als Vorhersage die Existenz elektromagnetischer Wellen. Heute gehört ein ganzes Spektrum dieser Wellen, von den Radiowellen bis hin zu den Röntgenstrahlen, zu unserem Alltag. Gibt es dann vielleicht auch Gravitationswellen? Einstein sagte ihre Existenz kurz nach der Vollendung seiner Allgemeinen Relativitätstheorie voraus. Und er behauptete, daß sich Gravitationswellen mit derselben Geschwindigkeit ausbreiten wie elektromagnetische Wellen: mit der Lichtgeschwindigkeit c.

Daß sich beide Arten von Wellen mit der gleichen Geschwindigkeit bewegen, ist zu erwarten, weil die beiden zugehörigen Kräfte, die zwischen langsamen, genügend weit voneinander entfernten Körpern wirken, grundlegende Ähnlichkeiten aufweisen: Beide Kräfte sind umgekehrt proportional zum Quadrat des Abstandes zwischen den Körpern. Erinnern wir uns an Einsteins Entdeckung von 1905, daß Licht sowohl Wellen- als auch Teilchencharakter besitzt. Danach machte die Entwicklung der Quantenmechanik, deren Gesetze die Welt der Atome beschreiben, deutlich, daß dieser Dualismus von Teilchen und Welle (oder Feld) universell ist. Die Tatsache, daß Teilchen wie Elektronen, Protonen und Neutronen auch Welleneigenschaften aufweisen, gehört zu den wichtigsten Grundlagen, um atomare und nukleare Vorgänge zu verstehen und zu steuern. Umgekehrt muß es, sofern Gravitationswellen existieren, auch Gravitationsteilchen, eben *Gravitonen*, geben. Wir haben bereits beim Photon gesehen, daß die *Energie* dieser Teilchen proportional zur Frequenz der Wellen oder *umgekehrt* proportional zu ihrer *Periode* ist; und das gilt ganz allgemein für Teilchenwellen. Der *Impuls* eines Teilchens ist analog *umgekehrt* proportional zu der *Wellenlänge*. Für Licht ist deshalb die Teilchenbeziehung

Exkurs 6.3

Einheiten der Gravitation

Nehmen wir der Einfachheit halber an, daß sich die Erde auf einer Kreisbahn bewege, was annähernd der Fall ist. Die Erde wird, wie wir in Kapitel 4 gesehen haben, durch ein Gleichgewicht zwischen der nach innen gerichteten Gravitationsbeschleunigung (GM/R^2) und nach außen gerichteten Zentrifugalbeschleunigung (v^2/R) auf ihrer Bahn im Abstand R von der Sonne gehalten (M ist die Sonnenmasse). Die Bahngeschwindigkeit v ist hier als Verhältnis von Kreisumfang ($2\pi R$) zu Umlaufzeit T gegeben (T ist ein Jahr). Dieses Gleichgewicht liefert uns explizit das Dritte Keplersche Gesetz, wie es Newton formulierte:

$$(2\pi R/T)^2/R = GM/R^2,$$

oder, anders geschrieben:

$$(2\pi/T)^2 R^3 = GM.$$

Die universelle Gravitationskonstante G hängt von den Einheiten für Masse, Länge und Zeit ab. Wählen wir die Sonnenmasse als Masseneinheit, so gilt $M = 1$. Der Erdbahnradius als Längeneinheit ergibt $R = 1$. Um in diesem Geiste fortzufahren, wollen wir $T/2\pi$ als Zeiteinheit wählen: die Zeit, die benötigt wird, um beim Bahnumlauf einen Winkel von einem Radian (57,3 Grad) zu durchlaufen. Das ergibt $T/2\pi = 1$. In diesen *Newtonschen* Einheiten der Gravitation ist $G = 1$.

Wie wir schon mehrmals bemerkt haben, beträgt das Verhältnis von Erdbahngeschwindigkeit zu Lichtgeschwindigkeit, v/c, annähernd 10^{-4}. In den Newtonschen Einheiten der Gravitation ist $v = 2\pi R/T = 1$, so daß sich für c ein Wert von annähernd 10^4 ergibt. Können wir andere Einheiten wählen, in denen weiterhin $G = 1$ ist, aber auch $c = 1$ gilt? Ja. Dazu wollen wir die *Sonnen*masse als Masseneinheit beibehalten, aber die Einheiten für Länge und Zeit abändern. Dabei soll das Verhältnis aus der dritten Potenz der Längeneinheit zum Quadrat der Zeiteinheit unverändert bleiben (entsprechend dem Dritten Keplerschen Gesetz). Dann ist nach wie vor $G = 1$. Wir erreichen das, wenn wir die Längeneinheit um einen Faktor 10^8 und die Zeiteinheit um einen Faktor 10^{12} *verkürzen*: $(10^8)^3 = (10^{12})^2$. Die Einheit für die Geschwindigkeit ist $10^{-8}/10^{-12} = 10^4$mal so groß, weshalb $c = 1$ ist. Wie groß sind diese *Einsteinschen* Einheiten der Gravitation, in denen $G = 1$ und $c = 1$ ist? Die Längeneinheit ist 10^8mal kleiner als der Erdbahnradius (der $1{,}5 \times 10^8$ Kilometer beträgt) und deshalb ungefähr gleich 1,5 Kilometer. In einer früheren Diskussion von Einheiten, in denen $c = 1$ ist, wählten wir als Beispiel 0,3 Kilometer und eine Mikrosekunde (siehe Kapitel 5). Da hier jetzt die Längeneinheit fünfmal so groß ist, gilt dies auch für die Zeiteinheit; die Einsteinsche Zeiteinheit der Gravitation beträgt fünf Mikrosekunden.

$E = pc$ oder $E/p = c$ auch die Wellenbeziehung, die die Geschwindigkeit c als Verhältnis von Wellenlänge zu Periode darstellt (die in einer Periode durchlaufene Entfernung ist die Wellenlänge).

Die Frage nach der Geschwindigkeit von Gravitationswellen läßt sich also in folgender Form stellen: Hat das Graviton genau wie das Photon die Ruhemasse Null, oder besitzt es eine nichtverschwindende Ruhemasse? Die Quantenmechanik führt elektrische und entsprechend auch Newtonsche Kräfte zwischen langsamen, weit voneinander entfernten Körpern auf einen Austausch von Photonen beziehungsweise Gravitonen zurück. Diese Austauschteilchen tragen sehr kleine Energien (E) und Impulse (p), deren Beträge auch auf der atomaren Skala praktisch *Null* sind. Das ist bei Teilchen der Ruhemasse Null ohne weiteres möglich, denn für sie sind Impuls und Energie durch die Beziehung $E^2 - (cp)^2 = 0$ miteinander verknüpft (siehe Exkurs 3.3). Für ein Teilchen, das eine nichtverschwindende Ruhemasse m_0 besitzt, können Impuls und Energie dagegen nicht annähernd Null werden, da $E^2 - (cp)^2 = (m_0c^2)^2$ sein muß. Das ist der Grund, warum die Ruhemasse bei Photonen und Gravitonen, die sich mit der Geschwindigkeit c bewegen, gleichermaßen Null beträgt.

Obwohl sich die Wellennatur des Lichtes schon zu Beginn des 19. Jahrhunderts im Experiment zeigte, fand man erst 1923 einen klaren Nachweis für seine Teilchennatur (siehe Kapitel 3). Diese Reihenfolge ist auch für die Entdeckung von Welle und Teilchen bei der Gravitation zu erwarten; der zeitliche Abstand ist freilich eine andere Sache. Die Suche nach Gravitationswellen gehört heute zur Forschung an vorderster Linie.

Schwierigkeiten

Warum sollte es schwierig sein, Gravitationswellen, falls sie existieren, auch nachzuweisen? Einen Grund haben wir bereits erwähnt: Unter normalen Umständen sind Gravitationskräfte um vieles schwächer als elektromagnetische Kräfte. Erst in astronomischen Größenordnungen spielt die Gravitation eine dominierende Rolle. Es wird sich deshalb als nützlich erweisen, in diesem Bereich Einheiten einzuführen, die der Gravitation angepaßt sind.

Die Newtonsche Kraft zwischen zwei Körpern ist umgekehrt proportional zum Abstandsquadrat und proportional zum Produkt der Massen. Die Proportionalitätskonstante wollen wir mit G bezeichnen. Ihr numerischer Wert hängt davon ab, welche Massen-, Längen- und Zeiteinheit wir wählen.

Wie in Exkurs 6.3 diskutiert, läßt sich bei der Beschreibung der Gravitationserscheinungen für G als natürliche Einheit der Wert $G = 1$ erreichen, indem man die Newtonschen Einheiten wählt, die sich auf die Bewegung der Erde um die Sonne beziehen. Die Masseneinheit ist dabei die Sonnenmasse; die Längeneinheit ist durch die große Halbachse der Erdbahn gegeben und beträgt etwa 150 Millionen Kilometer; und die Zeiteinheit entspricht (in einer vereinfachten Form, die sich auf Kreisbahnen bezieht) der Zeitspanne, in der die Erde einen Winkel von einem Radian durchläuft, das heißt, die Zeiteinheit ist gleich dem siderischen Jahr geteilt durch 2π, also etwa gleich 58 Tagen. Im Vergleich zu den gewohnten Einheiten wie Gramm, Zentimeter und Sekunde sind diese Einheiten immens groß (wenn auch in unterschiedlichem Maße).

Statt den natürlichen Newtonschen Einheiten der Gravitation können wir auch natürliche Einsteinsche Einheiten einführen. Wir behalten die Sonnenmasse als Masseneinheit bei, verkürzen aber die Längeneinheit auf 1,5 Kilometer und die Zeiteinheit auf etwa fünf Mikrosekunden. Dann bleibt $G = 1$, und zusätzlich wird auch $c = 1$ erreicht. Man beachte, daß $g'R/c^2$, oder, wie wir nun (mit $g' = GM/R^2$) schreiben können, GM/c^2R, den Wert Eins annimmt, wenn sowohl R als auch M einer Einsteinschen Einheit entsprechen.

Viel subtiler als die unterschiedlichen Stärken von Gravitation und Elektromagnetismus wirken sich die andersartigen *Ladungen* aus. Elektrische Ladungen können positiv oder negativ sein; die Gravitationsladung, die Masse, ist immer positiv. Wir können uns durch das einfache Modell eines Wellengenerators die Folgen dieses Unterschiedes klarmachen: Betrachten wir zwei Ladungen vom gleichen Betrag, die sich an den Enden einer schwingenden Feder befinden. Eine *positive* elektrische Ladung, die sich in eine Richtung bewegt, stellt einen elektrischen Strom dar; eine *negative* Ladung, die sich in die *entgegengesetzte* Richtung bewegt, erzeugt einen gleich großen Strom, wobei sich beide Ströme gegenseitig verstärken. Besitzen die Ladungen *dasselbe* Vorzeichen, so heben sich die Ströme wechselseitig auf.

Das ist gerade beim *gravitativen* Wellengenerator mit zwei gleichen Massen der Fall. Man könnte meinen, das wäre bei ungleichen Massen anders, aber das bringt nichts. Nach der Newtonschen Mechanik bewegt sich der schwerere Körper langsamer, so daß sich die Ströme weiterhin aufheben (wir kommen darauf zurück). Heißt das etwa, daß es gar keine Gravitationsstrahlung gibt? Nein, aber hier liegt ein weiterer Grund für die Schwierigkeit, Gravitationsstrahlung zu erzeugen oder auch nur zu empfangen. Unsere bisherigen Betrachtungen über Wellengeneratoren stimmen nur, solange die Wellenlänge der Strahlung um *vieles* größer ist als der Abstand zwischen den Körpern. Anderenfalls durchlaufen Wellen, die von den beiden beschleunigten Körpern ausgesandt werden, bis zum Detektor völlig *unterschiedliche* Entfernungen (in Einheiten der Wellenlänge); sie löschen sich dort dann nicht mehr vollständig aus. Der verbleibende Restanteil ist ungefähr durch das Verhältnis aus dem mittleren Abstand der Körper und der Wellenlänge gegeben. Die Wellenlänge ist dabei gleich der Lichtgeschwindigkeit c geteilt durch die Frequenz. Nun ist das Produkt aus Frequenz und Abstand der beiden Körper ein Maß dafür, wie sich dieser Abstand zeitlich verändert; es ist also eine Geschwindig-

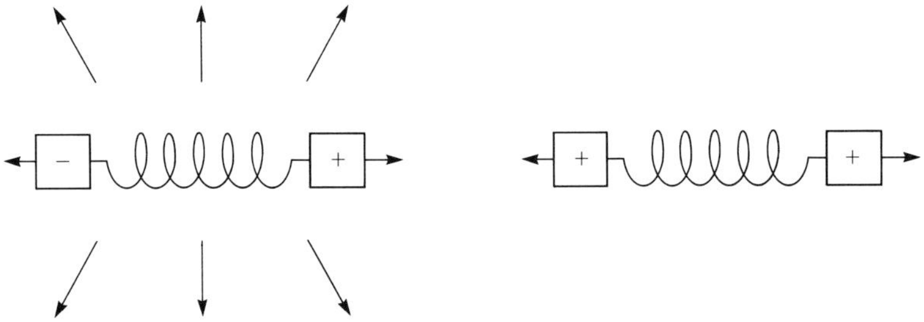

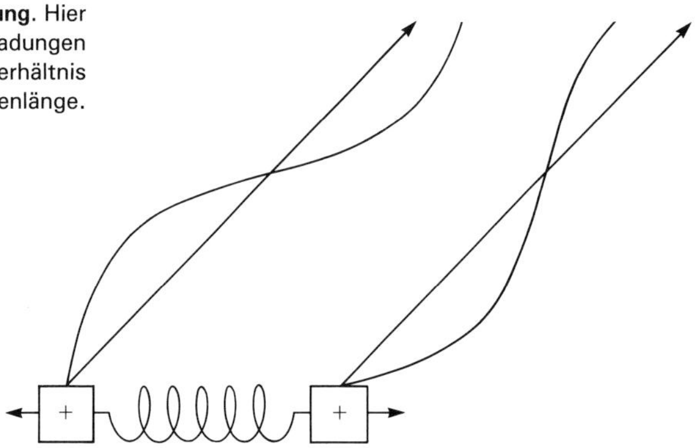

Unvollständige Auslöschung. Hier ist die Entfernung der Ladungen nicht mehr sehr klein im Verhältnis zum Betrag der Wellenlänge.

keit v. Der Faktor Abstand/Wellenlänge, der die unvollständige Auslöschung der Wellen beschreibt, ist somit durch v/c gegeben.

Wellen besitzen Amplituden. Wie schon früher erwähnt, gibt die Amplitude die Höhe eines Wellenberges an. Wellen tragen eine Energie, die durch das *Quadrat* der Amplitude bestimmt wird. Die Amplitude der Gravitationswellen, die von *einem* der beiden schwingenden Körper ausgesandt wird, ist proportional zu Masse und *Beschleunigung*. (Eine unbeschleunigte Masse, die sich mit gleichförmiger Geschwindigkeit bewegt, strahlt also nicht. Für einen Beobachter, der sich mit ihr bewegt, hat der Körper die Geschwindigkeit Null und kann somit keine kinetische Energie aussenden.) Nun ist das Produkt aus Masse und Beschleunigung des einen Körpers gleich der *Kraft*, die auf diesen Körper wirkt – und entgegengesetzt gleich der Kraft, die auf den anderen Körper wirkt. Das macht verständlich, warum bei Gravitationswellen mit sehr großen Wellenlängen unabhängig von der Wahl der Massen Auslöschung auftritt. Die Energie, die pro Zeiteinheit von *beiden* schwingenden Massen ausgestrahlt wird, ist also durch das Produkt aus dem Quadrat der Kraft und dem Quadrat der Relativgeschwindigkeit beider Massen (und konstanten Faktoren) gegeben.

Wir wollen die Feder mit den beiden Ladungen jetzt als Modell eines Wellen*detektors* betrachten. Eine elektromagnetische Welle, die auf eine ruhende Feder mit ungleichnamigen Ladungen an ihren Enden fällt, wird diese Ladungen in entgegengerichtete Bewegungen versetzen. Besonders ausgeprägt wird die Feder schwingen, wenn die Frequenz der einfallenden Welle mit der Resonanzfrequenz der Feder übereinstimmt. Befinden sich jedoch gleichnamige Ladungen an den Enden des Wellendetektors, so werden sie sich in die gleiche Richtung bewegen, und die Feder schwingt nicht. Man kann aber auch dann *elektromagnetische* Wellen nachweisen, da sich die Bewegung des gesamten Systems beobachten läßt. Kann man auf diese Art auch Gravitationswellen anhand der gemeinsamen Bewegung von Massen und Feder feststellen? Leider nicht.

Beim Nachweis elektromagnetischer Wellen ist das *Meßinstrument* (in seinem natürlichen Zustand) elektrisch neutral und wird nicht durch die elektrische Kraft beeinflußt, die den Detektor (die Feder) in Bewegung versetzt. Im Falle der Gravitationswellen werden die Meßinstrumente (einschließlich des Beobachters), da sie eine Masse haben, auf genau dieselbe Weise beeinflußt wie der Detektor. Deshalb läßt sich *keine* Relativbe-

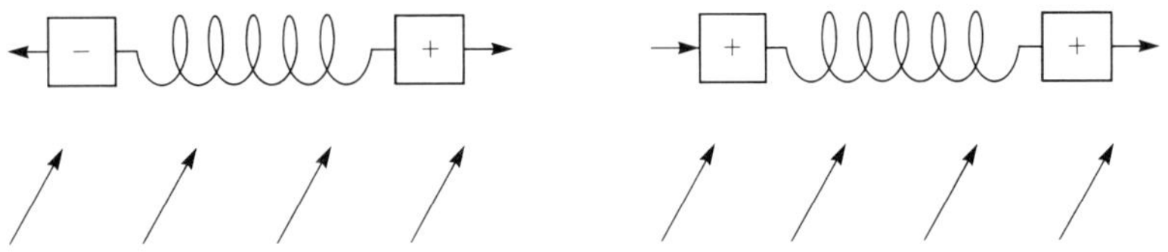

wegung beobachten. Es ist die alte Geschichte mit der Gleichförmigkeit des Gravitationsfeldes: Völlig homogen ist es nur, solange das Verhältnis vom Abstand der Massen zur Wellenlänge vernachlässigbar klein ist. In einem *nicht* völlig gleichförmigen Feld, das über räumliche Entfernung in der Größenordnung der Wellenlänge variiert, erfahren beide Massen leicht abweichende Beschleunigungen, so daß die Feder tatsächlich in Schwingung versetzt wird.

Exkurs 6.4

Das Gravitationsleuchten der Erde

Die Energie, die ein beschleunigter Körper in Form von Gravitationswellen aussendet, hängt vom Produkt aus dem *Quadrat* der auf ihn wirkenden *Kraft* und dem *Quadrat* seiner Geschwindigkeit relativ zu c ab. Wir wollen die Einsteinschen Einheiten der Gravitation benutzen, in denen $G = 1$, $c = 1$ und die Masseneinheit die Sonnenmasse ist. In diesen Einheiten ist die Erdmasse gleich 3×10^{-6}. Die Kraft zwischen Erde und Sonne ist gegeben durch die Erdmasse geteilt durch das Quadrat ihres Abstandes. Dieser Abstand beträgt in Einsteinschen Einheiten 10^8, die Bahngeschwindigkeit der Erde ist gleich 10^{-4}. Wir erhalten deshalb:

$$(3 \times 10^{-6}/10^{16})^2 \times (10^{-4})^2 = 9 \times 10^{-52}.$$

Dies muß noch mit der *Einsteinschen Leistungseinheit* multipliziert werden: dem Energieäquivalent einer Sonnenmasse, ausgestrahlt in fünf Mikrosekunden. Die Energie, die in einer Sonnenmasse (2×10^{30} Kilogramm) steckt, ist gewaltig: $1{,}8 \times 10^{47}$ Joule; die Einsteinsche Leistungseinheit der Gravitation hat dann den gewaltigen Betrag von $3{,}6 \times 10^{52}$ Watt (1 W = 1J/s). Wird diese gigantische Leistungseinheit der Gravitation jedoch mit dem Faktor von oben multipliziert, so werden daraus $3{,}6 \times 9 = 32$ Watt. Man muß nur noch den numerischen Faktor $^{32}\!/_5$ einfügen, dann ergibt sich die Vorhersage der Allgemeinen Relativitätstheorie für die Leistung, mit der die Erde Gravitationsstrahlung aussendet: Es sind 200 Watt, die Leistung einer gewöhnlichen Lampe.

Quellen

Die Schwierigkeiten, Gravitationswellen zu erzeugen und nachzuweisen, sind zwei Seiten einer Medaille. Um Gravitationswellen nachzuweisen, müssen wir zunächst die stärksten möglichen Quellen dieser Wellen aufspüren. Wie stark würde ein Planet strahlen, der einen Stern umkreist, zum Beispiel die Erde? Wie sich aus Exkurs 6.4 ergibt, strahlt die Erde Gravitationswellen ab, aber nur mit der Leistung einer gewöhnlichen Schreibtischlampe. Die geringe Leistung wird verständlich, wenn wir die Bahngrößen für den Erdumlauf um die Sonne in Einsteinschen Einheiten ausdrücken (Sonnenmasse: 1,5 Kilometer, fünf Mikrosekunden).

In diesen Einheiten hat die Masse der Erde den Betrag 3×10^{-6}, ihre Entfernung von der Sonne 10^8 und ihre Geschwindigkeit 10^{-4}. Die Gravitationskraft, die die Sonne auf die Erde ausübt, ist gleich Erdmasse geteilt durch das Quadrat der Entfernung, also 3×10^{-22}. Das Quadrat dieser Kraft multipliziert mit dem Quadrat der Erdgeschwindigkeit gibt die Gravitationsenergie, die die Erde pro Zeiteinheit aussendet: 9×10^{-52}, ein verschwindend geringer Betrag. Das macht klar, daß eine starke Quelle für Gravitationsstrahlung voraussetzt, daß die Massen, Abstände und Geschwindigkeiten in der gleichen Größenordnung liegen wie die Einsteinschen Einheiten – Sonnenmassen, Kilometerabstände und Geschwindigkeiten nahe der Lichtgeschwindigkeit.

Abstände von *Kilometern*? Das sagt uns, wo wir suchen müssen: bei Sternkatastrophen. Ein massereicher Stern, der seinen Vorrat an Kernbrennstoff verbraucht hat, kollabiert rasch unter dem Einfluß seiner eigenen Gravitation; am Ende entsteht ein Neutronenstern oder ein Schwarzes Loch mit einem Durchmesser im Kilometerbereich. Was für eine Emissionsrate, sprich: Leistung ist bei einer solchen Quelle von Gravitationswellen zu erwarten? Es wäre ein beträchtlicher Bruchteil der Einsteinschen Leistungseinheit: Die Energie von einer Sonnenmasse pro fünf Mikrosekunden oder von 200000 Sonnenmassen pro Sekunde!

Das plötzliche Aufleuchten einer Supernova• zeugt von einer solchen Sternkatastrophe. Im Juli des Jahres 1054 beobachteten chinesische Astronomen und möglicherweise auch Indianer eine Supernova und zeichneten ihre Beobachtung auf. Heute sehen wir den übriggebliebenen Neutronenstern als Pulsar, der 30mal pro Sekunde Blitze aus Licht und Radiowellen aussendet. Er befindet sich im Zentrum des Krebsnebels, dem immer noch expandierenden Überrest dieser Supernova-Explosion.

Nehmen wir einmal an, im Zentrum unserer Milchstraße kollabiert ein massereicher Stern in 30000 Lichtjahren Entfernung zu einem Schwarzen Loch. Vermutlich dauert die letzte Phase dieses Kollapses nur eine Tausendstel Sekunde, und in dieser Zeit sollte der Stern Gravitationswellen mit Frequenzen von etwa 1000 Hertz und Wellenlängen von einigen hundert Kilometern aussenden. Wenn die Strahlungsenergie von einer Sonnenmasse gleichförmig in alle Richtungen emittiert wird, so müßte auf der Erde ungefähr so viel Energie ankommen,

Der Krebsnebel.

wie die Sonne in Form elektromagnetischer Strahlung in hundert Sekunden auf unsere Atmosphäre strahlt. Das ist ein *gewaltiger* Energiebetrag, den man aber bei Gravitationswellen in einem irdischen Labor gleichwohl nur schwer nachweisen kann.

Detektoren

Die experimentelle Herausforderung wurde Anfang der sechziger Jahre zum ersten Mal angegangen. Der Detektor, den man damals entwickelte, entsprach im wesentlichen der Feder und den Massen, wie wir sie oben betrachtet haben. Es handelte sich um einen großen Aluminiumzylinder, dessen beide Hälften die Funktion der Massen übernahmen. Das Pendant zur Federschwingung war die Grundschwingung des Zylinders: der tiefste Ton, der anschwingt, wenn der Zylinder an seinen Enden wie eine doppelseitige

---

• Man schätzt, daß in unserer Milchstraße etwa alle 25 Jahre eine Supernova ausbricht. Da es innerhalb der Milchstraße viel Staub und Gas gibt (und wir uns mehr im Randbereich befinden), wurden während der letzten 2000 Jahre tatsächlich nur fünf Supernovae beobachtet.

Der erste Detektor zum Nachweis von Gravitationswellen (Smithsonian Institution).

Trommel angeschlagen wird. Dieser Ton hatte eine Frequenz von 1660 Hertz und lag damit etwa zwei Oktaven über dem Kammerton *a*. Der Detektor wurde in einer Vakuumkammer mechanisch aufgehängt und gegen Erschütterungen und störende Einflüsse von außen abgeschirmt. Zum Nachweis der Schwingung waren Kristalle auf dem Zylinder angebracht, die die Bewegung in elektrische Ströme umwandeln sollten. (Auch in Quarzuhren befinden sich solche gleichmäßig schwingende Kristalle.)

Wie stark würde ein Gravitationspuls aus dem Zentrum der Milchstraße diese „Trommel" anschlagen? Die Endflächen des Zylinders würden nur um 10^{-15} Zentimeter ausgelenkt – das ist ein Zehnmillionstel eines Atomdurchmessers! Es handelt sich also um ein sehr leises Trommeln. Schon diese Länge ist ungeheuer klein, aber noch krasser zeigt sich die entscheidende experimentelle Schwierigkeit, wenn wir die *Energie* betrachten. Der Zylinder liefert auf einfache Weise die Massen, die durch die Gravitationswellen angestoßen werden sollen. Wieviel Energie muß auf den Zylinder – die Feder – übertragen werden, damit seine niedrigste Eigenschwingung (die Grundschwingung) angeregt wird. Bei mechanischen Systemen dieser Art gibt es eine allgemeine Proportionalität zwischen Energie und Temperatur (sofern man von extrem seltenen Umständen absieht, unter denen quantenmechanische Effekte eine Rolle spielen). Die Temperatur wird dabei in bezug auf die Kelvin-Skala angegeben: in Grad Celsius über dem absoluten Nullpunkt des dunklen leeren Vakuums, der bei etwa –273 Grad Celsius liegt. Die erforderliche Energie würde bedeuten, daß sich die Temperatur der Feder• um etwa ein Grad erhöht. Bei Zimmertemperatur, das sind etwa 300 Kelvin, hätte die Feder jedoch schon eine Energie, die um mehrere hundert Male größer wäre als der Energiebetrag, den sie von dem Gravitationspuls erhielte. Wie könnte man da noch sicher sein, etwas gemessen zu haben, solange nicht gerade ein extrem großer und wahrscheinlich auch extrem seltener Impuls einträfe?

Zunächst einmal ist es hilfreich, zwei oder mehr Detektoren zur Verfügung zu haben, die räumlich durch große Abstände voneinander getrennt sind. Man braucht dann seine Aufmerksamkeit nur auf diejenigen Signale zu richten, die überall *gleichzeitig* auftreten. Eine solche *Koinzidenz* beruht mit viel höherer Wahrscheinlichkeit auf Vor-

• Nicht die Temperatur des Zylinders als *Ganzes* würde um ein Grad erhöht. Dazu müßte man gleich viel Energie für jede der Myriaden von verschiedenen Schwingungsarten übertragen.

gängen außerhalb der Erde als auf den permanenten lokalen Störungen.

Darüber hinaus lassen sich *sehr kurze* Signale weitaus größerer thermischer Energien messen. Bei der ersten experimentellen Anordnung war der Zylinder so konstruiert, daß er nach dem „Anschlagen" etwa zehn Sekunden (15 000 Perioden) schwingen konnte, bevor sich das Signal merklich abschwächt. So viel Zeit muß also verstreichen können, ohne daß sich die thermische Energie merklich ändert. Tatsächlich bleibt die thermische Energie innerhalb kürzerer Zeitintervalle konstant. Es ist also möglich, auch eine sehr kleine Energie festzustellen: bei einem sehr kurzen Gravitationspuls vor dem effektiv *konstanten* thermischen Energiehintergrund. Beim Verstärken der schwachen Signale kommen allerdings andere Arten von störender Energie (als Rauschen) ins Spiel.

Vermutlich konnte der erste Apparat Gravitationswellen lediglich bei einer Energie nachweisen, die ausreichte, um einen Temperaturanstieg von mindestens 25 Grad zu erzeugen. (Erinnern wir uns: Wenn vom Zentrum der Milchstraße eine Gravitationsenergie von einer Sonnenmasse ausgestrahlt wird, erhöht sich die Temperatur der Feder um *ein* Grad.) Als 1970 in zwei Detektoren, die durch mehr als 1000 Kilometer getrennt waren, in zeitlicher Koinzidenz Signale empfangen wurden, die ihren Ursprung in der Nähe des galaktischen Zentrums zu haben schienen und ein- oder mehrmals am Tag eintrafen, schlug diese Nachricht unter Wissenschaftlern wie ein Blitz ein. Wenn auch sonst nichts herauskam, seitdem hat sich ein neues Arbeitsgebiet entwickelt, und es wurden weltweit in zahlreichen Laboratorien neue Detektoren zum Nachweis von Gravitationswellen konstruiert. Es gibt heute nicht nur Detektoren, die auf der ursprünglichen Idee basieren, sondern auch Nachweisverfahren, in denen neue Ideen Anwendung finden und die die Empfindlichkeit der Detektoren um ein Vielfaches steigern sollen.

Eine dieser neuen Ideen ist uns bereits vertraut. Man spaltet einen Laserstrahl in zwei Teilstrahlen auf, die an weit voneinander entfernten Spiegeln mehrfach reflektiert und schließlich im gleichen Punkt wieder zusammengeführt werden, so daß sie eine Interferenzfigur erzeugen. Das ist nichts anderes als beim Experiment von Michelson und Morley! Allerdings richtet sich jetzt die Aufmerksamkeit auf die Auswirkungen, die eine Gravitationswelle beim Durchqueren der Apparatur hervorruft. Dadurch würden sich die Spiegel relativ zueinander verschieben (entsprechend dem Anschlagen der Trommel), und infolgedessen würde sich die Interferenzfigur ändern. Wenn man den Abstand zwischen den Spiegeln vergrößert, läßt sich Strahlung bei immer größerer Wellenlänge wirksam untersuchen; der optimale Abstand beträgt eine halbe Wellenlänge. Diese Entwicklung führt in direkter Konsequenz zu astronomischen Entfernungen und Experimenten mit Raumsonden.

Gravitationswellen mit Wellenlängen von Millionen Kilometern könnten bei der Entstehung von massereichen Schwarzen Löchern entstanden sein, die man bei Quasaren vermutet. Nehmen wir einmal an, ein Raumschiff empfängt Signale von der Erde und sendet sie zurück, so daß man anhand der Laufzeiten die Entfernung zwischen Raumschiff und Erde bestimmen kann. Wie wir in Kapitel 4 im Zusammenhang mit der

Rotverschiebung festgestellt haben, erzeugt die Bewegung des Raumschiffes bei den reflektierten Radiowellen eine dopplerverschobene Frequenz. Nun durchquert plötzlich ein Puls extrem langwelliger Gravitationswellen das Sonnensystem! Dies würde kurzfristig die Dopplerverschiebung ändern – und das Raumschiff scheinbar abrupt auf eine andere Entfernung zur Erde bringen. Man hat die Signale der *Voyager*-Sonden, die an Jupiter und Saturn vorbeiflogen, sorgfältig auf solche Veränderungen hin untersucht – ohne Erfolg. Die Suche wird bei künftigen Raumflugmissionen fortgesetzt.

Kurzfristig erscheinen jedoch auch die Meßtechniken bei tiefer Temperatur vielversprechend. Natürlich liegt ein entscheidender Vorteil von Temperaturen weit unter Zimmertemperatur darin, die thermische Energie in der Feder herabzusetzen, gegen die sich das Gravitationssignal durchsetzen muß. Aber vielleicht noch wichtiger ist, daß man die Supraleitfähigkeit bei tiefen Temperaturen ausnutzen kann, um weitgehend rauschfreie Verstärker zu konstruieren und die mechanische Abschirmung zu verbessern, die den massiven Zylinder gegen äußere Störeinflüsse abschotten soll.

Ein solches Experiment wird seit längerer Zeit an der Universität Stanford in Zusammenarbeit mit drei anderen Labors vorbereitet. Statt den Zylinder mechanisch in einer Vakuumkammer aufzuhängen, wird er mit supraleitendem Material beschichtet und dann allein durch ein Magnetfeld schwingungsfrei gelagert. Bei einem Detektor, der in Stanford entwickelt wurde, ist jeweils eine sehr leichte supraleitende Membran an den Zylinderenden befestigt. Die Schwingungsfrequenz der Membranen läßt sich auf die niedrigste Schwingung des Zylinders abstim-

Detektoren für Gravitationswellen an der Universität Stanford bei geöffneter Klappe.

men. Jede Verschiebung der Zylinderenden überträgt sich dann auf die äußerst leichte Membran und erzeugt dort eine weitaus größere Auslenkung. Diese Bewegung wird mit Hilfe von supraleitenden Spulen registriert, von denen ein Strom in ein SQUID fließt.

Mit solchen Instrumenten wurden Signale gemessen, die man als Gravitationswellen interpretieren könnte. Aber diese Resultate werden wohl solange umstritten bleiben, bis eine Supernova am Himmel die Gelegenheit bietet, mit verschiedenen Detektoren auf der ganzen Welt gleichzeitig Signale für Gravitationswellen zu registrieren. Die Menschheit wird dann ein neuartiges Sinnesorgan entwickelt haben, eines, das auf die Geburts- und Todesschreie der Materie selbst eingestellt ist. John Keats hat das bereits im Jahre 1816 in seinem Gedicht *To Haydon* beschrieben, als er von einem zukünftigen Zeitalter sprach, in dem die Welt ein anderes Zentrum und „andere Pulse“ haben werde.

Das Radioteleskop von Arecibo.

Ein binärer Pulsar

Es kann sein, daß die Existenz von Gravitationswellen bereits nachgewiesen wurde, wenn auch nicht auf der Erde, so doch am Sternhimmel.

Bei der Suche nach neuen Pulsaren entdeckte man 1974 mit dem 305-Meter-Radioteleskop in Arecibo, Puerto Rico, etwas sehr Ungewöhnliches. Man beobachtete einen Pulsar mit einer ungeheuer kurzen Periode von nur sechs Hundertstel Sekunden. Das ist zwar selten, aber nicht einzigartig; der Pulsar im Krebsnebel rotiert fast doppelt so schnell. Was diesen Pulsar mit der astronomischen Kurzbezeichnung PSR 1913 + 16 so ungewöhnlich erscheinen ließ, ist die – zunächst unerklärliche – *Änderung* seiner Pulsationsperiode innerhalb von Tagen und sogar Minuten. Man verstand jedoch rasch, daß PSR 1913 + 16 zu einem Doppelsternsystem gehört. Er bewegt sich innerhalb von etwa *acht Stunden* extrem schnell um seinen unsichtbaren Begleiter. Die beobachtete Änderung der Pulsationsperiode beruht darauf, daß sich der Pulsar abwechselnd auf die Erde zu und wieder von ihr weg bewegt. Seine Bahn ist hochgradig exzentrisch: Der Punkt größter Annäherung an den Begleiter – das *Periastron* – befindet sich in einer Entfernung, die etwa ein Viertel des größten Abstandes auf der Bahn ausmacht. Der binäre Pulsar verhält sich mithin viel relativistischer als die Sonne und all ihre Planeten. Die typischen Geschwindigkeiten des Pulsars sind zehnmal so groß und die typischen Entfernungen hundertmal so klein wie im Fall von Erde und Sonne. Das sollte sich in einer vergleichsweise großen *Periastronverschiebung* äußern. In der Tat mißt man beim Periastron eine Winkelverschiebung von vier *Grad pro Jahr*. Zum Vergleich sei daran erinnert, daß die Perihelverschiebung bei der Erde vier Bogensekunden pro Jahrhundert und bei Merkur 43 Bogensekunden pro Jahrhundert beträgt. Inwieweit die Periastronverschiebung von PSR 1913 + 16 mit der Vorhersage der Allgemeinen Relativitätstheorie übereinstimmt, läßt sich erst sicher entscheiden, wenn die Gesamtmasse des Doppelsternsystems bekannt ist.

Während der jahrelangen kontinuierlichen Beobachtung hat sich genügend Datenmaterial angesammelt, um andere relativistische Effekte zu bestimmen: So wurden die speziell-relativistische Zeitdilatation und die gravitationsbedingte Rotverschiebung einzeln gemessen. Das wiederum erlaubte, die Massen der beiden Sterne zu bestimmen; sie betragen jeweils etwa 1½ Sonnenmassen. Es zeigt sich, daß die Vorhersage der Allgemeinen Relativitätstheorie für die Periastronverschiebung nahezu mit dem beobachteten Wert übereinstimmt.

Alles deutet darauf hin, daß es sich bei dem unsichtbaren Begleiter *nicht* um einen gewöhnlichen Stern handelt. Da das Bahnsystem ungefähr so groß ist wie der Sonnendurchmesser, muß der Pulsarbegleiter sehr viel kleiner sein als ein sonnenähnlicher Stern. Wäre er so groß wie die Sonne, so würde seine Massenverteilung durch die ständige Nähe des Pulsars gestört. An der Oberfläche würden enorme Gezeitenwirkungen entstehen, die die gravitative Anziehung zwischen beiden Sternen verändern und eine eigene Präzessionsbewegung verursachen müßten. Das aber beobachtet man *nicht*. Man hat auch keine Bedeckungen registriert, bei denen der Pulsar durch seinen Begleiter verdunkelt würde. Das sollte jedoch auftreten, wenn der Begleiter so große Abmessungen hätte. (Zwar würden wir auch dann keine Bedeckungen beobachten, wenn wir von oben auf die Bahnebene blickten, aber unter solchen Bedingungen dürften wir keine merklichen Änderungen der Pulsationsperiode feststellen.) Vermutlich ist der Begleiter ein kompakter Stern, ein Weißer Zwerg oder ein Neutronenstern (wobei die Beobachtungen eher für den Neutronenstern sprechen).•

Warum ist es wichtig, daß der Begleiter klein ist? Weil nur dann zu erwarten ist, daß dieses Doppelsternsystem seine Energie überwiegend in Form von Gravitationswellen abstrahlt. Bei einem gewöhnlichen Begleiter würde ein bedeutender Teil der Bahnenergie nämlich durch Gezeitenwirkung in *Wärme* umgewandelt.

Nach vier Jahren ergaben die Beobachtungen, daß sich die Bahnperiode des Doppelsternsystems verkürzt – um fast zehn Millionstel Sekunden pro Umlauf. Das ist zwar nicht viel, aber nach etwas mehr als 4000 Umläufen hatte sich eine Differenz von etwa einer Sekunde aufsummiert. Das Periastron wurde eine Sekunde früher erreicht, als es bei konstanter Umlaufzeit zu erwarten gewesen wäre.

• Die Sache hat aber einen Haken. 1979 ergab sich bei einer optischen Beobachtung am Kitt Peak National Observatory, daß der Begleiter möglicherweise mit einem schwachen Stern identifiziert werden kann, während ein kompakter Stern nicht sichtbar leuchten dürfte.

Die geringfügige Verkürzung der Bahnperiode bedeutet, daß das Doppelsternsystem *langsam* kollabiert und Energie verliert. Die beobachtete Verlustrate *paßt* recht gut zur Vorhersage der Allgemeinen Relativitätstheorie. Die Übereinstimmung ist zwar sehr eindrucksvoll, aber dieser Hinweis auf Gravitationswellen ist noch sehr indirekt; die Entdeckung anderer Systeme dieser Art wäre eine wertvolle Bestätigung. Aber nichts kann die gleiche Beweiskraft erreichen wie der direkte Nachweis von Gravitationswellen auf der Erde, der ungleich mehr für die zukünftige Forschung verspricht.

Die Geschichte, die der binäre Pulsar erzählt, ist damit noch nicht zuende. Ein Pulsar blinkt, weil er rotiert. Wie der Strahl eines Leuchtturmes streicht das Strahlenbündel des Sterns durch den Raum und streift während dieser Rotation auch die Erde (jeweils nach einer gewissen Zeit). Der Pulsar ist ein Kreisel. Da er sich im Gravitationsfeld seines Begleiters bewegt, sollte die Rotationsachse also ihre Richtung ändern. (Das entspricht gerade einem der Effekte, die das Satelliten-Kreisel-Experiment nachweisen sollen.) Läge die Rotationsachse des Pulsars in der Bahnebene, so müßte sich ihre Richtung pro Jahr um etwa ein Grad drehen – mit der Folge, daß sich auch die Richtung des Strahls langsam ändern würde. (Dieser Effekt nimmt ab, wenn sich die Rotationsachse allmählich aus der Bahnebene herausdreht.) Eine solche Richtungsänderung des Pulsarstrahls wurde tatsächlich festgestellt. Nach eingehender Untersuchung erwies sich dieser Befund als ein weiterer präziser Test der Allgemeinen Relativitätstheorie.

Es ist erstaunlich, wie die Natur den Menschen bei seiner Suche, das Universum zu verstehen, unterstützt. Mit wachsenden wissenschaftlichen Fähigkeiten und zunehmend geschärftem Sinn für Abstraktionen haben wir faszinierende neue Phänomene zu sehen bekommen, die aufs neue dazu herausfordern, mehr vom großen Bauplan der Natur zu verstehen.

Abschied an den Grenzen der heutigen Forschung

Einsteins Haltung im Hinblick auf den schöpferischen Aspekt von Wissenschaft hat sich durch den überwältigenden Erfolg der Allgemeinen Relativitätstheorie und seiner späteren Forschungen gewandelt. Diese Veränderung wird in zwei Vorträgen sichtbar, die er in einem Abstand von zwölf Jahren in England hielt.

Im Jahre 1921 sagte er dazu bei einem Vortrag über Relativitätstheorie in London:

»Indem ich mich dem eigentlichen Gegenstand der Relativitätstheorie zuwende, liegt es mir daran, hervorzuheben, daß diese Theorie nicht spekulativen Ursprungs ist, sondern daß sie durchaus nur der Bestrebung ihre Entdeckung verdankt, die physikalische Theorie den beobachteten Tatsachen so gut als nur möglich anzupassen. Es handelt sich keineswegs um einen revolutionären Akt ... Das Aufgeben gewisser, bisher als fundamental behandelter Begriffe ... darf nicht als freiwillig aufgefaßt werden, sondern nur als bedingt durch beobachtete Tatsachen ... daß die Berechtigung eines physikalischen Begriffes ausschließlich in seiner klaren und eindeutigen Beziehung zu den erlebbaren Tatsachen beruht ... Die Allgemeine Relativitätstheorie verdankt ihre Entstehung ... der Erfahrungstatsache von der numerischen Gleichheit der trägen und der schweren Masse der Körper ...«[5]

So spricht ein Physiker.

Den zweiten Vortrag, den er 1933 in Oxford hielt, begann er mit den Worten:

»Wenn ihr von den theoretischen Physikern etwas lernen wollt über die von ihnen benutzten Methoden, so schlage ich euch vor, am Grundsatz festzuhalten: Höret nicht auf ihre Worte, sondern haltet euch an ihre Taten!«

Nachdem er die Beziehung zwischen Empirie und Ratio in der Wissenschaft diskutiert hatte, fuhr er fort:

»Wenn es nun wahr ist, daß die axiomatische Grundlage der theoretischen Physik nicht aus der Erfahrung erschlossen, sondern frei erfunden werden muß, dürfen wir dann überhaupt hoffen, den richtigen Weg zu finden? ... Durch rein mathematische Konstruktion vermögen wir nach meiner Überzeugung diejenigen Begriffe und diejenige gesetzliche Verknüpfung zwischen ihnen zu finden, die den Schlüssel für das Verstehen der Naturerscheinungen liefern ... das eigentlich schöpferische Prinzip liegt aber in der Mathematik.«[6]

Zu dieser Zeit, wie schon während der vorausgegangenen 15 Jahre und auch für die restliche Zeit seines Lebens, bemühte sich Einstein, eine vereinheitlichte Feldtheorie für Elektromagnetismus und Gravitation aufzustellen. Eine grundsätzliche Schwierigkeit dieses Vorhabens lag darin, daß keine physikalische Tatsache nach einer solchen Vereinigung verlangte. (Wie ein freundlicher Kritiker bemerkte: »Kein Mensch soll vereinen, was Gott schied.«) Da ein physikalischer Anhaltspunkt fehlte, mußte sich Einstein auf rein mathematische, also spekulative Überlegungen stützen. Mit seiner Zielsetzung war er seiner Zeit voraus. Wir wissen, daß eine vereinheitlichte Feldtheorie auch Felder einbeziehen muß, die sich grundsätzlich von denen des Elektromagnetismus und der Gravitation unterscheiden. Angeregt von Einsteins Beispiel werden heute entsprechende Versuche unternommen. Was Einstein im Alleingang in Angriff nahm, ist heute Forschung an vorderster Linie. Wie Michael Faraday sagte: »Nichts ist zu schön, um wahr zu sein.«

Referenzen

[1] Dukas, H.; Hoffman, B. (Hrsg.) *Albert Einstein: The Human Side*. Princeton (University Press) 1979. S. 125.

[2] Einstein, A. In: *Physikalische Zeitschrift* 17 (1916) S. 101 ff.

[3] Mach, E. *Die Geschichte und die Wurzel des Satzes von der Erhaltung der Arbeit*. Vortrag gehalten in der Königlichen böhmischen Gesellschaft der Wissenschaft vom 15.11.1871. Prag (Calvesche Buchhandlung) 1872.

[4] Misner, C.; Thorne, K; Wheeler, J. *Gravitation*. New York (Freeman) 1973. S. 544.

[5] Einstein, A. *Mein Weltbild*. Frankfurt/Berlin/Wien (Ullstein) 1977. S. 132.

[6] Ibid. S. 113 ff.

Bildnachweise

Alle Zeichnungen in diesem Buch: Walken Graphics.

Gegenüber Seite 1
Mit freundlicher Genehmigung von AIP/Niels Bohr Library.

Seite 1 (oben)
The Granger Collection.

Seite 1 (unten)
Mit freundlicher Genehmigung von AIP/Niels Bohr Library.

Seite 2
Art Resource, New York.

Seite 5
Mit freundlicher Genehmigung der National Aeronautics and Space Administration.

Seite 10
Mit freundlicher Genehmigung von AIP/Niels Bohr Library.

Seite 11
Copyright © 1979 bei Russ Kinne/Science Source/Photo Researchers.

Seite 13
Scala/Art Resource, New York, mit freundlicher Genehmigung der Stadt Bayeaux.

Seite 16 (links)
Copyright © bei Jerry Schad/Science Source/Photo Researchers.

Seite 16 (Mitte)
Copyright © bei Grapes Michaud/Science Source/Photo Researchers.

Seite 16 (rechts)
Copyright © 1980 bei Stephen Northup/Black Star.

Seite 18
Copyright © 1979 bei Bill W. Marsh/Science Source/Photo Researchers.

Seite 19
Eidgenössische Technische Hochschule, Zürich.

Seite 23
Scala/Art Resource, New York.

Seite 24
Copyright © bei Ted Streshinsky/The Stock Market.

Seite 34
Mit freundlicher Genehmigung der American Friends of the Hebrew University.

Seite 36
Mit freundlicher Genehmigung von AIP/Niels Bohr Library.

Seite 39 (unten)
Mit freundlicher Genehmigung des Griffith-Observatoriums.

Seitc 41 (obcn)
Copyright © 1960 bei Russ Kinne/Photo Researchers.

Seite 41 (Mitte links)
Copyright © 1980 bei Winston Scott. Mit freundlicher Genehmigung des Hansen-Planetariums.

Seite 41 (Mitte rechts)
Gene Daniels/Black Star.

Seite 45 (unten)
Photo: Patrick Wiggins. Copyright © 1980. Mit Genehmigung des Hansen-Planetariums.

Seite 52 (oben)
Photo: CERN.

Seite 52 (unten)
Mit freundlicher Genehmigung von AIP/Niels Bohr Library.

Seite 62
Fogg Art Museum der Harvard-Universität. Aus dem Vermächtnis von Edmond C. Converse.

Seite 65 (oben)
Copyright © 1980 bei Flip Schulke/Black Star.

Seite 65 (Mitte)
Associated Press/Wide World Photos.

Seite 65 (unten)
Richard Howard, Camera 5/Black Star. Copyright © 1982.

Seite 79 (rechts)
Mit freundlicher Genehmigung der Hale-Observatorien.

Seite 83 (oben)
Mit freundlicher Genehmigung von AIP/Niels Bohr Library.

Seite 83 (unten)
Magnum Photos.

Seite 84
Mit freundlicher Genehmigung der Southern California Edison Company.

Seite 95
Mit freundlicher Genehmigung von AIP/Niels Bohr Library.

Seite 96 (oben)
Copyright © bei Parker/Science Source/Photo Researchers.

Seite 96 (unten)
Mit freundlicher Genehmigung von C. D. Anderson/AIP/Niels Bohr Library.

Seite 97
Mit freundlicher Genehmigung des Fermilab.

Seite 98
Copyright © 1969 bei Erich Hartmann/Magnum Photos.

Seite 101 (oben)
Mit freundlicher Genehmigung von AIP/Niels Bohr Library.

Seite 101 (unten)
Mit freundlicher Genehmigung des Fermilab.

Seite 105
Scala/Art Resource, New York.

Seite 106
Mit freundlicher Genehmigung des Brookhaven National Laboratory.

Seite 108
Mit freundlicher Genehmigung der National Aeronautics and Space Administration.

Seite 109
Scala/Art Resource, New York.

Seite 114
Mit freundlicher Genehmigung von Francis Everit, W. W. Hansen Laboratories of Physics, Universität Stanford.

Seiten 116 und 117
Mit freundlicher Genehmigung der National Aeronautics and Space Administration.

Seite 131
Mit freundlicher Genehmigung von Bausch & Lomb.

Seite 132
Mit freundlicher Genehmigung des National Bureau of Standards.

Seite 134
Mit freundlicher Genehmigung von Robert F. C. Vessot/Smithsonian Institution Astrophysical Observatory.

Seite 135
Mit freundlicher Genehmigung der National Aeronautics and Space Administration.

Seite 138
Bildarchiv Preussischer Kulturbesitz, Berlin.

Seite 140
Mit freundlicher Genehmigung des U.S.-Verteidigungsministeriums.

Seite 142
Giraudon/Art Resource, New York.

Seite 144
Copyright © 1983 bei James Nachtwey/Black Star.

Seite 152 (links)
Scala/Art Resource, New York.

Seite 156 (unten)
Mit freundlicher Genehmigung von AIP/Niels Bohr Library.

Seite 160 (oben)
TASS aus SOVFOTO.

Seite 160 (Mitte)
Mit freundlicher Genehmigung der European Space Agency.

Seite 166
The Granger Collection.

Seite 167
Copyright © 1970 bei AURA Inc., Kitt Peak National Observatory.

Seite 168
The Bettmann Archive.

Seite 170
Fred Espenak/Science Photo Library/Photo Researchers.

Seite 172
Mit freundlicher Genehmigung des National Radio Observatory.

Seite 174 (rechts)
Mit freundlicher Genehmigung der National Aeronautics and Space Administration.

Seite 178
Burndy Library. Mit freundlicher Genehmigung von AIP/Niels Bohr Library.

Seiten 179 und 180 (oben)
Mit freundlicher Genehmigung der National Aeronautics and Space Administration.

Seite 180 (unten)
Copyright © 1982 bei Dennis Brack/Black Star.

Seite 185
Burndy Library. Mit freundlicher Genehmigung von AIP/Niels Bohr Library.

Seite 187 (links)
Mit freundlciher Genehmigung von AIP/Niels Bohr Library.

Seite 187 (rechts)
Mit freundlicher Genehmigung des Griffith-Observatoriums/Robert Webb.

Seite 189 (oben)
Copyright © bei Mary Evans Picture Library/Photo Researchers.

Seite 189 (unten)
Mit freundlicher Genehmigung der National Aeronautics and Space Administration.

Seite 191
Uta Hoffmann/Deutsches Informationszentrum.

Seite 192
Copyright © bei Omikron/Science Source/Photo Researchers.

Seite 194
Mit freundlicher Genehmigung von Michael Freeman.

Seite 203
Mit freundlicher Genehmigung der Hale-Observatorien.

Seite 204
Mit freundlicher Genehmigung des National Museum of American History.

Seite 206 (links)
Mit freundlicher Genehmigung von C. W. Francis Everitt, Universität Stanford.

Seite 206 (rechts)
Mit freundlicher Genehmigung von Peter Michelson, Department of Physics, Universität Stanford.

Seite 207
Woodfin Camp & Associates.

Index

K

L

M

N